◎ 张亭 秦志霞 编著

U0381935

AutoCAD 2016 中文版

室内装潢设计

实例教程 附教学视频

人民邮电出版社

北京

图书在版编目（CIP）数据

AutoCAD 2016中文版室内装潢设计实例教程 ：附教
学视频 / 张亭，秦志霞编著. -- 北京 ：人民邮电出版
社，2017.8（2022.6重印）
ISBN 978-7-115-45355-6

Ⅰ. ①A… Ⅱ. ①张… ②秦… Ⅲ. ①室内装饰设计—
计算机辅助设计—AutoCAD软件 Ⅳ. ①TU238.2-39

中国版本图书馆CIP数据核字(2017)第182760号

内 容 提 要

　　本书以 AutoCAD 2016 为软件平台，讲述各种 CAD 室内装潢设计的绘制方法。本书的内容包括
AutoCAD 2016 入门、二维绘图命令、基本绘图工具、编辑命令、文字、表格和尺寸、辅助工具、室
内设计基础知识、办公楼平面图的绘制、办公楼装饰平面图的绘制、办公楼地坪图的绘制、办公楼
顶棚图的绘制、办公楼大样图及剖面图的绘制、办公楼立面图的绘制，以及课程设计。全书解说翔
实，图文并茂，语言简洁，思路清晰。

　　本书可作为 AutoCAD 室内装潢设计初学者的入门教材，也可作为工程技术人员的参考工具书。

◆ 编　著　张　亭　秦志霞
　　责任编辑　税梦玲
　　责任印制　陈　犇

◆ 人民邮电出版社出版发行　　北京市丰台区成寿寺路 11 号
　　邮编　100164　　电子邮件　315@ptpress.com.cn
　　网址　http://www.ptpress.com.cn
　　北京天宇星印刷厂印刷

◆ 开本：787×1092　1/16
　　印张：20.75　　　　　　　2017 年 8 月第 1 版
　　字数：575 千字　　　　　2022 年 6 月北京第 9 次印刷

定价：55.00 元（附光盘）

读者服务热线：(010)81055256　印装质量热线：(010)81055316
反盗版热线：(010)81055315
广告经营许可证：京东市监广登字 20170147 号

前言
Preface

室内（interior）是指建筑物的内部空间；而室内设计（interior design）就是对建筑物的内部空间进行环境和艺术设计。室内设计作为独立的综合性学科，于20世纪60年代初形成。现代室内设计是根据建筑空间的使用性质和所处环境，运用物质技术手段和艺术处理手法，从内部把握空间，设计其形状和大小。为了使人们在室内环境中能舒适地生活和活动，室内设计时需要整体考虑环境和用具的布置设施。室内设计的根本目的在于创造满足物质与精神两方面需要的空间环境。因此，室内设计具有物质功能和精神功能两重性，即室内设计在满足物质功能合理的基础上，还要满足精神功能的要求，从而创造风格、意境和情趣来满足人们的审美要求。

AutoCAD不仅具有强大的二维平面绘图功能，而且具有出色的、灵活可靠的三维建模功能，是进行室内装饰图形设计最为有力的工具。使用AutoCAD绘制建筑室内装饰图形，不仅可以利用人机交互界面的进行实时修改，快速地把个人意见反映到设计中，而且可以让用户感受到修改后的效果，从多个角度任意进行观察，是建筑室内装饰设计的得力工具。

伴随着人们对生活居住环境和空间需求的提高，我国将迎来公共场馆、住宅和写字楼等建设高潮，建筑室内装饰工程领域急需掌握AutoCAD的各种人才。对一个室内设计师或技术人员来说，熟练掌握和运用AutoCAD创建建筑装饰图形设计是非常必要的。本书以最新简体中文版AutoCAD 2016作为设计软件，结合各种建筑装饰工程的特点，在详细介绍室内设计常见家具、洁具和电器等各种装饰配景图形绘制方法外，还精心挑选了最经典的办公楼建筑室内空间为具体设计案例，论述了在现代室内空间装饰设计中，如何使用AutoCAD绘制各种建筑室内空间的平面、地面、天花吊顶、立面以及节点大样等相关装饰图的方法与技巧。

本书通过具体的工程案例，全面地讲解使用AutoCAD进行室内装潢设计的方法和技巧。与其他教材相比，本书具有以下特点。

1. 作者权威，经验丰富

本书作者是具有多年教学经验的业内专家，本书是作者多年设计经验以及教学心得的总结，历时多年精心编著，力求全面细致地展现出AutoCAD在室内装潢设计应用领域的各种功能和使用方法。

2. 实例典型，步步为营

书中力求避免空洞的介绍和描述，而是采用室内装潢设计实例逐个讲解知识点，以帮助读者在实例操作过程中牢固地掌握软件功能，提高室内装潢设计实践技能。本书实例种类非常丰富，有与知识点相关的小实例，有涵盖几个知识点或全章知识点的综合实例，有帮助读者练习提高的上机实例，还有完整实用的工程案例，以及经典的综合设计案例。

3. 紧贴认证考试实际需要

本书在编写过程中，参照了Autodesk中国官方认证的考试大纲和室内装潢设计相关标准，并由Autodesk中国认证考试中心首席专家胡仁喜博士精心审校。全书的实例和基础知识覆盖了Autodesk中国官方认证的考试内容，大部分的上机操作和自测题来自认证考试题库，便于想参加Autodesk中国官方认证考试的读者练习。

4. 提供教学视频及光盘

本书所有案例均录制了教学视频，学习者可扫描案例对应的二维码，在线观看教学视频，也可通过光盘本地查看。另外，本书还提供所有案例的源文件、与书配套的 PPT 课件，以及考试模拟试卷等资料，以帮助初学者快速提升。

5. 提供贴心的技术咨询

本书由张亭和秦志霞两位老师编著，Autodesk 中国认证考试中心首席专家、石家庄三维书屋文化传播有限公司的胡仁喜博士对全书进行了审校，李兵、甘勤涛、孙立明、宫鹏涵、王正军等为此书的编写提供了大量帮助，在此一并表示感谢。

书中不足之处望广大读者联系 win760520@126.com，作者将不胜感激。

作者

2017 年 1 月

目录
Contents

第1章

AutoCAD 2016入门

■ 本章将初步介绍 AutoCAD 2016 绘图的基本知识。通过本章的学习，读者能熟练操作 AutoCAD 2016 的工作界面，了解如何设置图形的系统参数和绘图环境，掌握 AutoCAD 基本输入操作方法，为后面进行系统学习做好准备。

1.1 操作界面

AutoCAD 的操作界面是 AutoCAD 显示、编辑图形的区域。为了便于学习和使用 AutoCAD 2016 并且方便以前版本的用户学习，本书采用 AutoCAD 2016 的操作界面进行介绍，如图 1-1 所示。

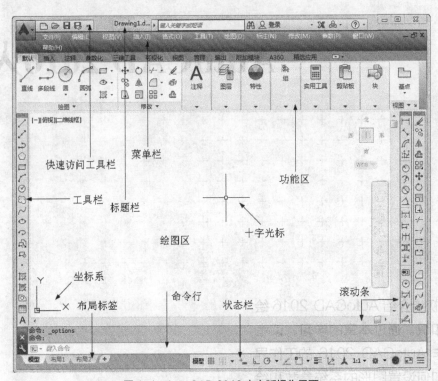

图 1-1　AutoCAD 2016 中文版操作界面

具体转换方法是：单击界面右下角的"切换工作空间"按钮 ☼ ▼，在弹出的列表中选择"草图与注释"选项，如图 1-2 所示，系统将转换到 AutoCAD 草图与注释界面。

一个完整的 AutoCAD 操作界面包括快速访问工具栏、标题栏、绘图区、十字光标、菜单栏、工具栏、坐标系、命令行、状态栏、功能区、布局标签和滚动条等。

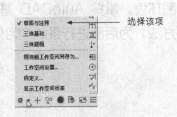

图 1-2　工作空间转换

 说明

安装 AutoCAD 2016 后，默认的界面如图 1-3 所示，在绘图区中单击鼠标右键，打开快捷菜单，如图 1-4 所示，选择"选项"命令，打开"选项"对话框，选择"显示"选项卡，在"窗口元素"对应的"配色方案"中设置为"明"，如图 1-5 所示，单击"确定"按钮，退出对话框，继续单击"窗口元素"区域中的"颜色"按钮，将打开图 1-6 所示的"图形窗口颜色"对话框，单击"图形窗口颜色"对话框中"颜色"下拉箭头，在打开的下拉列表中，选择白色，如图 1-6 所示，然后单击"应用并关闭"按钮，继续单击"确定"按钮，退出对话框，其界面如图 1-7 所示。

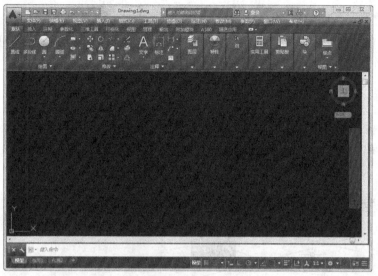

图 1-3　默认界面

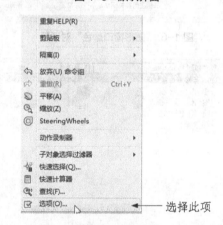

图 1-4　快捷菜单

设置该项

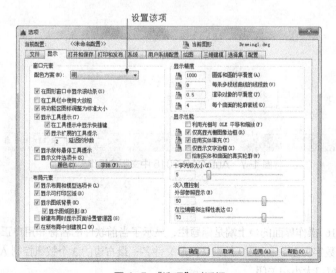

图 1-5　"选项"对话框

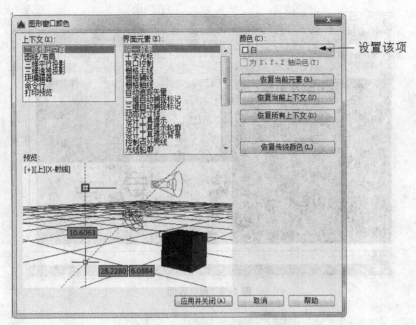

设置该项

图 1-6 "图形窗口颜色"对话框

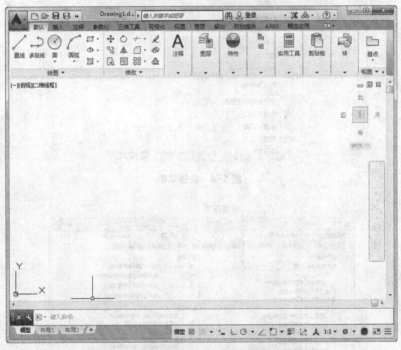

图 1-7 AutoCAD 2016 中文版的操作界面

1.1.1 标题栏

在 AutoCAD 2016 操作界面的最上端是标题栏，显示了当前软件的名称和用户正在使用的图形文件，DrawingN.dwg（N 是数字）是 AutoCAD 的默认图形文件名；最右边的 3 个按钮控制 AutoCAD 2016 当前的状态：最小化、恢复窗口大小和关闭。

1.1.2 菜单栏

单击"快速访问"工具栏右侧的三角，在打开的下拉菜单中选择"显示菜单栏"选项，如图 1-8 所示，调出菜单栏。AutoCAD 2016 的菜单栏位于标题栏的下方。同 Windows 程序一样，AutoCAD 的菜单也是下拉形式的，并在菜单中包含子菜单，如图 1-9 所示。选择菜单命令是执行各种操作的途径之一。

一般来讲，AutoCAD 2016 下拉菜单有以下 3 种类型。

- 右边带有小三角形的菜单项：表示该菜单后面带有子菜单，将光标放在上面会弹出其子菜单。
- 右边带有省略号的菜单项：表示选择该项后会弹出一个对话框。
- 右边没有任何内容的菜单项：选择它可以直接执行一个相应的 AutoCAD 命令，在命令提示行中显示出相应的提示。

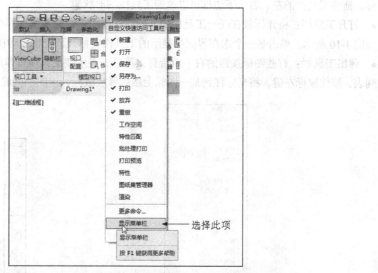

图 1-8　调出菜单栏

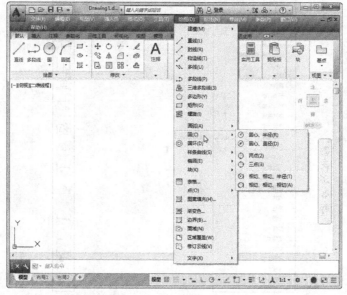

图 1-9　下拉菜单

1.1.3　工具栏

工具栏是一组按钮工具的集合，选择菜单栏中的"工具"→"工具栏"→"AutoCAD"，调出所需要的工具栏，把光标移动到某个按钮上，稍停片刻即在该按钮的一侧显示相应的功能提示，此时，单击按钮就可以启动相应的命令了。

工具栏是执行各种操作最方便的途径，它是一组图标类型的按钮集合，单击这些按钮即可调用相应的AutoCAD命令。AutoCAD 2016 提供几十种工具栏，每一个工具栏都有一个名称。对工具栏的操作说明如下。

● 固定工具栏：绘图窗口的四周边界为工具栏固定位置，在此位置上的工具栏不显示名称，在工具栏的最左端显示出一个句柄。

● 浮动工具栏：拖动固定工具栏的句柄到绘图窗口内，工具栏转变为浮动状态，此时显示出该工具栏的名称，拖动工具栏的左、右、下边框可以改变工具栏的形状。

● 打开工具栏：将光标放在任一工具栏的非标题区，单击鼠标右键，系统会自动打开单独的工具栏标签，如图 1-10 所示。单击某一个未在界面中显示的工具栏名称，系统将自动在界面中打开该工具栏。

● 弹出工具栏：有些图标按钮的右下角带有 ▲ 符号，表示该工具项有弹出工具栏，单击即可打开工具下拉列表，按住鼠标左键，将光标移到某一图标上然后释放鼠标，该图标就成为当前图标，如图 1-11 所示。

图 1-10　打开工具栏　　　　　图 1-11　弹出工具栏

1.1.4 绘图区

绘图区是显示、绘制和编辑图形的矩形区域。其左下角是坐标系图标，表示当前使用的坐标系和坐标方向，根据工作需要，用户可以打开或关闭该图标的显示。十字光标由鼠标控制，其交叉点的坐标值显示在状态栏中。下面介绍几种在绘图区中的操作。

1. 改变绘图窗口的颜色

（1）选择菜单栏中的"工具"→"选项"命令，打开"选项"对话框。

（2）选择"显示"选项卡，如图 1-12 所示，进入相关的设置界面。

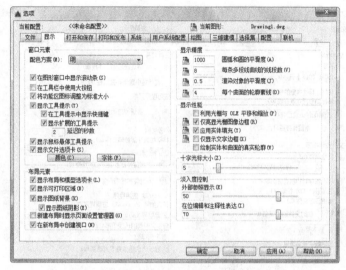

图 1-12 "选项"对话框中的"显示"选项卡

（3）单击"窗口元素"选项组中的"颜色"按钮，打开图 1-13 所示的"图形窗口颜色"对话框。

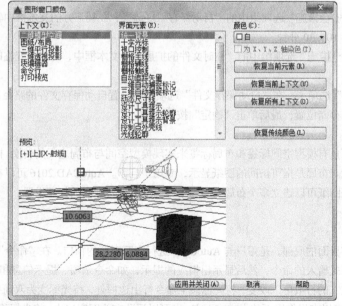

图 1-13 "图形窗口颜色"对话框

（4）从"颜色"下拉列表框中选择某种颜色，如"白色"，单击"应用并关闭"按钮，即可将绘图窗口改为白色。

2. 改变十字光标的大小

在图 1-12 所示的"显示"选项卡中拖动"十字光标大小"选项组中的滑块，或在文本框中直接输入数值，即可对十字光标的大小进行调整。

3. 设置自动保存时间和位置

（1）选择菜单栏中的"工具"→"选项"命令，打开"选项"对话框。

（2）选择"打开和保存"选项卡，如图 1-14 所示。

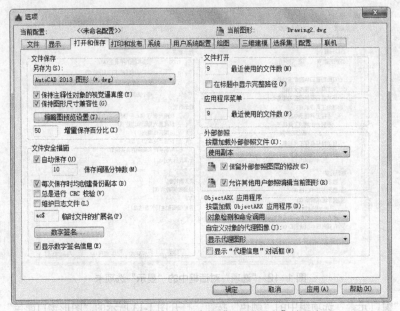

图 1-14 "选项"对话框中的"打开和保存"选项卡

（3）选中"文件安全措施"选项组中的"自动保存"复选框，在其下方的文本框中输入自动保存的间隔分钟数，建议设置为 10～30 分钟。

（4）在"文件安全措施"选项组中的"临时文件的扩展名"文本框中，可以改变临时文件的扩展名，默认为 ac$。

（5）选择"文件"选项卡，在"自动保存文件"选项组中设置自动保存文件的路径，单击"浏览"按钮修改自动保存文件的存储位置，最后单击"确定"按钮。

4. 布局标签

在绘图窗口左下角有模型空间标签和布局标签来实现模型空间与布局之间的转换。模型空间提供了设计模型（绘图）的环境。布局是指可访问的图纸显示，专用于打印。AutoCAD 2016 可以在一个布局上建立多个视图，同时，一张图纸可以建立多个布局且每一个布局都有相对独立的打印设置。

1.1.5 命令行

命令行位于操作界面的底部，是用户与 AutoCAD 进行交互对话的窗口。在"命令"提示下，AutoCAD 接收用户使用各种方式输入的命令，然后显示出相应的提示，如命令选项、提示信息和错误信息等。

命令行中显示文本的行数可以改变，将光标移至命令行上边框处，待光标变为双箭头后，按住左键拖动即可。命令行的位置可以在操作界面的上方或下方，也可以浮动在绘图窗口内。将光标移至该窗口左边框处，光标变为箭头后，单击并拖动即可。使用 F2 功能键能放大显示命令行。

1.1.6 状态栏和滚动条

1. 状态栏

状态栏在操作界面的最下部，能够显示有关的信息，例如，当光标在绘图区时，显示十字光标的三维坐标；当光标在工具栏的图标按钮上时，显示该按钮的提示信息，如图 1-15 所示。

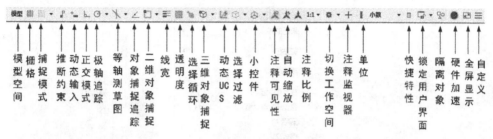

图 1-15　状态栏

状态栏中包括若干个功能按钮，它们是 AutoCAD 的绘图辅助工具，有多种方法控制这些功能按钮的开关。

- 单击即可打开/关闭相应功能。
- 使用相应的功能键。如按 F8 键可以循环打开/关闭正交模式。
- 使用快捷菜单。在一个功能按钮上单击鼠标右键，可弹出相关快捷菜单。

2. 滚动条

滚动条包括水平滚动条和垂直滚动条，用于上下或左右移动绘图窗口内的图形。用鼠标拖动滚动条中的滑块或单击滚动条两侧的三角按钮，即可移动图形。

1.1.7 快速访问工具栏和交互信息工具栏

1. 快速访问工具栏

快速访问工具栏包括"新建""打开""保存""另存为""打印""放弃""重做""工作空间"等几个最常用的工具。用户也可以单击本工具栏后面的下拉按钮设置需要的常用工具。

2. 交互信息工具栏

交互信息工具栏包括"搜索""Autodesk A360""Autodesk Exchange 应用程序""保持连接""单击此处访问帮助"等几个常用的数据交互访问工具。

1.1.8 功能区

AutoCAD 2016 包括"默认""插入""注释""参数化""视图""管理""输出""附加模块""A360" 9个功能区，每个功能区集成了相关的操作工具，方便用户的使用。用户可以单击功能区选项后面的▢按钮控制功能的展开与收缩。打开或关闭功能区的操作方式如下。

命令行：RIBBON（或 RIBBONCLOSE）。

菜单栏："工具"→"选项板"→"功能区"。

1.2 配置绘图系统

由于每台计算机所使用的显示器、输入设备和输出设备的类型不同，用户喜好的风格及计算机的目录设置也不同，所以每台计算机都是独特的。一般来讲，使用 AutoCAD 2016 的默认配置就可以绘图，但为了使用用户的定点设备或打印机，以及提高绘图的效率，AutoCAD 推荐用户在开始作图前先进行必要的配置。

1．执行方式

命令行：PREFERENCES。

菜单栏："工具"→"选项"。

快捷菜单：在绘图区单击鼠标右键，在弹出的快捷菜单中选择"选项"命令，如图 1-16 所示。

图 1-16　快捷菜单

2．操作步骤

执行上述命令后，系统自动打开"选项"对话框。用户可以在该对话框中选择有关选项，对系统进行配置。下面只对其中主要的几个选项卡进行说明，其他配置选项在后面用到时再做具体讲解。

1.2.1　显示配置

"选项"对话框中的"显示"选项卡用于控制 AutoCAD 窗口的外观，如图 1-12 所示。在该选项卡中可设定屏幕菜单、滚动条显示与否、固定命令行窗口中文字行数、AutoCAD 的版面布局设置、各实体的显示分辨率以及 AutoCAD 运行时的其他各项性能参数等。前面已经讲述了屏幕菜单设定、屏幕颜色、光标大小等知识，其余有关选项的设置读者可参照"帮助"文件学习。

在设置实体显示分辨率时，请务必记住，显示质量越高，分辨率越高，即计算机计算的时间越长。将显示质量设定在一个合理的程度上是很重要的，不要将其设置太高。

1.2.2　系统配置

"选项"对话框中的"系统"选项卡用来设置 AutoCAD 系统的有关特性，如图 1-17 所示。

（1）"三维性能"选项组：设定当前 3D 图形的显示特性，可以选择系统提供的 3D 图形显示特性配置，也可以单击"性能设置"按钮自行设置该特性。

（2）"当前定点设备"选项组：安装及配置定点设备，如数字化仪和鼠标。具体如何配置和安装，可参照定点设备的用户手册。

（3）"常规选项"选项组：确定是否选择系统配置的有关基本选项。

（4）"布局重生成选项"选项组：确定切换布局时是否重生成或缓存模型选项卡和布局。

（5）"数据库连接选项"选项组：确定数据库连接的方式。

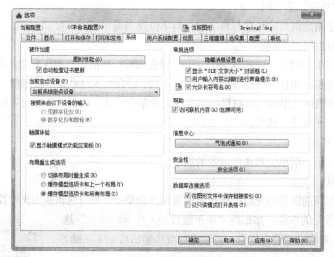

图 1-17 "系统"选项卡

1.3 设置绘图环境

一般情况下，可以采用计算机默认的单位和图形边界，但有时要根据绘图的实际需要进行设置。在 AutoCAD 中，可以利用相关命令对图形单位和图形边界以及工作文件进行具体设置。

1.3.1 绘图单位设置

1. 执行方式

命令行：DDUNITS（或 UNITS）。

菜单栏："格式"→"单位"。

2. 操作步骤

执行上述命令后，系统打开"图形单位"对话框，如图 1-18 所示。该对话框用于定义长度和角度格式。

图 1-18 "图形单位"对话框

3．选项说明

（1）"长度"与"角度"选项组

这两个选项组用于指定测量的长度与角度的当前单位及当前单位的精度。

（2）"插入时的缩放单位"选项组

该选项组中的"用于缩放插入内容的单位"下拉列表框可控制插入当前图形中的块和图形的测量单位。如果块或图形创建时使用的单位与该选项指定的单位不同，则在插入这些块或图形时，将对其按比例进行缩放。插入比例是原块或图形使用的单位与目标图形使用的单位之比。如果插入块时不按指定单位缩放，则在其下拉列表框中选择"无单位"选项。

（3）"输出样例"选项组

该选项组用于显示用当前单位和角度设置的例子。

（4）"光源"选项组

该选项组用于控制当前图形中光度控制光源的强度测量单位。为创建和使用光度控制光源，必须从下拉列表框中指定非"常规"的单位。如果将"用于缩放插入内容的单位"选项设置为"无单位"，则将显示警告信息，通知用户渲染输出可能不正确。

（5）"方向"按钮

单击该按钮，系统打开"方向控制"对话框，如图 1-19 所示。可以在该对话框中进行方向控制设置。

图 1-19 "方向控制"对话框

1.3.2 图形边界设置

1．执行方式

命令行：LIMITS。

菜单栏："格式"→"图形界限"。

2．操作步骤

命令：LIMITS✓
重新设置模型空间界限：
指定左下角点或 [开(ON)/关(OFF)] <0.0000,0.0000>：（输入图形边界左下角的坐标后按Enter键）
指定右上角点 <12.0000,9.0000>：（输入图形边界右上角的坐标后按Enter键）

3．选项说明

（1）开（ON）：使绘图边界有效。系统将在绘图边界以外拾取的点视为无效。

（2）关（OFF）：使绘图边界无效。用户可以在绘图边界以外拾取点或实体。

（3）动态输入角点坐标：动态输入功能可以直接在屏幕上输入角点坐标，输入横坐标值后，按","键，再输入纵坐标值，如图 1-20 所示。也可以直接在光标位置单击确定角点位置。

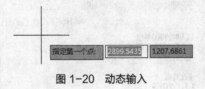

图 1-20 动态输入

1.4 图形显示工具

对于一个较为复杂的图形来说，在观察整幅图形时往往无法对其局部细节进行查看和操作，而当在屏幕上显示一个细部时又看不到其他部分。为解决这类问题，AutoCAD 提供了缩放、平移、视图、鸟瞰视图和视口命令等一系列图形显示控制命令，可以用来任意地放大、缩小或移动屏幕上的图形显示，或者同时从不同的角度、不同的部位来显示图形。AutoCAD 还提供了重画和重新生成命令来刷新屏幕，重新生成图形。

1.4.1 图形缩放

图形缩放命令类似于照相机的镜头，可以放大或缩小屏幕所显示的范围，使用该命令只改变视图的比例，对象的实际尺寸并不发生变化。当放大图形一部分的显示尺寸时，可以更清楚地查看这个区域的细节；相反，如果缩小图形的显示尺寸，则可以查看更大的区域，如整体浏览。

图形缩放功能在绘制大幅面机械图尤其是装配图时非常有用，是使用频率最高的命令之一。该命令可以透明地使用，也就是说，该命令可以在其他命令执行时运行。用户完成涉及透明命令的过程时，AutoCAD 会自动返回到在用户调用透明命令前正在运行的命令。

执行图形缩放的方法介绍如下。

1. 执行方式

命令行：ZOOM。

菜单栏："视图"→"缩放"。

工具栏："标准"→"实时缩放" ，如图 1-21 所示。

图 1-21 "标准"工具栏

2. 操作步骤

指定窗口的角点，输入比例因子 (nX 或 nXP)，或者
[全部(A)/中心(C)/动态(D)/范围(E)/上一个(P)/比例(S)/窗口(W)/对象(O)] <实时>：

3. 选项说明

（1）实时：这是"缩放"命令的默认操作，即在输入 ZOOM 命令后，直接按 Enter 键，将自动执行实时缩放操作。实时缩放就是可以通过上下滚动鼠标滚轮交替进行放大和缩小。在使用实时缩放时，系统会显示一个"+"号或"-"号。当缩放比例接近极限时，AutoCAD 将不再与光标一起显示"+"号或"-"号。需要从实时缩放操作中退出时，可按 Enter 键、Esc 键退出，或单击鼠标右键显示快捷菜单。

（2）全部（A）：执行 ZOOM 命令后，在提示文字后输入 A，即可执行"全部（A）"缩放操作。不论图形有多大，该操作都将显示图形的边界或范围，即使对象不包括在边界以内，也将被显示。因此，使用"全部（A）"缩放选项，可查看当前视口中的整个图形。

（3）中心点（C）：通过确定一个中心点，该选项可以定义一个新的显示窗口。操作过程中需要指定中心点以及输入比例或高度。默认新的中心点就是视图的中心点，默认的输入高度就是当前视图的高度，直接按 Enter 键后，图形将不会被放大。输入比例的数值越大，则图形放大倍数也将越大。也可以在数值后面紧跟一个 X，如 3X，表示在放大时不是按照绝对值变化，而是按相对于当前视图的相对值缩放。

（4）动态（D）：通过操作一个表示视口的视图框，可以确定所需显示的区域。选择该选项，在绘图窗口中出现一个小的视图框，按住鼠标左键左右移动可以改变该视图框的大小，定形后释放鼠标，再按下鼠标左键移动视图框，确定图形中的放大位置，系统将清除当前视口并显示一个特定的视图选择屏幕。该特定屏幕由有关当前视图及有效视图的信息所构成。

（5）范围（E）：可以使图形缩放至整个显示范围。图形的范围由图形所在的区域构成，剩余的空白区域将被忽略。应用该选项，图形中所有的对象都尽可能地被放大。

（6）上一个（P）：在绘制一幅复杂的图形时，有时需要放大图形的一部分以进行细节的编辑。当编辑完成后，有时希望回到前一个视图，这时可以使用"上一个（P）"选项来实现。当前视口由"缩放"命令的各种选项或移动视图、视图恢复、平行投影或透视命令引起的任何变化，系统都将保存。每一个视口最多可以保存 10 个视图。连续使用"上一个（P）"选项可以恢复前 10 个视图。

（7）比例（S）：提供了 3 种使用方法。在提示信息下，直接输入比例系数，AutoCAD 将按照此比例因子放大或缩小图形的尺寸。如果在比例系数后面加一个 X，则表示相对于当前视图计算的比例因子。使用比例因子的第 3 种方法就是相对于图形空间。例如，可以在图纸空间打印出模型的不同视图。为了使每一张视图都与图纸空间单位成比例，可以使用"比例（S）"选项，每一个视图可以有单独的比例。

（8）窗口（W）：这是最常使用的选项。通过确定一个矩形窗口的两个对角来指定所需缩放的区域，对角点可以由鼠标指定，也可以由输入坐标确定。指定窗口的中心点将成为新的显示屏幕的中心点。窗口中的区域将被放大或者缩小。调用 ZOOM 命令时，可以在没有选择任何选项的情况下，利用鼠标在绘图窗口中直接指定缩放窗口的两个对角点。

（9）对象（O）：缩放以便尽可能大地显示一个或多个选定的对象并使其位于视图的中心。可以在启动 ZOOM 命令前后选择对象。

> **说明** 这里所提到的诸如放大、缩小或移动的操作，仅仅是对图形在屏幕上的显示进行控制，图形本身并没有任何改变。

1.4.2 图形平移

当图形幅面大于当前视口时，例如，使用图形缩放命令将图形放大，如果需要在当前视口之外观察或绘制一个特定区域时，可以使用图形平移命令来实现。"平移"命令能将在当前视口以外的图形的一部分移动进来查看或编辑，但不会改变图形的缩放比例。执行图形缩放的方法如下。

命令行：PAN。

菜单栏："视图"→"平移"。

工具栏："标准"→"实时平移" 。

快捷菜单：绘图窗口中单击鼠标右键→"平移"。

激活"平移"命令之后，光标将变成一只"小手"形状，可以在绘图窗口中任意移动，以示当前正处于平移模式。单击并按住鼠标左键将光标锁定在当前位置，即"小手"已经抓住图形，然后拖动图形使其移动到所需位置上，释放鼠标将停止平移图形。可以反复按住鼠标左键拖动、释放，将图形平移到其他位置上。

"平移"命令预先定义了一些不同的菜单选项与按钮，可用于在特定方向上平移图形，在激活"平移"命令后，这些选项可以从菜单"视图"→"平移"→"*"中调用。

- 实时：是"平移"命令中最常用的选项，也是默认选项，前面提到的平移操作都是指实时平移，通过鼠标的拖动来实现任意方向上的平移。

- 点：该选项要求确定位移量，这就需要确定图形移动的方向和距离。可以通过输入点的坐标或用鼠标指定点的坐标来确定位移。

- 左：该选项移动图形使屏幕左部的图形进入显示窗口。

- 右：该选项移动图形使屏幕右部的图形进入显示窗口。

- 上：该选项向底部平移图形后，使屏幕顶部的图形进入显示窗口。

- 下：该选项向顶部平移图形后，使屏幕底部的图形进入显示窗口。

1.5 基本输入操作

在 AutoCAD 中，有一些基本的输入操作方法。这些基本方法是进行 AutoCAD 绘图的必备基础知识，也是深入学习 AutoCAD 功能的前提。

1.5.1 命令输入方式

AutoCAD 交互绘图必须输入必要的指令和参数。有多种 AutoCAD 命令输入方式（以画直线为例）。

1. 在命令行窗口输入命令名

命令字符可不区分大小写。例如，命令：LINE✓。执行命令时，在命令行提示中经常会出现命令选项。例如，输入绘制直线命令 LINE 后，命令行提示如下：

命令：LINE✓
指定第一点：（在屏幕上指定一点或输入一个点的坐标）
指定下一点或 [放弃(U)]:

命令中不带括号的提示为默认选项，因此可以直接输入直线段的起点坐标或在屏幕上指定一点。如果要选择其他选项，则应该首先输入该选项的标识字符，如"放弃"选项的标识字符"U"，然后按系统提示输入数据即可。命令选项的后面有时还带有尖括号，尖括号内的数值为默认数值。

2. 在命令行窗口输入命令缩写字母

常用的命令缩写字母有 L（Line）、C（Circle）、A（Arc）、Z（Zoom）、R（Redraw）、M（More）、CO（Copy）、PL（Pline）、E（Erase）等。

3. 选择"绘图"菜单直线选项

选择该选项后，在状态栏中可以看到对应的命令说明及命令名。

4. 选择工具栏中的对应图标

选择该图标后在状态栏中也可以看到对应的命令说明及命令名。

5. 在绘图区打开右键快捷菜单

如果在前面刚使用过要输入的命令，可以在绘图区单击鼠标右键，打开快捷菜单，在"最近的输入"子菜单中选择需要的命令，如图 1-22 所示。"最近的输入"子菜单中存储最近使用的几个命令，如果是经常重复使用的命令，这种方法就比较快速简便。

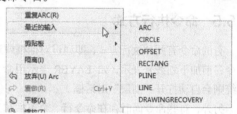

图 1-22　命令行右键快捷菜单

6. 在命令行按 Enter 键

如果用户要重复使用上次使用的命令，可以直接在绘图区按 Enter 键，系统立即重复执行上次使用的命令，这种方法适用于重复执行某个命令。

1.5.2　命令的重复、撤销、重做

1. 命令的重复

在命令行窗口中按 Enter 键可重复调用上一个命令，不论上一个命令是完成了还是被取消了。

2. 命令的撤销

在命令执行的任何时刻都可以取消和终止命令的执行。执行方式如下。
命令行：UNDO。
菜单栏："编辑"→"放弃"。
快捷键：Esc。

3. 命令的重做

已被撤销的命令还可以恢复重做，可恢复撤销的最后一个命令。执行方式如下。
命令行：REDO。
菜单栏："编辑"→"重做"。
该命令可以一次执行多重放弃或重做操作。单击"标准"工具栏中的"放弃"按钮或"重做"按钮后面的小三角，可以选择要放弃或重做的操作，如图 1-23 所示。

图 1-23　多重放弃或重做

1.5.3　透明命令

在 AutoCAD 2016 中，有些命令不仅可以直接在命令行中使用，还可以在其他命令的执行过程中插入并

执行，待该命令执行完毕后，系统继续执行原命令。这种命令称为透明命令。透明命令一般多为修改图形设置或打开辅助绘图工具的命令。

1.5.2 小节中 3 种命令的执行方式同样适用于透明命令的执行。例如，在命令行中进行如下操作：

命令：ARC↙
指定圆弧的起点或 [圆心(C)]：ZOOM↙（透明使用显示缩放命令ZOOM）
>>（执行ZOOM命令）
正在恢复执行ARC 命令
指定圆弧的起点或 [圆心(C)]：（继续执行原命令）

1.5.4　按键定义

在 AutoCAD 2016 中，除了可以通过在命令行窗口输入命令、单击工具栏图标或选择菜单项完成功能外，还可以使用键盘上的功能键或快捷键。通过这些功能键或快捷键，可以快速实现指定功能。如按 F1 键，系统将调用 AutoCAD 帮助对话框。

系统使用 AutoCAD 传统标准（Windows 之前）或 Microsoft Windows 标准解释快捷键。有些功能键或快捷键在 AutoCAD 的菜单中已经指出，如"粘贴"的组合键为 Ctrl+V，只要用户在使用的过程中多加留意，就会熟练掌握。组合键的定义见菜单命令后面的说明，如"剪切 Ctrl+X"。

1.5.5　命令执行方式

有的命令有两种执行方式，即通过对话框或通过命令行输入命令。如指定使用命令行窗口方式，可以在命令名前加下划线来表示，如_LAYER 表示用命令行方式执行"图层"命令。而如果在命令行输入 LAYER，系统则会自动打开"图层"对话框。

另外，有些命令同时存在命令行、菜单栏和工具栏 3 种执行方式。这时如果选择菜单栏或工具栏方式，命令行会显示该命令，并在前面加一个下划线；如通过菜单栏或工具栏方式执行"直线"命令时，命令行会显示"_line"，命令的执行过程和结果与命令行方式相同。

1.5.6　坐标系统与数据的输入方法

1.　坐标系

AutoCAD 采用两种坐标系，即世界坐标系（WCS）与用户坐标系（UCS）。用户刚进入 AutoCAD 时的坐标系统就是世界坐标系，是固定的坐标系统。世界坐标系也是坐标系统中的基准，绘制图形时多数情况下都是在这个坐标系统下进行的。打开坐标系的方式如下。

命令行：UCS。
菜单栏："工具"→"新建 UCS"。
工具栏：单击 UCS 工具栏中的相应按钮。

AutoCAD 有两种视图显示方式，即模型空间和图纸空间。模型空间是指单一视图显示法，通常使用这种显示方式；图纸空间是指在绘图区域创建图形的多视图，用户可以对其中每一个视图进行单独操作。在默认情况下，当前 UCS 与 WCS 重合。图 1-24（a）所示为模型空间下的 UCS 坐标系图标，通常放在绘图区左下角处；也可以将其放在当前 UCS 的实际坐标原点位置，如图 1-24（b）所示；图 1-24（c）为布局空间下的坐标系图标。

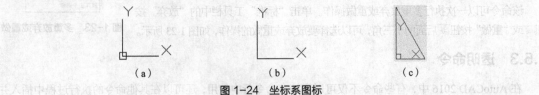

（a）　　　　　　（b）　　　　　　（c）

图 1-24　坐标系图标

2．数据输入方法

在 AutoCAD 2016 中，点的坐标可以用直角坐标、极坐标、球面坐标和柱面坐标表示，每一种坐标又分别具有两种坐标输入方式，即绝对坐标和相对坐标。其中直角坐标和极坐标最常用。下面主要介绍其输入方法。

（1）直角坐标法

直角坐标法是用点的 x、y 坐标值表示的坐标。例如，在命令行中输入点的坐标提示下，输入"15,18"，则表示输入了一个 x、y 的坐标值分别为 15、18 的点，此为绝对坐标输入方式，表示该点的坐标是相对于当前坐标原点的坐标值，如图 1-25（a）所示。如果输入"@10,20"，则为相对坐标输入方式，表示该点的坐标是相对于前一点的坐标值，如图 1-25（b）所示。

（2）极坐标法

极坐标法是用长度和角度表示的坐标，只能用来表示二维点的坐标。

在绝对坐标输入方式下，表示为"长度<角度"，如"25<50"，其中长度为该点到坐标原点的距离，角度为该点至原点的连线与 x 轴正向的夹角，如图 1-25（c）所示。

在相对坐标输入方式下，表示为"@长度<角度"，如"@25<45"，其中长度为该点到前一点的距离，角度为该点至前一点的连线与 x 轴正向的夹角，如图 1-25（d）所示。

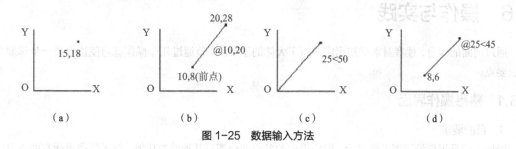

图 1-25　数据输入方法

3．动态数据输入

单击状态栏中的"动态输入"按钮 ，系统将打开动态输入功能，可以在屏幕上动态地输入某些参数数据。例如，绘制直线时，在光标附近会动态地显示"指定第一个点"以及后面的坐标框，当前显示的是光标所在位置，可以输入数据，两个数据之间以逗号隔开，如图 1-26 所示。指定第一个点后，系统动态显示直线的角度，同时要求输入线段长度值，如图 1-27 所示，其输入效果与"@长度<角度"方式相同。

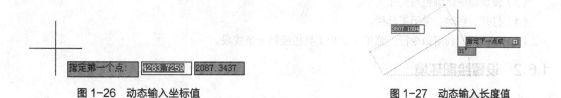

图 1-26　动态输入坐标值　　　　　　　　图 1-27　动态输入长度值

下面分别讲述点与距离值的输入方法。

（1）点的输入

绘图过程中，常需要输入点的位置，AutoCAD 提供了如下 4 种输入点的方式。

① 用键盘直接在命令行窗口中输入点的坐标。直角坐标有两种输入方式，即"X,Y"（点的绝对坐标值，如"100,50"）和"@X,Y"（相对于上一点的相对坐标值，如"@50,-30"）。坐标值均相对于当前的用户坐标系。

极坐标的输入方式为"长度<角度"（其中，长度为点到坐标原点的距离，角度为原点至该点连线与 x

轴的正向夹角，如"20<45"）或"@长度<角度"（相对于上一点的相对极坐标，如"@50<-30"）。

② 用鼠标等定标设备移动光标，单击以在屏幕上直接取点。

③ 用目标捕捉方式捕捉屏幕上已有图形的特殊点（如端点、中点、中心点、插入点、交点、切点、垂足点等）。

④ 直接距离输入。先用光标拖拉出线确定方向，然后用键盘输入距离。这样有利于准确控制对象的长度等参数，如要绘制一条 10mm 长的线段，命令行提示与操作方法如下：

命令：line↙
指定第一点：（在绘图区指定一点）
指定下一点或 [放弃(U)]：

这时在屏幕上移动鼠标指明线段的方向，但不要单击确认，如图 1-28 所示。然后在命令行输入"10"，这样就在指定方向上准确地绘制了长度为 10mm 的线段。

（2）距离值的输入

在 AutoCAD 命令中，有时需要提供高度、宽度、半径、长度等距离值。AutoCAD 提供了两种输入距离值的方式：一种是用键盘在命令行窗口中直接输入数值；另一种是在屏幕上拾取两点，以两点的距离值定出所需数值。

图 1-28　绘制直线

1.6　操作与实践

通过前面的学习，读者对本章知识应该有了大体的了解。本节通过几个操作练习使读者进一步掌握本章知识要点。

1.6.1　熟悉操作界面

1. 目的要求

操作界面是用户绘制图形的平台，操作界面的各个部分都有其独特的功能，熟悉操作界面有助于用户方便快速地进行绘图。本例要求了解操作界面各部分的功能，掌握改变绘图区颜色和光标大小的方法，并能够熟练地打开、移动、关闭工具栏。

2. 操作提示

（1）启动 AutoCAD 2016，进入操作界面。

（2）调整操作界面大小。

（3）设置绘图区颜色与光标大小。

（4）打开、移动、关闭工具栏。

（5）尝试同时利用命令行、菜单命令和工具栏绘制一条线段。

1.6.2　设置绘图环境

1. 目的要求

任何一个图形文件都有一个特定的绘图环境，包括图形边界、绘图单位、角度等。设置绘图环境通常有两种方法，即设置向导与单独的命令设置方法。通过学习设置绘图环境，读者可以加强对图形总体环境的认识。

2. 操作提示

（1）选择菜单栏中的"文件"→"新建"命令，打开"选择样板"对话框，单击"打开"按钮，进入绘图界面。

（2）选择菜单栏中的"格式"→"图形界限"命令，设置界限为（0,0），（297,210），在命令行中可以重新设置模型空间界限。

（3）选择菜单栏中的"格式"→"单位"命令，打开"图形单位"对话框，设置长度的"类型"为"小数"，"精度"为"0.00"；角度的"类型"为"十进制度数"，"精度"为"0"；"用于缩放插入内容的单位"为"毫米"，"用于指定光源强度的单位"为"国际"；角度方向为"顺时针"。

1.7　思考与练习

1. 设置图形边界的命令有（　　　）。

   A.　GRID　　　　　　　　B.　SNAP 和 GRID　　　　C.　LIMITS　　　　　　　D.　OPTIONS

2. 在日常工作中贯彻办公和绘图标准时，下列哪种方式最为有效（　　　）。

   A.　应用典型的图形文件　　　　　　　　　B.　应用模板文件

   C.　重复利用已有的二维绘图文件　　　　　D.　在"启动"对话框中选取公制

3. 以下哪些选项不是文件保存格式（　　　）。

   A.　DWG　　　　　　　　　B.　DWF　　　　　　　C.　DWT　　　　　　　D.　DWS

4. BMP 文件可以通过哪种方式创建（　　　）。

   A.　选择"文件"→"保存"命令　　　　　　　B.　选择"文件"→"另存为"命令

   C.　选择"文件"→"打印"命令　　　　　　　D.　选择"文件"→"输出"命令

5. 打开未显示工具栏的方法有（　　　）。

   A.　选择"视图"→"工具栏"命令，在弹出的"工具栏"对话框中选中要显示工具栏的复选框

   B.　单击鼠标右键选择任一工具栏，在弹出的"工具栏"快捷菜单中单击工具栏名称，选中要显示的工具栏

   C.　在命令行中执行 TOOLBAR 命令

   D.　以上均可

6. 正常退出 AutoCAD 2016 的方法有（　　　）。

   A.　QUIT 命令　　　　　　　　　　　　　B.　EXIT 命令

   C.　屏幕右上角的"关闭"按钮　　　　　　　D.　直接关机

7. 调用 AutoCAD 2016 命令的方法有（　　　）。

   A.　在命令行输入命令名　　　　　　　　　B.　在命令行输入命令缩写

   C.　选择菜单中的菜单选项　　　　　　　　D.　单击工具栏中的对应图标

   E.　以上均可

8. 使用资源管理器打开 "C:\Program Files\Autodesk\AutoCAD 2016\Sample\Multileaders.dwg" 文件。

第2章

二维绘图命令

■ 二维图形是指在二维平面空间绘制的图形，主要由一些图形元素组成，如点、直线、圆弧、圆、椭圆、矩形、多边形、多段线、样条曲线、多线等几何元素。AutoCAD 提供了大量的绘图工具，可以帮助用户完成二维图形的绘制。本章主要内容包括绘制直线、圆、圆弧、椭圆与椭圆弧、平面图形、点、文字、表格、多段线、样条曲线、多线和图案填充等。

2.1 直线与点命令

直线类命令主要包括直线和构造线命令。"直线"命令和"点"命令是 AutoCAD 中最简单的绘图命令。

2.1.1 绘制直线段

1. 执行方式

命令行：LINE。

菜单栏："绘图"→"直线"。

工具栏："绘图"→"直线" ╱。

功能区："默认"→"绘图"→"直线" ╱。

2. 操作步骤

命令：LINE ↙

指定第一点：（输入直线段的起点，用鼠标指定点或者给指定点的坐标）

指定下一点或 [放弃(U)]：（输入直线段的端点，也可以用鼠标指定一定角度后，直接输入直线段的长度）

指定下一点或 [放弃(U)]：（输入下一直线段的端点。输入"U"表示放弃前面的输入；单击鼠标右键或按Enter键，结束命令）

指定下一点或 [闭合(C)/放弃(U)]：（输入下一直线段的端点，或输入"C"使图形闭合，结束命令）

3. 选项说明

（1）若按 Enter 键响应"指定第一点："的提示，则系统会把上次绘制线（或弧）的终点作为本次操作的起始点。特别地，若上次操作为绘制圆弧，按 Enter 键响应后，绘出通过圆弧终点的与该圆弧相切的直线段，该线段的长度由鼠标在屏幕上指定的一点与切点之间线段的长度确定。

（2）在"指定下一点"的提示下，用户可以指定多个端点，从而绘出多条直线段。但是，每一条直线段都是一个独立的对象，可以进行单独的编辑操作。

（3）绘制两条以上的直线段后，若用选项"C"响应"指定下一点"的提示，系统会自动连接起始点和最后一个端点，从而绘出封闭的图形。

（4）若用选项"U"响应提示，则会擦除最近一次绘制的直线段。

（5）若设置正交方式（单击状态栏中的"正交模式"按钮），则只能绘制水平直线段或垂直直线段。

（6）若设置动态数据输入方式（单击状态栏中的 DYN 按钮），则可以动态输入坐标或长度值。下面的命令同样可以设置动态数据输入方式，效果与非动态数据输入方式类似。除了特别需要（以后不再强调），否则只按非动态数据输入方式输入相关数据。

2.1.2 实例——方桌

本实例利用直线命令绘制连续线段，从而绘制出方桌，如图 2-1 所示。

图 2-1　绘制方桌

方桌

绘制步骤（光盘\配套视频\第 2 章\方桌.avi）：

（1）单击"默认"选项卡"绘图"面板中的"直线"按钮 ╱，绘制连续线段。命令行提示与操作如下：

```
命令：_line
指定第一个点：0,0
指定下一点或[放弃(U)]：@1200,0
指定下一点或[放弃(U)]：@0,1200
指定下一点或[闭合(C)/放弃(U)]：@-1200,0
指定下一点或[闭合(C)/放弃(U)]：C
```

绘制结果如图 2-2 所示。

（2）单击"默认"选项卡"绘图"面板中的"直线"按钮 ，绘制餐桌外轮廓。命令行提示与操作如下：

```
命令：_line
指定第一个点：20,20
指定下一点或[放弃(U)]：@1160,0
指定下一点或[放弃(U)]：@0,1160
指定下一点或[闭合(C)/放弃(U)]：@-1160,0
指定下一点或[闭合(C)/放弃(U)]：C
```

绘制结果如图 2-3 所示。

要点提示

1. 输入坐标时，逗号必须是在西文状态下，否则会出现错误。

2. 一般每个命令有 4 种执行方式，这里只给出了命令行执行方式，其他两种执行方式的操作方法与命令行执行方式相同。

图 2-2　绘制连续线段

图 2-3　简易餐桌

2.1.3　绘制构造线

1. 执行方式

命令行：XLINE。

菜单栏："绘图"→"构造线"。

工具栏："绘图"→"构造线" 。

功能区："默认"→"绘图"→"构造线" 。

2. 操作步骤

```
命令：XLINE
指定点或 [水平(H)/垂直(V)/角度(A)/二等分(B)/偏移(O)]：（给出点）
指定通过点：（指定通过点2，画一条双向的无限长直线）
指定通过点：（继续给点，继续画线，按Enter键，结束命令）
```

3. 选项说明

（1）执行选项中有"指定点""水平""垂直""角度""二等分""偏移"6 种方式用以绘制构造线。

（2）这种线可以模拟手工绘图中的辅助绘图线。用特殊的线型显示，在绘图输出时，可不作输出。常用于辅助绘图。

说明

一般每个命令有 3 种执行方式，这里只给出了命令行执行方式，其他两种执行方式的操作方法与命令行执行方式相同。

2.1.4　绘制点

1. 执行方式

命令行：POINT。

菜单栏："绘图"→"点"→"单点或多点"。

工具栏："绘图"→"点" ⊡。

功能区："默认"→"绘图"→"多点" ⊡。

2. 操作步骤

命令: POINT↙

当前点模式: PDMODE=0　PDSIZE=0.0000

指定点:（指定点所在的位置）

3. 选项说明

（1）通过菜单方法进行操作时，如图 2-4 所示。"单点"命令表示只输入一个点，"多点"命令表示可输入多个点。

（2）可以单击状态栏中的"对象捕捉"开关按钮，设置点的捕捉模式，帮助用户拾取点。

（3）点在图形中的表示样式共有 20 种。可通过 DDPTYPE 命令或选择菜单命令"格式"→"点样式"，打开"点样式"对话框来设置点样式，如图 2-5 所示。

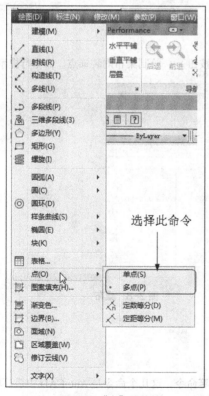

图 2-4　"点"子菜单

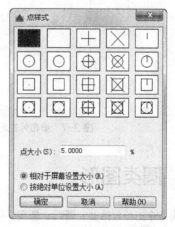

图 2-5　"点样式"对话框

2.1.5 实例——桌布

本实例利用"直线"及"点"命令绘制出桌布，如图 2-6 所示。

图 2-6　绘制桌布

桌布

操作步骤（光盘\动画演示\第 2 章\桌布.avi）：

（1）选择菜单栏中的"格式"→"点样式"命令，在弹出的"点样式"对话框中选择"O"样式。

（2）单击"默认"选项卡"绘图"面板中的"直线"按钮 ，绘制桌布外轮廓线。命令行提示如下：

命令：_line ✓
指定第一点：100，100✓
点无效（这里之所以提示输入点无效，主要是因为分隔坐标值的逗号不是在西文状态下输入的）
指定第一点：100,100✓
指定下一点或 [放弃(U)]：900,100✓
指定下一点或 [放弃(U)]：@0,800✓
指定下一点或 [闭合(C)/放弃(U)]：u✓
指定下一点或 [放弃(U)]：@0,1000✓
指定下一点或 [闭合(C)/放弃(U)]：@-800,0✓
指定下一点或 [闭合(C)/放弃(U)]：c✓

绘制结果如图 2-7 所示。

（3）单击"默认"选项卡"绘图"面板中的"多点"按钮 ，绘制桌布内装饰点。命令行提示如下：

命令：point✓
当前点模式：　PDMODE=33　PDSIZE=20.0000
指定点：（在屏幕上单击）

绘制结果如图 2-8 所示。

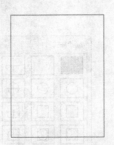

图 2-7　桌布外轮廓线

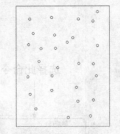

图 2-8　桌布

2.2　圆类图形

圆类命令主要包括圆、圆弧、椭圆、椭圆弧以及圆环等命令，这几个命令是 AutoCAD 中最简单的圆类命令。

2.2.1　绘制圆

1．执行方式

命令行：CIRCLE。

菜单栏："绘图"→"圆"。

工具栏："绘图"→"圆" ⊘。

功能区："默认"→"绘图"→"圆"下拉菜单（如图 2-9 所示）。

2．操作步骤

命令：CIRCLE✓
指定圆的圆心或 [三点(3P)/两点(2P)/切点、切点、半径(T)]：（指定圆心）
指定圆的半径或 [直径(D)]：（直接输入半径数值或用鼠标指定半径长度）
指定圆的直径 <默认值>：（输入直径数值或用鼠标指定直径长度）

图 2-9　"圆"下拉菜单

3．选项说明

（1）三点（3P）：用指定圆周上三点的方法画圆。

（2）两点（2P）：按指定直径的两端点的方法画圆。

（3）切点、切点、半径（T）：按先指定两个相切对象，后给出半径的方法画圆。

"绘图"→"圆"菜单中多了一种"相切、相切、相切"的方法，当选择此方式时，系统提示：

指定圆上的第一个点：_tan 到：（指定相切的第一个圆弧）
指定圆上的第二个点：_tan 到：（指定相切的第二个圆弧）
指定圆上的第三个点：_tan 到：（指定相切的第三个圆弧）

2.2.2　实例——圆餐桌

本实例利用"圆"命令绘制圆餐桌，如图 2-10 所示。

图 2-10　绘制圆餐桌

圆餐桌

操作步骤（光盘\动画演示\第 2 章\圆餐桌.avi）：

（1）设置绘图环境。选择菜单栏中的"格式"→"图形界限"命令，设置图幅界限为"297×210"。

（2）单击"默认"选项卡"绘图"面板中的"圆"按钮 ⊘，绘制圆。命令行提示如下：

命令：CIRCLE✓
指定圆的圆心或 [三点(3P)/两点(2P)/切点、切点、半径(T)]：100,100✓
指定圆的半径或 [直径(D)]：50✓

绘制结果如图 2-11 所示。

（3）重复"圆"命令，以（100,100）为圆心，绘制半径为 40 的圆，结果如图 2-12 所示。

图 2-11　绘制圆

图 2-12　圆餐桌

（4）单击"快速访问"工具栏中的"保存"按钮 🔲，保存图形。命令行提示如下：

命令：SAVEAS✓ （将绘制完成的图形以"圆餐桌.dwg"为文件名保存在指定的路径中）

2.2.3 绘制圆弧

1. 执行方式

命令行：ARC（缩写名：A）。

菜单栏："绘图"→"圆弧"。

工具栏："绘图"→"圆弧" 🖊。

功能区："默认"→"绘图"→"圆弧" 🖊。

2. 操作步骤

命令：ARC
圆弧创建方向：逆时针(按住 Ctrl 键可切换方向)
指定圆弧的起点或 [圆心(C)]:（指定起点）
指定圆弧的第二点或 [圆心(C)/端点(E)]:（指定第二点）
指定圆弧的端点:（指定端点）

3. 选项说明

（1）用命令行方式画圆弧时，可以根据系统提示选择不同的选项，具体功能和用"绘制"菜单中的"圆弧"子菜单提供的 11 种方式的功能相似。

（2）需要强调的是"继续"方式，绘制的圆弧与上一线段或圆弧相切，继续画圆弧段，因此提供端点即可。

2.2.4 实例——吧凳

本实例利用圆命令绘制座板，再利用直线与圆弧命令绘制出靠背，如图 2-13 所示。

图 2-13 绘制吧凳

吧凳

绘制步骤（光盘\配套视频\第 2 章\吧凳.avi）：

（1）单击"默认"选项卡"绘图"面板中的"圆"按钮 ⊙，绘制一个适当大小的圆，如图 2-14 所示。

（2）打开状态栏上的"对象捕捉"按钮 🔲、"对象捕捉追踪"按钮 ∠ 以及"正交"按钮 ㄴ。单击"默认"选项卡"绘图"面板中的"直线"按钮 🖊，在圆的左侧绘制一条短直线，然后将光标捕捉到刚绘制的直线右端点，向右拖动鼠标，拉出一条水平追踪线，如图 2-15 所示，捕捉追踪线与右边圆的交点绘制另外一条直线，结果如图 2-16 所示。

（3）单击"默认"选项卡"绘图"面板中的"圆弧"按钮 🖊，绘制一段圆弧。命令行提示与操作如下：

命令：_arc
指定圆弧的起点或[圆心(C)]:指定右边线段的右端点
指定圆弧的第二个点或[圆心(C)/端点(E)]:E
指定圆弧的端点:指定左边线段的左端点

指定圆弧的中心点(按住 Ctrl 键以切换方向)或 [角度(A)/方向(D)/半径(R)]:捕捉圆心

图 2-14　绘制圆

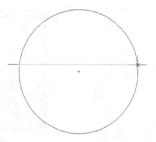

图 2-15　捕捉追踪

绘制结果如图 2-17 所示。

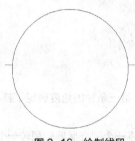

图 2-16　绘制线段

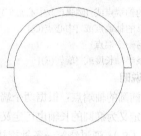

图 2-17　吧凳

2.2.5　绘制圆环

1．执行方式

命令行：DONUT。

菜单栏："绘图"→"圆环"。

功能区："默认"→"绘图"→"圆环"◎。

2．操作步骤

命令：DONUT ✓

指定圆环的内径 <默认值>：（指定圆环内径）

指定圆环的外径 <默认值>：（指定圆环外径）

指定圆环的中心点或 <退出>：（指定圆环的中心点）

指定圆环的中心点或 <退出>：（继续指定圆环的中心点，继续绘制具有相同内外径的圆环。按Enter键、空格键或单击鼠标右键，结束命令）

3．选项说明

（1）若指定内径为 0，则画出实心填充圆。

（2）用命令 FILL 可以控制圆环是否填充。

命令：FILL ✓

输入模式 [开(ON)/关(OFF)] <开>：（选择ON表示填充，选择OFF表示不填充）

2.2.6　绘制椭圆与椭圆弧

1．执行方式

命令行：ELLIPSE。

菜单栏："绘图"→"椭圆"→"圆弧"。

工具栏："绘图"→"椭圆"◎或"绘图"→"椭圆弧"◎。

功能区："默认"→"绘图"→"椭圆"下拉菜单（如图 2-18 所示）。

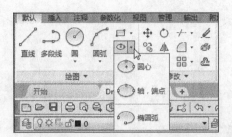

图 2-18 "椭圆"下拉菜单

2. 操作步骤

命令：ELLIPSE ✓
指定椭圆的轴端点或 [圆弧(A)/中心点(C)]：_a
指定椭圆弧的轴端点或 [中心点(C)]：
指定轴的另一个端点：
指定另一条半轴长度或 [旋转(R)]：

3. 选项说明

（1）指定椭圆的轴端点：根据两个端点定义椭圆的第一条轴。第一条轴的角度确定了整个椭圆的角度。第一条轴既可定义为椭圆的长轴也可定义为椭圆的短轴。

（2）旋转（R）：通过绕第一条轴旋转圆来创建椭圆。相当于将一个圆绕椭圆轴翻转一个角度后的投影视图。

（3）中心点（C）：通过指定的中心点创建椭圆。

（4）椭圆弧（A）：该选项用于创建一段椭圆弧。与工具栏中的"绘图"→"椭圆弧"功能相同。其中第一条轴的角度确定了椭圆弧的角度。第一条轴既可定义为椭圆弧长轴也可定义为椭圆弧短轴。选择该选项，系统继续提示：

指定椭圆弧的轴端点或 [中心点(C)]：（指定端点或输入"C"）
指定轴的另一个端点：（指定另一端点）
指定另一条半轴长度或 [旋转(R)]：（指定另一条半轴长度或输入"R"）
指定起始角度或 [参数(P)]：（指定起始角度或输入"P"）
指定终止角度或 [参数(P)/夹角(I)]：

其中各选项的含义介绍如下。

● 角度：指定椭圆弧端点的两种方式之一，光标与椭圆中心点连线的夹角为椭圆弧端点位置的角度。

● 参数（P）：指定椭圆弧端点的另一种方式，该方式同样是指定椭圆弧端点的角度，通过以下矢量参数方程式创建椭圆弧。

$$p(u) = c + a* \cos(u) + b* \sin(u)$$

其中，c 是椭圆的中心点，a 和 b 分别是椭圆的长轴和短轴，u 为光标与椭圆中心点连线的夹角。

● 夹角（I）：定义从起始角度开始的包含角度。

2.2.7 实例——盥洗盆

本实例主要介绍椭圆和椭圆弧绘制方法的具体应用。首先利用前面学到的知识绘制水龙头和旋钮，然后利用椭圆和椭圆弧绘制盥洗盆内沿和外沿，如图 2-19 所示。

操作步骤（光盘\动画演示\第 2 章\盥洗盆.avi）：

（1）单击"默认"选项卡"绘图"面板中的"直线"按

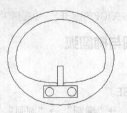

图 2-19 绘制盥洗盆

盥洗盆

钮 ，绘制水龙头图形，如图 2-20 所示。

（2）单击"默认"选项卡"绘图"面板中的"圆"按钮 ，绘制两个水龙头旋钮，如图 2-21 所示。

图 2-20　绘制水龙头

图 2-21　绘制旋钮

（3）单击"默认"选项卡"绘图"面板中的"椭圆"按钮 ，绘制盥洗盆外沿。命令行提示如下：

命令：_ellipse↙
指定椭圆的轴端点或 [圆弧(A)/中心点(C)]:（用鼠标指定椭圆轴端点）
指定轴的另一个端点:（用鼠标指定另一端点）
指定另一条半轴长度或 [旋转(R)]:（用鼠标在屏幕上拉出另一条半轴长度）

绘制结果如图 2-22 所示。

（4）单击"默认"选项卡"绘图"面板中的"椭圆弧"按钮 ，绘制盥洗盆部分内沿。命令行提示如下：

命令：_ellipse↙
指定椭圆的轴端点或 [圆弧(A)/中心点(C)]:_a↙
指定椭圆弧的轴端点或 [中心点(C)]: C↙
指定椭圆弧的中心点:（单击状态栏中的"对象捕捉"按钮 ，捕捉刚才绘制的椭圆中心点，关于"捕捉"，后面进行介绍）
指定轴的端点:(适当指定一点)
指定另一条半轴长度或 [旋转(R)]: R↙
指定绕长轴旋转的角度:（用鼠标指定椭圆轴端点）
指定起始角度或 [参数(P)]:（用鼠标拉出起始角度）
指定终止角度或 [参数(P)/夹角(I)]:（用鼠标拉出终止角度）

绘制结果如图 2-23 所示。

（5）单击"默认"选项卡"绘图"面板中的"圆弧"按钮 ，绘制盥洗盆其他部分内沿。最终结果如图 2-24 所示。

图 2-22　绘制盥洗盆外沿

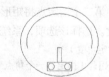

图 2-23　绘制盥洗盆部分内沿

图 2-24　盥洗盆图形

2.3　平面图形

简单的平面图形命令包括"矩形"命令和"正多边形"命令。

2.3.1　绘制矩形

1. 执行方式

命令行：RECTANG（缩写名：REC）。

菜单栏："绘图"→"矩形"。

工具栏："绘图"→"矩形" □。

功能区："默认"→"绘图"面板中的"矩形" □。

2．操作步骤

命令：RECTANG√

指定第一个角点或 [倒角(C)/标高(E)/圆角(F)/厚度(T)/宽度(W)]：

指定另一个角点或 [面积(A)/尺寸(D)/旋转(R)]：

3．选项说明

（1）指定第一个角点：通过指定两个角点来确定矩形，如图 2-25（a）所示。

（2）倒角（C）：指定倒角距离，绘制带倒角的矩形，如图 2-25（b）所示。每一个角点的逆时针和顺时针方向的倒角可以相同，也可以不同，其中第一个倒角距离是指角点逆时针方向的倒角距离，第二个倒角距离是指角点顺时针方向的倒角距离。

（3）标高（E）：指定矩形标高（z坐标），即把矩形画在标高为z，且与xoy坐标面平行的平面上，并作为后续矩形的标高值。

（4）圆角（F）：指定圆角半径，绘制带圆角的矩形，如图 2-25（c）所示。

（5）厚度（T）：指定矩形的厚度，如图 2-25（d）所示。

（6）宽度（W）：指定线宽，如图 2-25（e）所示。

| (a) | (b) | (c) | (d) | (e) |

图 2-25　绘制矩形

（7）面积（A）：通过指定面积和长或宽来创建矩形。选择该选项，系统提示：

输入以当前单位计算的矩形面积 <20.0000>：　（输入面积值）

计算矩形标注时依据 [长度(L)/宽度(W)] <长度>：　（按Enter键或输入"W"）

输入矩形长度 <4.0000>：（指定长度或宽度）

指定长度或宽度后，系统自动计算出另一个维度并绘制出矩形。如果矩形被倒角或圆角，则在长度或宽度计算中，会考虑此设置，如图 2-26 所示。

（8）尺寸（D）：使用长和宽创建矩形。第二个指定点将矩形定位在与第一角点相关的 4 个位置之一内。

（9）旋转（R）：旋转所绘制矩形的角度。选择该选项，系统提示：

指定旋转角度或 [拾取点(P)] <135>：　（指定角度）

指定另一个角点或 [面积(A)/尺寸(D)/旋转(R)]：（指定另一个角点或选择其他选项）

指定旋转角度后，系统按指定旋转角度创建矩形，如图 2-27 所示。

倒角距离 (1,1) 面积、倒角距离 (1,1) 面积、
20 长度：6　　20 长度：6

图 2-26　按面积绘制矩形

图 2-27　按指定旋转角度创建矩形

2.3.2　实例——办公桌

本实例利用"直线"和"矩形"命令绘制出办公桌，如图 2-28 所示。

图 2-28　绘制办公桌

办公桌

操作步骤（光盘\动画演示\第 2 章\办公桌.avi）：

（1）单击"默认"选项卡"绘图"面板中的"直线"按钮，绘制外轮廓线。命令行提示如下：

```
命令：LINE↙
指定第一点：0,0↙
指定下一点或 [放弃(U)]：@150,0↙
指定下一点或 [放弃(U)]：@0,70↙
指定下一点或 [闭合(C)/放弃(U)]：@-150,0↙
指定下一点或 [闭合(C)/放弃(U)]：c↙
```

结果如图 2-29 所示。

（2）单击"默认"选项卡"绘图"面板中的"矩形"按钮，绘制内轮廓线。命令行提示如下：

```
命令：RECTANG↙
指定第一个角点或 [倒角(C)/标高(E)/圆角(F)/厚度(T)/宽度(W)]：2,2↙
指定另一个角点或 [面积(A)/尺寸(D)/旋转(R)]：@146,66↙
```

最终结果如图 2-28 所示。

图 2-29　绘制轮廓线

2.3.3　绘制正多边形

1. 执行方式

命令行：POLYGON。

菜单栏："绘图" → "多边形"。

工具栏："绘图" → "多边形"。

功能区："默认" → "绘图" → "多边形"。

2. 操作步骤

```
命令：POLYGON ↙
输入侧面数 <4>：（指定多边形的边数，默认值为4）
指定正多边形的中心点或 [边(E)]：（指定中心点）
输入选项 [内接于圆(I)/外切于圆(C)] <I>：（指定是内接于圆或外切于圆，I表示内接于圆，如图2-30（a）所示；C
表示外切于圆，如图2-30（b）所示）
指定圆的半径：（指定外接圆或内切圆的半径）
```

3. 选项说明

如果选择"边"选项，则只要指定多边形的一条边，系统就会按逆时针方向创建该正多边形，如图 2-30
（c）所示。

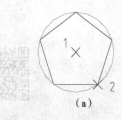（a）　　　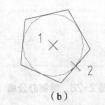（b）　　　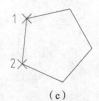（c）

图 2-30　绘制正多边形

2.3.4　实例——八角凳

本实例主要是执行"多边形"命令的两种不同执行方式，分别绘制外轮廓和内轮廓，如图 2-31 所示。

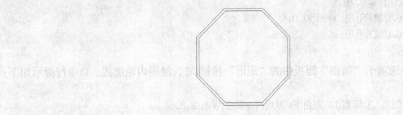

图 2-31　绘制八角凳

八角凳

操作步骤（光盘\动画演示\第 2 章\八角凳.avi）：

（1）选择菜单栏中的"格式"→"图形界限"命令，设置图幅界限为"297×210"。

（2）单击"默认"选项卡"绘图"面板中的"多边形"按钮⬠，绘制外轮廓线。命令行提示如下：

```
命令: polygon↙
输入侧面数 <8>: 8↙
指定正多边形的中心点或 [边(E)]: 0,0↙
输入选项 [内接于圆(I)/外切于圆(C)] <I>: c↙
指定圆的半径: 100
```

绘制结果如图 2-31 所示。

（3）继续执行"多边形"命令，绘制内轮廓线。命令行提示如下：

```
命令: ↙（直接按Enter键，表示重复执行上一个命令）
输入侧面数 <8>:↙
指定正多边形的中心点或 [边(E)]: 0,0↙
输入选项 [内接于圆(I)/外切于圆(C)] <C>: i↙
指定圆的半径: 100↙
```

绘制结果如图 2-32 所示。

2.4　多段线

多段线是一种由线段和圆弧组合而成的不同线宽的多线，这种线由于其组合形式的多样和线宽的不同，弥补了直线或圆弧功能的不足，适合绘制各种复杂的图形轮廓，因而得到了广泛的应用。

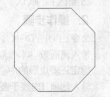

图 2-32　绘制轮廓线图

2.4.1　绘制多段线

1. 执行方式

命令行：PLINE（缩写名：PL）。

菜单栏:"绘图"→"多段线"。

工具栏:"绘图"→"多段线" 🔄。

功能区:"默认"→"绘图"→"多段线" 🔄。

2. 操作步骤

命令: PLINE ✓
指定起点:(指定多段线的起点)
当前线宽为 0.0000
指定下一个点或 [圆弧(A)/半宽(H)/长度(L)/放弃(U)/宽度(W)]:(指定多段线的下一点)
指定下一点或 [圆弧(A)/闭合(C)/半宽(H)/长度(L)/放弃(U)/宽度(W)]:

3. 选项说明

多段线主要由不同长度的连续的线段或圆弧组成,如果在上述提示中选择"圆弧"命令,则命令行提示如下:

指定圆弧的端点(按住 Ctrl 键以切换方向)或[角度(A)/圆心(CE)/闭合(CL)/方向(D)/半宽(H)/直线(L)/半径(R)/第二个点(S)/放弃(U)/宽度(W)]:

2.4.2 编辑多段线

1. 执行方式

命令行:PEDIT(缩写名:PE)。

菜单栏:"修改"→"对象"→"多段线"。

工具栏:"修改 II"→"编辑多段线" ✍。

功能区:"默认"→"修改"→"编辑多段线" ✍。

快捷菜单:选择要编辑的多线段,在绘图区单击鼠标右键,在弹出的快捷菜单中选择"多段线"→"多段线编辑"命令。

2. 操作步骤

命令: PEDIT ✓
选择多段线或 [多条(M)]:(选择一条要编辑的多段线)
输入选项 [闭合(C)/合并(J)/宽度(W)/编辑顶点(E)/拟合(F)/样条曲线(S)/非曲线化(D)/线型生成(L)/放弃(U)]:

3. 选项说明

(1)合并(J):以选中的多段线为主体,合并其他直线段、圆弧或多段线,使其成为一条多段线。能合并的条件是各段线的端点首尾相连,如图 2-33 所示。

(2)宽度(W):修改整条多段线的线宽,使其具有同一线宽,如图 2-34 所示。

(a)合并前   (b)合并后   (a)修改前   (b)修改后
图 2-33　合并多段线   图 2-34　修改整条多段线的线宽

(3)编辑顶点(E):选择该选项后,在多段线起点处出现一个斜的十字叉"×",为当前顶点的标记,并在命令行出现进行后续操作的提示:

[下一个(N)/上一个(P)/打断(B)/插入(I)/移动(M)/重生成(R)/拉直(S)/切向(T)/宽度(W)/退出(X)] <N>:

这些选项允许用户进行移动、插入顶点和修改任意两点间的线宽等操作。

(4)拟合(F):从指定的多段线生成由光滑圆弧连接而成的圆弧拟合曲线,该曲线经过多段线的各顶点,如图 2-35 所示。

（5）样条曲线（S）：以指定的多段线的各顶点作为控制点生成 B 样条曲线，如图 2-36 所示。

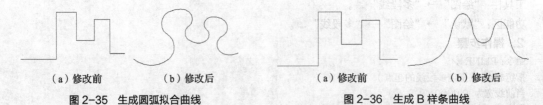

（a）修改前　　　（b）修改后　　　　　　　（a）修改前　　　（b）修改后

图 2-35　生成圆弧拟合曲线　　　　　　　图 2-36　生成 B 样条曲线

（6）非曲线化（D）：用直线代替指定的多段线中的圆弧。对于选择"拟合（F）"选项或"样条曲线（S）"选项后生成的圆弧拟合曲线或样条曲线，删去其生成曲线时新插入的顶点，则恢复成由直线段组成的多段线。

（7）线型生成（L）：当多段线的线型为点划线时，控制多段线的线型生成方式开关。选择该选项，系统提示如下：

输入多段线线型生成选项 [开(ON)/关(OFF)] <关>：

选择 ON 时，将在每个顶点处允许以短划线开始或结束生成线型，选择 OFF 时，将在每个顶点处允许以长划线开始或结束生成线型。"线型生成"不能用于包含带变宽的线段的多段线，如图 2-37 所示。

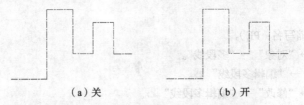

（a）关　　　　　　　　　（b）开

图 2-37　控制多段线的线型（线型为点划线时）

2.4.3　实例——圈椅

本实例主要介绍多段线绘制和多段线编辑方法的具体应用。首先利用多段线绘制命令绘制圈椅外圈，然后利用圆弧命令绘制内圈，再利用多段线编辑命令将所绘制线条合并，最后利用圆弧和直线命令绘制椅垫，如图 2-38 所示。

圈椅

操作步骤（光盘\动画演示\第 2 章\圈椅.avi）：

（1）单击"默认"选项卡"绘图"面板中的"多段线"按钮 ，绘制外部轮廓。命令行提示与操作如下：

图 2-38　绘制圈椅流程图

```
命令：_pline
指定起点：指定一点
当前线宽为 0.0000
指定下一个点或[圆弧(A)/半宽(H)/长度(L)/放弃(U)/宽度(W)]: @0,-600
指定下一点或[圆弧(A)/闭合(C)/半宽(H)/长度(L)/放弃(U)/宽度(W)]: @150,0
指定下一点或[圆弧(A)/闭合(C)/半宽(H)/长度(L)/放弃(U)/宽度(W)]: 0,600
指定下一点或[圆弧(A)/闭合(C)/半宽(H)/长度(L)/放弃(U)/宽度(W)]: U（放弃，表示上步操作出错）
指定下一点或[圆弧(A)/闭合(C)/半宽(H)/长度(L)/放弃(U)/宽度(W)]: @0,600
指定下一点或[圆弧(A)/闭合(C)/半宽(H)/长度(L)/放弃(U)/宽度(W)]: A
指定圆弧的端点(按住 Ctrl 键以切换方向)或[角度(A)/圆心(CE)/闭合(CL)/方向(D)/半宽(H)/直线(L)/半径(R)/第二个点(S)/放弃(U)/宽度(W)]: R
指定圆弧的半径：750
指定圆弧的端点(按住 Ctrl 键以切换方向)或[角度(A)]: A
指定夹角：180
```

指定圆弧的弦方向(按住 Ctrl 键以切换方向)<90>:180
　　指定圆弧的端点(按住 Ctrl 键以切换方向)或[角度(A)/圆心(CE)/闭合(CL)/方向(D)/半宽(H)/直线(L)/半径(R)/第二个点(S)/放弃(U)/宽度(W)]: L
　　指定下一点或[圆弧(A)/闭合(C)/半宽(H)/长度(L)/放弃(U)/宽度(W)]: @0,-600
　　指定下一点或[圆弧(A)/闭合(C)/半宽(H)/长度(L)/放弃(U)/宽度(W)]: @150,0
　　指定下一点或[圆弧(A)/闭合(C)/半宽(H)/长度(L)/放弃(U)/宽度(W)]: @0,600

　　绘制结果如图 2-39 所示。

　　（2）打开状态栏上的"对象捕捉"按钮，单击"默认"选项卡"绘图"面板中的"圆弧"按钮，绘制内圈。命令行提示与操作如下：

命令: _arc
指定圆弧的起点或[圆心(C)]:捕捉右边竖线上的端点
指定圆弧的第二个点或[圆心(C)/端点(E)]: E
指定圆弧的端点:捕捉左边竖线上的端点
指定圆弧的中心点(按住 Ctrl 键以切换方向)或 [角度(A)/方向(D)/半径(R)]: D
指定圆弧起点的相切方向(按住 Ctrl 键以切换方向): 90

　　绘制结果如图 2-40 所示。

　　（3）单击"默认"选项卡"修改"面板中的"编辑多段线"按钮，编辑多段线。命令行提示与操作如下：

命令: _pedit
选择多段线或[多条(M)]:选择刚绘制的多段线
输入选项[闭合(C)/合并(J)/宽度(W)/编辑顶点(E)/拟合(F)/样条曲线(S)/非曲线化(D)/线型生成(L)/反转(R)/放弃(U)]: J
选择对象:选择刚绘制的圆弧
选择对象:按Enter键
输入选项[打开(O)/合并(J)/宽度(W)/编辑顶点(E)/拟合(F)/样条曲线(S)/非曲线化(D)/线型生成(L)/反转(R)/放弃(U)]:
按Enter键

　　系统将圆弧和原来的多段线合并成一个新的多段线，选择该多段线，可以看出所有线条都被选中，说明已经合并为一体了，如图 2-41 所示。

图 2-39　绘制外部轮廓

图 2-40　绘制内圈

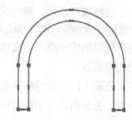

图 2-41　合并多段线

　　（4）打开状态栏上的"对象捕捉"按钮，单击"默认"选项卡"绘图"面板中的"圆弧"按钮，绘制椅垫，结果如图 2-42 所示。

　　（5）单击"默认"选项卡"绘图"面板中的"直线"按钮，捕捉适当的点为端点，绘制一条水平线，最终结果如图 2-38 所示。

2.5　样条曲线

　　AutoCAD 使用的是一种称为非一致有理 B 样条（NURBS）曲线的特殊样条曲线类型。NURBS 曲线在控制点之间产生一条光滑的样条曲线，如图 2-43 所示。样条曲线可用于创建形状不规则的曲线，例如，为地理信息系统（GIS）应用或汽车设计绘制轮廓线。

图 2-42 绘制椅垫

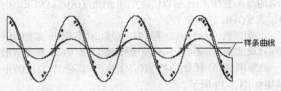

图 2-43 样条曲线

2.5.1 绘制样条曲线

1．执行方式

命令行：SPLINE。

菜单栏："绘图"→"样条曲线"。

工具栏："绘图"→"样条曲线" ~。

功能区："默认"→"绘图"→"样条曲线拟合" ~。

2．操作步骤

命令：SPLINE ✓

当前设置：方式=拟合　节点=弦

指定第一个点或 [方式(M)/节点(K)/对象(O)]：（指定一点或选择"对象(O)"选项）

输入下一个点或 [起点切向(T)/公差(L)]：（指定一点）

输入下一个点或 [端点相切(T)/公差(L)/放弃(U)]：（输入下一个点）

输入下一个点或 [端点相切(T)/公差(L)/放弃(U)/闭合(C)]：C

3．选项说明

（1）对象（O）：将二维或三维的二次或三次样条曲线的拟合多段线转换为等价的样条曲线，然后（根据 DelOBJ 系统变量的设置）删除该拟合多段线。

（2）闭合（C）：将最后一点定义为与第一点一致，并使它在连接处与样条曲线相切，这样可以闭合样条曲线。选择该选项后，系统继续提示：

指定切向：（指定点或按Enter键）

用户可以指定一点来定义切向矢量，或者通过使用"切点"、"垂足"对象来捕捉模式使样条曲线与现有对象相切或垂直。

（3）公差（L）：指定样条曲线可以偏离指定拟合点的距离。公差值 0（零）要求生成的样条曲线直接通过拟合点。公差值适用于所有拟合点（拟合点的起点和终点除外）始终具有为 0（零）的公差。

（4）起点切向（T）：定义样条曲线的第一点和最后一点的切向。

如果在样条曲线的两端都指定切向，可以通过输入一个点或者使用"切点""垂足"对象来捕捉模式使样条曲线与已有的对象相切或垂直。如果按 Enter 键，AutoCAD 将计算默认切向。

2.5.2 编辑样条曲线

1．执行方式

命令行：SPLINEDIT。

菜单栏："修改"→"对象"→"样条曲线"。

工具栏："修改 II"→"编辑样条曲线" ᵶ。

功能区："默认"→"修改"→"编辑样条曲线" ᵶ。

2．操作步骤

命令：SPLINEDIT ✓

选择样条曲线：（选择要编辑的样条曲线。若选择的样条曲线是用SPLINE命令创建的，其近似点以夹点的颜色显示出来；若选择的样条曲线是用PLINE命令创建的，其控制点以夹点的颜色显示出来。）

输入选项 [闭合(C)/合并(J)/拟合数据(F)/编辑顶点(E)/转换为多段线(P)/反转(R)/放弃(U)/退出(X)]：

3．选项说明

（1）拟合数据（F）：编辑近似数据。选择该选项后，创建该样条曲线时指定的各点将以小方格的形式显示出来。

（2）编辑顶点（E）：精密调整样条曲线定义。

输入顶点编辑选项 [添加(A)/删除(D)/提高阶数(E)/移动(M)/权值(W)/退出(X)] <退出>：

（3）转换为多段线（P）：将样条曲线转换为多段线。

精度值决定生成的多段线与样条曲线的接近程度。有效值为介于 0～99 之间的任意整数。

反转（R）：反转样条曲线的方向。该项操作主要用于第三方应用程序。

2.5.3 实例——雨伞

本实例利用"圆弧"与"样条曲线"命令绘制伞的外框与底边，再利用"圆弧"命令绘制伞面，最后利用"多段线"命令绘制伞顶与伞把，如图 2-44 所示。

图 2-44 绘制雨伞

雨伞

操作步骤（光盘\动画演示\第 2 章\雨伞.avi）：

（1）单击"默认"选项卡"绘图"面板中的"圆弧"按钮 ，绘制伞的外框。命令行提示如下：

命令：ARC ✓
指定圆弧的起点或 [圆心(C)]：C✓
指定圆弧的圆心：（在屏幕上指定圆心）
指定圆弧的起点：（在屏幕上圆心位置的右边指定圆弧的起点）
指定圆弧的端点(按住 Ctrl 键以切换方向)或 [角度(A)/弦长(L)]：A✓
指定夹角(按住 Ctrl 键以切换方向)：180（注意角度的逆时针转向）✓

（2）单击"默认"选项卡"绘图"面板中的"样条曲线拟合"按钮 ，绘制伞的底边。命令行提示如下：

命令：SPLINE ✓
指定第一个点或 [对象(O)]：（指定样条曲线的第一个点1，如图2-45所示）
指定下一点：（指定样条曲线的下一个点2）
指定下一点或 [闭合(C)/拟合公差(F)] <起点切向>：（指定样条曲线的下一个点3）
指定下一点或 [闭合(C)/拟合公差(F)] <起点切向>：（指定样条曲线的下一个点4）
指定下一点或 [闭合(C)/拟合公差(F)] <起点切向>：（指定样条曲线的下一个点5）
指定下一点或 [闭合(C)/拟合公差(F)] <起点切向>：（指定样条曲线的下一个点6）
指定下一点或 [闭合(C)/拟合公差(F)] <起点切向>：（指定样条曲线的下一个点7）
指定下一点或 [闭合(C)/拟合公差(F)] <起点切向>：
指定起点切向：（在1点左边顺着曲线往外指定一点并单击鼠标右键确认）
指定端点切向：（在7点右边顺着曲线往外指定一点并单击鼠标右键确认）

（3）单击"默认"选项卡"绘图"面板中的"圆弧"按钮 ，绘制起点在正中点8，第二个点在点9，端点在点 2 的圆弧，如图 2-46 所示。重复"圆弧"命令，绘制其他的伞面辐条，绘制结果如图 2-47 所示。

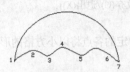

图 2-45　绘制伞边

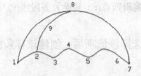

图 2-46　绘制伞面辐条

图 2-47　绘制伞面

（4）单击"默认"选项卡"绘图"面板中的"多段线"按钮 ，绘制伞顶和伞把。命令行提示如下：

```
命令：PLINE✓
指定起点：（在如图2-46所示的点8位置指定伞顶起点）
当前线宽为 3.0000
指定下一个点或 [圆弧(A)/半宽(H)/长度(L)/放弃(U)/宽度(W)]：W✓
指定起点宽度 <3.0000>：4✓
指定端点宽度 <4.0000>：✓
指定下一个点或 [圆弧(A)/半宽(H)/长度(L)/放弃(U)/宽度(W)]：（指定伞顶终点）
指定下一点或 [圆弧(A)/闭合(C)/半宽(H)/长度(L)/放弃(U)/宽度(W)]：U （位置不合适，取消）✓
指定下一个点或 [圆弧(A)/半宽(H)/长度(L)/放弃(U)/宽度(W)]：（重新在往上适当位置指定伞顶终点）
指定下一点或 [圆弧(A)/闭合(C)/半宽(H)/长度(L)/放弃(U)/宽度(W)]：（单击鼠标右键确认）
命令：PLINE✓
指定起点：（在如图2-46所示的点8的正下方点4位置附近，指定伞把起点）
当前线宽为 4.0000
指定下一个点或 [圆弧(A)/半宽(H)/长度(L)/放弃(U)/宽度(W)]：H✓
指定起点半宽 <1.0000>：1.5✓
指定端点半宽 <1.5000>：✓
指定下一个点或 [圆弧(A)/半宽(H)/长度(L)/放弃(U)/宽度(W)]：（往下适当位置指定下一点）
指定下一点或 [圆弧(A)/闭合(C)/半宽(H)/长度(L)/放弃(U)/宽度(W)]：A✓
指定圆弧的端点(按住 Ctrl 键以切换方向)或[角度(A)/圆心(CE)/闭合(CL)/方向(D)/半宽(H)/直线(L)/半径(R)/第二个
点(S)/放弃(U)/宽度(W)]：（指定圆弧的端点）
指定圆弧的端点(按住 Ctrl 键以切换方向)或[角度(A)/圆心(CE)/闭合(CL)/方向(D)/半宽(H)/直线(L)/半径(R)/第二个
点(S)/放弃(U)/宽度(W)]：（单击鼠标右键确认）
```

绘制结果如图 2-44 所示。

2.6　多线

多线是一种复合线，由连续的直线段复合组成。多线的一个突出优点是能够提高绘图效率，保证图线之间的统一性。

2.6.1　绘制多线

1．执行方式

命令行：MLINE。

菜单栏："绘图"→"多线"。

2．操作步骤

```
命令：MLINE ✓
当前设置：对正 = 上，比例 = 20.00，样式 = STANDARD
指定起点或 [对正(J)/比例(S)/样式(ST)]：(指定起点)
指定下一点：（指定下一点）
```

指定下一点或 [放弃(U)]：（继续指定下一点，绘制线段。输入"U"，则放弃前一段的绘制；单击鼠标右键或按Enter键，结束命令）

指定下一点或 [闭合(C)/放弃(U)]：（继续指定下一点，绘制线段。输入"C"，则闭合线段，结束命令）

3．选项说明

（1）对正（J）：该选项用于给定绘制多线的基准。共有 3 种对正类型，即"上"、"无"和"下"。其中，"上（T）"表示以多线上侧的线为基准，依此类推。

（2）比例（S）：选择该选项，要求用户设置平行线的间距。输入值为 0 时，平行线重合；输入值为负时，多线的排列倒置。

（3）样式（ST）：该选项用于设置当前使用的多线样式。

2.6.2 定义多线样式

1．执行方式

命令行：MLSTYLE。

2．操作步骤

系统自动执行该命令后，弹出图 2-48 所示的"多线样式"对话框。在该对话框中，用户可以对多线样式进行定义、保存和加载等操作。

图 2-48 "多线样式"对话框

2.6.3 编辑多线

1．执行方式

命令行：MLEDIT。

菜单栏："修改"→"对象→"多线"。

2．操作步骤

执行该命令后，弹出"多线编辑工具"对话框，如图 2-49 所示。利用该对话框可以创建或修改多线的样式。对话框中分 4 列显示了示例图形。其中，第 1 列管理十字交叉形式的多线，第 2 列管理 T 形多线，第 3 列管理拐角接合点和节点形式的多线，第 4 列管理多线被剪切或连接的形式。

选择某个示例图形，然后单击"关闭"按钮，即可调用该项编辑功能。

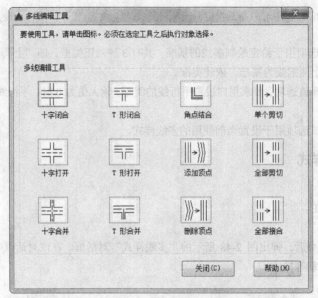

图 2-49　"多线编辑工具"对话框

2.6.4　实例——墙体

本实例利用"构造线"与"偏移"命令绘制辅助线，再利用"多线"命令绘制墙线，最后编辑多线得到所需图形，如图 2-50 所示。

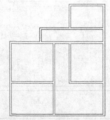

图 2-50　绘制墙体

操作步骤（光盘\动画演示\第 2 章\墙体.avi）：

（1）单击"默认"选项卡"绘图"面板中的"构造线"按钮 ✓，绘制出一条水平构造线和一条竖直构造线，组成"十"字形辅助线，如图 2-51 所示。

（2）单击"默认"选项卡"绘图"面板中的"构造线"按钮 ✓ 绘制辅助线。命令行中的提示与操作如下：

墙体

```
命令: XLINE✓
指定点或 [水平(H)/垂直(V)/角度(A)/二等分(B)/偏移(O)]: O✓
指定偏移距离或 [通过(T)] <通过>: 4500✓
选择直线对象：（选择刚绘制的水平构造线）
指定向哪侧偏移：（指定右边一点）
选择直线对象：（继续选择刚绘制的水平构造线）
……
```

重复"构造线"命令，将偏移的水平构造线依次向上偏移 5100、1800 和 3000，绘制的水平构造线如图

2-52 所示。重复"构造线"命令，将竖直构造线依次向右偏移 3900、1800、2100 和 4500，结果如图 2-53 所示。

图 2-51 "十"字形辅助线　　　　图 2-52 水平构造线　　　　图 2-53 居室的辅助线网格

（3）选择菜单栏中的"格式"→"多线样式"命令，系统打开"多线样式"对话框，在该对话框中单击"新建"按钮，系统打开"创建新的多线样式"对话框，在"新样式名"文本框中输入"墙体线"，单击"继续"按钮。

（4）系统弹出"新建多线样式：墙体线"对话框，进行图 2-54 所示的设置。

图 2-54 设置多线样式

（5）选择菜单栏中的"绘图"→"多线"命令，绘制墙体。命令行提示如下：

```
命令: MLINE ✓
当前设置: 对正 = 上，比例 = 20.00，样式 = STANDARD
指定起点或 [对正(J)/比例(S)/样式(ST)]: S✓
输入多线比例 <20.00>: 1✓
当前设置: 对正 = 上，比例 = 1.00，样式 = STANDARD
指定起点或 [对正(J)/比例(S)/样式(ST)]: J✓
输入对正类型 [上(T)/无(Z)/下(B)] <上>: Z✓
当前设置: 对正 = 无，比例 = 1.00，样式 = STANDARD
指定起点或 [对正(J)/比例(S)/样式(ST)]: （在绘制的辅助线交点上指定一点）
指定下一点: （在绘制的辅助线交点上指定下一点）
指定下一点或 [放弃(U)]: （在绘制的辅助线交点上指定下一点）
指定下一点或 [闭合(C)/放弃(U)]: （在绘制的辅助线交点上指定下一点）
指定下一点或 [闭合(C)/放弃(U)]:C✓
```

根据辅助线网格，用相同的方法绘制多线，绘制结果如图 2-55 所示。

（6）编辑多线。选择菜单栏中的"修改"→"对象"→"多线"命令，系统弹出"多线编辑工具"对话框，如图 2-56 所示。选择"T 形合并"选项，然后单击"关闭"按钮，命令行提示如下：

命令：MLEDIT↙
选择第一条多线：（选择多线）
选择第二条多线：（选择多线）
选择第一条多线或 [放弃(U)]：↙（选择多线）
选择第二条多线或 [放弃(U)]：

重复"编辑多线"命令继续进行多线编辑。编辑的最终结果如图 2-57 所示。

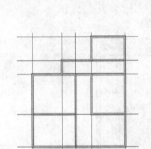

图 2-55　全部多线绘制结果

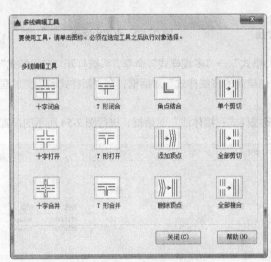

图 2-56　"多线编辑工具"对话框

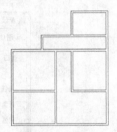

图 2-57　墙体

2.7　图案填充

当用户需要用一个重复的图案（pattern）填充某个区域时，可以使用 BHATCH 命令建立一个相关联的填充阴影对象，即所谓的图案填充。

2.7.1　基本概念

1．图案边界

当进行图案填充时，首先要确定图案填充的边界。定义边界的对象只能是直线、双向射线、单向射线、多段线、样条曲线、圆弧、圆、椭圆、椭圆弧、面域等对象或用这些对象定义的块，而且作为边界的对象，在当前屏幕上必须全部可见。

2．孤岛

在进行图案填充时，把位于总填充域内的封闭区域称为孤岛，如图 2-58 所示。在用 BHATCH 命令进行图案填充时，AutoCAD 允许用户以拾取点的方式确定填充边界，即在希望填充的区域内任意拾取一点，AutoCAD 会自动确定出填充边界，同时也确定该边界内的孤岛。如果用户是以点取对象的方式确定填充边界的，则必须确切地点取这些孤岛。

3．填充方式

在进行图案填充时，需要控制填充的范围，AutoCAD 系统为用户设置了以下 3 种填充方式，实现对填充范围的控制。

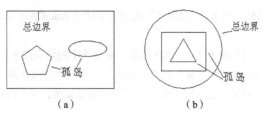

图 2-58 孤岛

① 普通方式。如图 2-59（a）所示，该方式从边界开始，从每条填充线或每个剖面符号的两端向里画，遇到内部对象与之相交时，填充线或剖面符号断开，直到遇到下一次相交时再继续画。采用这种方式时，要避免填充线或剖面符号与内部对象的相交次数为奇数。该方式为系统内部的默认方式。

② 最外层方式。如图 2-59（b）所示，该方式从边界开始，向里画剖面符号，只要在边界内部与对象相交，则剖面符号由此断开，而不再继续画。

③ 忽略方式。如图 2-59（c）所示，该方式忽略边界内部的对象，所有内部结构都被剖面符号覆盖。

（a）普通方式　　　　（b）最外层方式　　　　（c）忽略方式

图 2-59　填充方式

2.7.2　图案填充的操作

1. 执行方式

命令行：BHATCH。

菜单栏："绘图"→"图案填充"。

工具栏："绘图"→"图案填充" ▨ 或 "绘图"→"渐变色" ▤。

功能区："默认"→"绘图"→"图案填充" ▨。

2. 操作步骤

执行上述操作之一后，系统弹出图 2-60 所示的"图案填充创建"选项卡，各按钮的含义介绍如下。

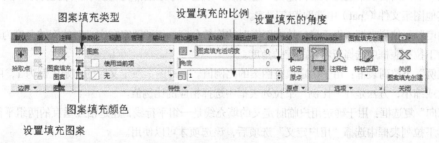

图 2-60　"图案填充创建"选项卡

（1）"图案填充"选项卡

该选项卡中的各选项用来确定填充图案及其参数。选择该选项卡后，弹出图 2-82 所示的左边选项组。其中各选项的含义介绍如下。

① "类型"下拉列表框：用于确定填充图案的类型。在该下拉列表框中，"用户定义"选项表示用户要临时定义填充图案，与命令行方式中的"U"选项作用一样；"自定义"选项表示选用 acad.pat 图案文件或其

他图案文件（.pat 文件）中的填充图案；"预定义"选项表示选用 AutoCAD 标准图案文件（acad.pat 文件）中的填充图案。

② "图案"下拉列表框：用于确定 AutoCAD 标准图案文件中的填充图案。在该下拉列表框中，用户可从中选取填充图案。选取所需要的填充图案后，在"样例"中的图像框内会显示出该图案。只有用户在"类型"下拉列表框中选择了"预定义"选项后，此项才以正常亮度显示，即允许用户从 AutoCAD 标准图案文件中选取填充图案。

如果选择的图案类型是"预定义"，单击"图案"下拉列表框右边的▭按钮，会弹出图 2-61 所示的"填充图案选项板"对话框，该对话框中显示出所选图案类型所具有的图案，用户可从中确定所需要的图案。

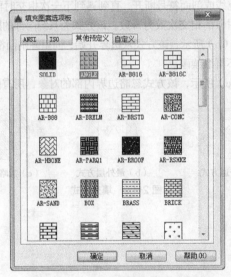

图 2-61 "填充图案选项板"对话框

③ "颜色"下拉列表框：使用填充图案和实体填充的指定颜色替代当前颜色。

④ "样例"图像框：用来给出样本图案。在其右边有一矩形图像框，显示出当前用户所选用的填充图案。可以单击该图像框迅速查看或选取已有的填充图案。

⑤ "自定义图案"下拉列表框：用于确定 acad.pat 图案文件或其他图案文件（.pat）中的填充图案。只有在"类型"下拉列表框中选择了"自定义"选项后，该选项才以正常亮度显示，即允许用户从 acad.pat 图案文件或其他图案文件（.pat）中选取填充图案。

⑥ "角度"下拉列表框：用于确定填充图案时的旋转角度。每种图案在定义时的旋转角度为 0，用户可在"角度"下拉列表框中选择所希望的旋转角度。

⑦ "比例"下拉列表框：用于确定填充图案的比例值。每种图案在定义时的初始比例为 1，用户可以根据需要放大或缩小，方法是在"比例"下拉列表框中选择相应的比例值。

⑧ "双向"复选框：用于确定用户临时定义的填充线是一组平行线，还是相互垂直的两组平行线。只有在"类型"下拉列表框中选择"用户定义"选项后，该选项才可以使用。

⑨ "相对图纸空间"复选框：用于确定是否相对图纸空间单位来确定填充图案的比例值。选中该复选框后，可以按适合于版面布局的比例方便地显示填充图案。该选项仅仅适用于图形版面编排。

⑩ "间距"文本框：指定平行线之间的间距，在"间距"文本框内输入值即可。只有在"类型"下拉列表框中选择"用户定义"选项后，该项才可以使用。

⑪ "ISO 笔宽"下拉列表框：告诉用户根据所选择的笔宽确定与 ISO 有关的图案比例。只有在选择了已定义的 ISO 填充图案后，才可确定它的内容。

⑫ "图案填充原点"选项组：控制填充图案生成的起始位置。填充这些图案（如砖块图案）时需要与图案填充边界上的一点对齐。在默认情况下，所有填充图案原点都对应于当前的 UCS 原点。也可以选中"指定的原点"单选按钮，通过其下一级的选项重新指定原点。

（2）"渐变色"选项卡

渐变色是指从一种颜色到另一种颜色的平滑过渡。渐变色能产生光的效果，可为图形添加视觉效果。"渐变色"选项卡如图 2-62 所示，其中各选项的含义介绍如下。

① "单色"单选按钮：应用单色对所选择的对象进行渐变填充。在"图案填充和渐变色"对话框的右上边的显示框中显示用户所选择的真彩色，单击 ... 按钮，系统打开"选择颜色"对话框，如图 2-63 所示。

② "双色"单选按钮：应用双色对所选择的对象进行渐变填充。填充颜色将从颜色 1 渐变到颜色 2。颜色 1 和颜色 2 的选取与单色选取类似。

③ "渐变方式"样板：在"渐变色"选项卡的下方有 9 个"渐变方式"样板，分别表示不同的渐变方式，包括线形、球形和抛物线形等方式。

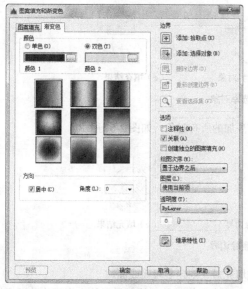

图 2-62 "渐变色"选项卡

图 2-63 "选择颜色"对话框

④ "居中"复选框：该复选框决定渐变填充是否居中。

⑤ "角度"下拉列表框：在该下拉列表框中选择角度，此角度为渐变色倾斜的角度。不同的渐变色填充如图 2-64 所示。

（a）单色线形居中 0 角度渐变填充

（b）双色抛物线形居中 0 角度渐变填充

（c）单色线形居中 45° 渐变填充

（d）双色球形不居中 0 角度渐变填充

图 2-64 不同的渐变色填充

（3）"边界"面板

① "拾取点"按钮：以拾取点的形式自动确定填充区域的边界。在填充的区域内任意拾取一点，系统会自动确定出包围该点的封闭填充边界，并且以高亮度显示，如图 2-65 所示。

（a）选择一点　　　　　（b）填充区域　　　　　（c）填充结果

图 2-65　拾取点

② "选择边界对象"按钮：以选择对象的方式确定填充区域的边界。用户可以根据需要选取构成填充区域的边界。同样，被选择的边界也会以高亮度显示，如图 2-66 所示。

（a）原始图形　　　　　（b）选取边界对象　　　　　（c）填充结果

图 2-66　选择对象

③ "删除边界对象"按钮：从边界定义中删除以前添加的所有对象，如图 2-67 所示。

（a）选取边界对象　　　　　（b）删除边界　　　　　（c）填充结果

图 2-67　删除边界

④ "重新创建边界"按钮：围绕选定的填充图案或填充对象创建多段线或面域。

a. 显示边界对象：选择构成选定关联图案填充对象的边界的对象，使用显示的夹点可修改图案填充边界。

b. 保留边界对象

指定如何处理图案填充边界对象。选项包括：

- 不保留边界。不创建独立的图案填充边界对象（仅在图案填充创建期间可用）。
- 保留边界多段线。创建封闭图案填充对象的多段线（仅在图案填充创建期间可用）。
- 保留边界面域。创建封闭图案填充对象的面域对象（仅在图案填充创建期间可用）。
- 选择新边界集。指定对象的有限集（称为边界集），以便通过创建图案填充时的拾取点进行计算。

（4）"选项"选项组

① "注释性"复选框：指定填充图案为注释性。

② "关联"复选框：用于确定填充图案与边界的关系。若选中该复选框，那么填充图案与填充边界保持着关联关系，即图案填充后，当用钳夹（Grips）功能对边界进行拉伸等编辑操作时，AutoCAD 会根据边界的新位置重新生成填充图案。

③ "创建独立的图案填充"复选框：当指定了几个独立的闭合边界时，用来控制是创建单个图案填充对象，还是创建多个图案填充对象，如图 2-68 所示。

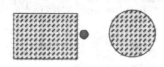

（a）不独立，选中时是一个整体　　　　　　　　　（b）独立，选中时不是一个整体

图 2-68　独立与不独立

④ "绘图次序" 下拉列表框：指定图案填充的顺序。图案填充可以放在所有其他对象之后、所有其他对象之前、图案填充边界之后或图案填充边界之前。

（5）"继承特性" 按钮

该按钮的作用是图案填充的继承特性，即选用图中已有的填充图案作为当前的填充图案。

（6）"孤岛" 选项组

① "孤岛显示样式" 列表：用于确定图案的填充方式。用户可以从中选取所需要的填充方式。默认的填充方式为 "普通"。用户也可以在快捷菜单中选择填充方式。

② "孤岛检测" 复选框：确定是否检测孤岛。

（7）"边界保留" 选项组

该选项组指定是否将边界保留为对象，并确定应用于这些对象的对象类型是多段线还是面域。

（8）"边界集" 选项组

该选项组用于定义边界集。当单击 "添加:拾取点" 按钮以根据拾取点的方式确定填充区域时，有两种定义边界集的方式：一种是以包围所指定点的最近的有效对象作为填充边界，即 "当前视口" 选项，该项是系统的默认方式；另一种是用户自己选定一组对象来构造边界，即 "现有集合" 选项，选定对象通过其上面的 "新建" 按钮来实现，单击该按钮后，AutoCAD 临时切换到绘图屏幕，并提示用户选取作为构造边界集的对象。此时若选取 "现有集合" 选项，AutoCAD 会根据用户指定的边界集中的对象来构造一个封闭边界。

（9）"允许的间隙" 选项组

该选项组设置将对象用作填充图案边界时可以忽略的最大间隙。默认值为 0，此值指定对象必须是封闭区域而没有间隙。

（10）"继承选项" 选项组

使用 "继承特性" 创建填充图案时，控制图案填充原点的位置。

2.7.3　编辑填充的图案

利用 HATCHEDIT 命令，可以编辑已经填充的图案。

1. 执行方式

命令行：HATCHEDIT。

菜单栏："修改" → "对象" → "图案填充"。

工具栏："修改 II" → "编辑图案填充" 🔲。

功能区："默认" → "修改" → "编辑图案填充" 🔲。

2. 操作步骤

执行上述操作之一后，AutoCAD 会给出下面提示：

选择关联填充对象：

选取关联填充物体后，系统弹出图 2-69 所示的 "图案填充编辑器" 选项卡。

在图 2-69 中，只有正常显示的选项，才可以对其进行操作。该选项卡中各项的含义与图 2-60 所示的 "图案填充创建" 选项卡中各项的含义相同。利用该选项卡，可以对已填充的图案进行一系列的编辑修改。

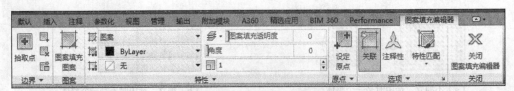

图 2-69 "图案填充编辑器"选项卡

2.7.4 实例——绘制小房子

本实例利用"直线"命令绘制屋顶和外墙轮廓，再利用"矩形""圆环""多段线""多行文字"命令绘制门、把手、窗、牌匾，最后利用"图案填充"命令填充图案，最终效果如图 2-70 所示。

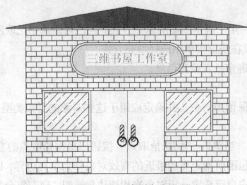

小房子

图 2-70 绘制小房子

操作步骤（光盘\动画演示\第 2 章\小房子.avi）：

1. 绘制屋顶轮廓

（1）单击"默认"选项卡"绘图"面板中的"直线"按钮 ∕，以{（0,500）、（600,500）}为端点坐标绘制直线。

（2）单击"默认"选项卡"绘图"面板中的"直线"按钮 ∕，单击状态栏中的"对象捕捉"按钮 ，捕捉绘制好的直线的中点，以其为起点，以坐标为（@0,50）的点为第二点，绘制直线。连接各端点，结果如图 2-71 所示。

2. 绘制墙体轮廓

（1）单击"默认"选项卡"绘图"面板中的"矩形"按钮 □，以（50,500）为第一角点，以（@500,-350）为第二角点绘制墙体轮廓，结果如图 2-72 所示。

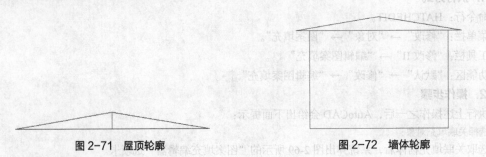

图 2-71 屋顶轮廓　　　　　　　　　　　　　图 2-72 墙体轮廓

（2）单击状态栏中的"线宽"按钮 ，结果如图 2-73 所示。

3. 绘制门

（1）绘制门体。将"门窗"层设置为当前层。单击"默认"选项卡"绘图"面板中的"矩形"按钮 □，以墙体底面的中点为第一角点，以（@90,200）为第二角点绘制右边的门，同理，以墙体底面的中点作为第一角点，以（@-90,200）为第二角点绘制左边的门。结果如图2-74所示。

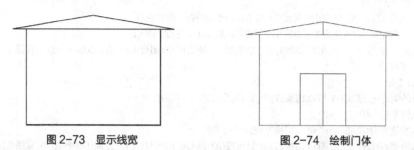

图2-73　显示线宽　　　　　　　　图2-74　绘制门体

（2）绘制门把手。单击"默认"选项卡"绘图"面板中的"矩形"按钮▭，在适当的位置上，绘制一个长度为10，高度为24，倒圆半径为5的矩形。命令行提示如下：

命令：rectang↙
指定第一个角点或 [倒角(C)/标高(E)/圆角(F)/厚度(T)/宽度(W)]: f↙
指定矩形的圆角半径 <0.0000>: 5↙
指定第一个角点或 [倒角(C)/标高(E)/圆角(F)/厚度(T)/宽度(W)]:（在图上选取合适的位置）
指定另一个角点或 [面积(A)/尺寸(D)/旋转(R)]: @10,40↙

用同样的方法，绘制另一个门把手。结果如图2-75所示。

（3）绘制门环。单击"默认"选项卡"绘图"面板中的"圆环"按钮◎，在适当的位置上绘制两个内径为20，外径为24的圆环。命令行提示如下：

命令：donut↙
指定圆环的内径 <30.0000>: 20↙
指定圆环的外径 <35.0000>: 24↙
指定圆环的中心点或 <退出>:（适当指定一点）
指定圆环的中心点或 <退出>:（适当指定一点）
指定圆环的中心点或 <退出>: ↙

结果如图2-76所示。

4．绘制窗户

（1）单击"默认"选项卡"绘图"面板中的"矩形"按钮▭，绘制左边外玻璃窗，指定门的左上角点为第一个角点，指定第二角点为（@-120,-100）；接着指定门的右上角点为第一个角点，指定第二角点为（@120,-100），绘制右边外玻璃窗。

（2）再单击"默认"选项卡"绘图"面板中的"矩形"按钮▭，以（205,345）为第一角点，（@-110,-90）为第二角点绘制左边内玻璃窗，以（505,345）为第一角点，（@-110,-90）为第二角点绘制右边的内玻璃窗，结果如图2-77所示。

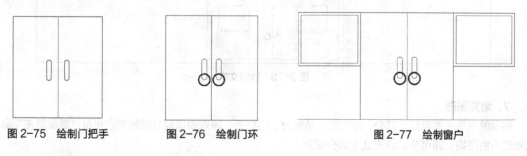

图2-75　绘制门把手　　　图2-76　绘制门环　　　　图2-77　绘制窗户

5．绘制牌匾

单击"默认"选项卡"绘图"面板中的"多段线"按钮⌒，绘制牌匾。命令行提示如下：

命令：_pline ↙

指定起点：（用光标拾取一点作为多段线的起点）

当前线宽为 0.0000

指定下一点或 [圆弧(A)/半宽(H)/长度(L)/放弃(U)/宽度(W)]：@200,0

指定下一点或 [圆弧(A)/闭合(C)/半宽(H)/长度(L)/放弃(U)/宽度(W)]：a

指定圆弧的端点(按住 Ctrl 键以切换方向)或[角度(A)/圆心(CE)/闭合(CL)/方向(D)/半宽(H)/直线(L)/半径(R)/第二个点(S)/放弃(U)/宽度(W)]：a

指定夹角：180

指定圆弧的端点(按住 Ctrl 键以切换方向)或 [圆心(CE)/半径(R)]：r

指定圆弧的半径：40

指定圆弧的弦方向(按住 Ctrl 键以切换方向) <0>：90

指定圆弧的端点(按住 Ctrl 键以切换方向)或[角度(A)/圆心(CE)/闭合(CL)/方向(D)/半宽(H)/直线(L)/半径(R)/第二个点(S)/放弃(U)/宽度(W)]：l

指定下一点或 [圆弧(A)/闭合(C)/半宽(H)/长度(L)/放弃(U)/宽度(W)]：@-200,0

指定下一点或 [圆弧(A)/闭合(C)/半宽(H)/长度(L)/放弃(U)/宽度(W)]：a

指定圆弧的端点(按住 Ctrl 键以切换方向)或[角度(A)/圆心(CE)/闭合(CL)/方向(D)/半宽(H)/直线(L)/半径(R)/第二个点(S)/放弃(U)/宽度(W)]：a

指定夹角：180

指定圆弧的端点(按住 Ctrl 键以切换方向)或[圆心(CE)/半径(R)]：r

指定圆弧的半径：40

指定圆弧的弦方向(按住 Ctrl 键以切换方向) <180>：-90

指定圆弧的端点(按住 Ctrl 键以切换方向)或[角度(A)/圆心(CE)/闭合(CL)/方向(D)/半宽(H)/直线(L)/半径(R)/第二个点(S)/放弃(U)/宽度(W)]：

结果如图 2-78 所示。

6. 输入牌匾中的文字

单击"默认"选项卡"注释"面板中的"多行文字"按钮 **A**，系统打开"文字编辑器"选项卡，输入书店的名称，并设置字体的属性，结果如图 2-79 所示。单击"关闭"按钮 ✕，即可完成牌匾的绘制，如图 2-80 所示。

图 2-78 牌匾轮廓

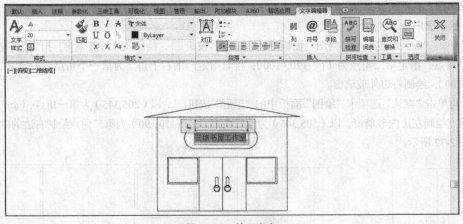

图 2-79 牌匾文字

7. 填充图形

图案的填充主要包括 5 部分，即墙面、玻璃窗、门把手、牌匾和屋顶等的填充。利用"图案填充"命令选择适当的图案，即可分别填充这 5 部分图形。

（1）外墙图案填充

① 单击"默认"选项卡"绘图"面板中的"图案填充"按钮 ▨，系统打开"图案填充创建"选项卡，

单击"选项"面板中的"箭头"按钮 ⬎，打开"图案填充和渐变色"对话框，如图 2-81 所示，单击对话框右下角的 ⊙ 按钮，展开对话框，在"孤岛"选项组中选择"外部"孤岛显示样式，如图 2-82 所示。

图 2-80　牌匾

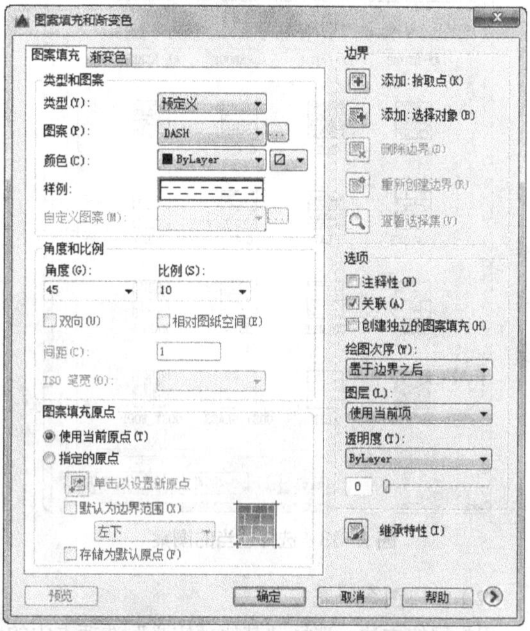

图 2-81　"图案填充和渐变色"对话框

图 2-82　选择"外部"孤岛

② 在"类型"下拉列表框中选择"预定义"选项，单击"图案"下拉列表框右侧的 ⋯ 按钮，打开"填充图案选项板"对话框，选择"其他预定义"选项卡中的 BRICK 图案，如图 2-83 所示。

③ 单击"确定"按钮后，返回到"图案填充和渐变色"对话框，将"比例"设置为 2。单击 ⊞ 按钮，

切换到绘图平面，在墙面区域中选取一点，按 Enter 键后，完成墙面填充，如图 2-84 所示。

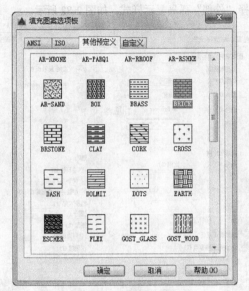

图 2-83 选择适当的图案

图 2-84 完成墙面填充

（2）窗户图案填充

用相同的方法，选择"其他预定义"选项卡中的 STEEL 图案，将其"比例"设置为 4，选择窗户区域进行填充，结果如图 2-85 所示。

（3）门把手图案填充

用相同的方法，选择 ANSI 选项卡中的 ANSI34 图案，将其"比例"设置为 0.4，选择门把手区域进行填充，结果如图 2-86 所示。

图 2-85 完成窗户填充

图 2-86 完成门把手填充

（4）牌匾图案填充

① 单击"默认"选项卡"绘图"面板中的"渐变色"按钮，如图 2-87 所示，系统打开"图案填充创建"选项卡，单击"选项"面板中的"箭头"按钮，打开"图案填充和渐变色"对话框，在"颜色"处选择"单色"单选按钮，单击显示框后面的 按钮，打开"选择颜色"对话框，选择金黄色，如图 2-88 所示。

② 单击"确定"按钮后，返回到"图案填充和渐变色"对话框的"渐变色"选项卡，在颜色"渐变方式"样板中选择左下角的过渡模式。单击"添加:拾取点"按钮，切换到绘图平面，在牌匾区域中选取一点，按 Enter 键后，完成牌匾填充，如图 2-89 所示。

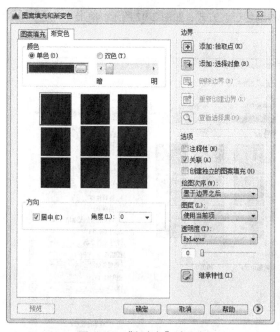

图 2-87 "渐变色"选项卡

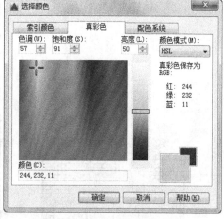

图 2-88 "选择颜色"对话框

完成牌匾填充后,发现不需要填充金黄色渐变,这时可以在填充区域中双击,系统打开"图案填充编辑器"选项卡,单击"选项"面板中的"箭头"按钮 ↘,打开"图案填充编辑"对话框,将颜色渐变滑块移动到中间位置,如图 2-90 所示,单击"确定"按钮,完成牌匾填充图案的编辑,如图 2-91 所示。

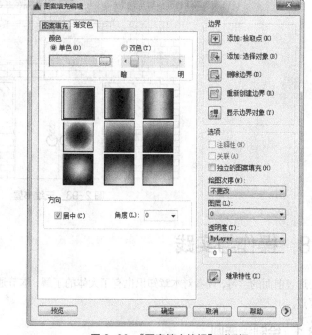

图 2-90 "图案填充编辑"对话框

图 2-89 完成牌匾填充

(5)屋顶图案填充

用同样的方法,打开"图案填充和渐变色"对话框的"渐变色"选项卡,选中"双色"单选按钮,分别

设置 "颜色 1" 和 "颜色 2" 为红色和绿色，选择一种颜色过渡方式，如图 2-92 所示。单击 "确定" 按钮后，选择屋顶区域进行填充，结果如图 2-93 所示。

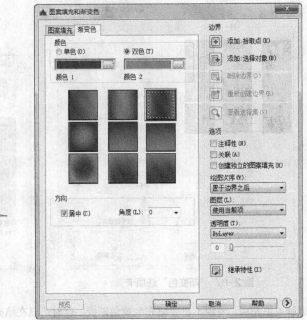

图 2-91 编辑填充图案　　　　　　　　**图 2-92 设置屋顶填充颜色**

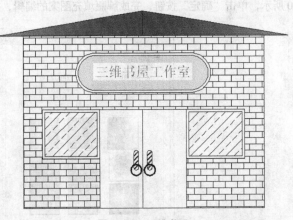

图 2-93 三维书屋

2.8 操作与实践

　　通过前面的学习，读者对本章知识也有了大体的了解，本节通过几个操作练习使读者进一步掌握本章知识要点。

2.8.1 绘制镶嵌圆

1. 目的要求
本实例反复利用 "圆" 命令绘制镶嵌圆，从而使读者灵活掌握圆的绘制方法。

2. 操作提示

（1）利用"圆"命令以"圆心、半径"的方法绘制两个小圆。

（2）再利用"圆"命令以"相切、相切、半径"的方法绘制内部第 3 个小圆。

（3）最后利用"圆"命令以"相切、相切、相切"的方法绘制外圆。

绘制结果如图 2-94 所示。

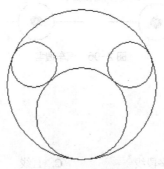

图 2-94　镶嵌圆

2.8.2　绘制卡通造型

1. 目的要求

本实例利用一些基础绘图命令绘制图形，从而使读者灵活掌握这些绘图命令的使用方法。

2. 操作提示

（1）利用"圆"命令绘制左边头部的小圆及圆环。

（2）利用"矩形"命令绘制矩形。

（3）利用"圆"、"椭圆"、"多边形"命令绘制卡通造型的身体的大圆、小椭圆及正六边形。

（4）利用"直线"命令绘制嘴部。

绘制结果如图 2-95 所示。

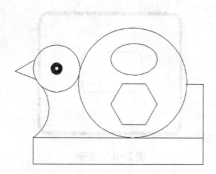

图 2-95　卡通造型

2.8.3　绘制汽车造型

1. 目的要求

本实例图形涉及各种命令，从而使读者灵活掌握各种命令的绘制方法。

2. 操作提示

（1）利用"圆"和"圆环"命令绘制车轮。

（2）利用"直线""多段线""圆弧"命令绘制车身。

（3）利用"矩形"和"多边形"命令绘制车轮。

绘制结果如图 2-96 所示。

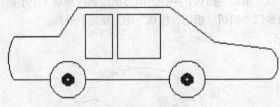

图 2-96　汽车造型

2.9　思考与练习

1. 可以有宽度的线有（　　　）。
   A. 构造线　　　　　　B. 多段线　　　　　　C. 直线　　　　　　D. 样条曲线
2. 可以用 FILL 命令进行填充的图形有（　　　）。
   A. 多段线　　　　　　B. 圆环　　　　　　C. 椭圆　　　　　　D. 多边形
3. 下面的命令能绘制出线段或类似线段的图形有（　　　）。
   A. LINE　　　　　　B. XLINE　　　　　　C. PLINE　　　　　　D. ARC
4. 以同一点作为中心，分别以 I 和 C 两种方式绘制半径为 40 的正五边形，间距是（　　　）。
   A. 7.6　　　　　　B. 8.56　　　　　　C. 9.78　　　　　　D. 12.34
5. 若需要编辑已知多段线，使用"多段线"命令中的（　　　）可以创建宽度不等的对象。
   A. 锥形（T）　　　　B. 宽度（W）　　　　C. 样条（S）　　　　D. 编辑顶点（E）

6. 绘制如图 2-97 所示的矩形。外层矩形长度为 150，宽度为 100，线宽为 5，圆角半径为 10；内层矩形面积为 2400，宽度为 30，线宽为 0，第一倒角距离为 6，第二倒角距离为 4。

图 2-97　矩形

第3章

基本绘图工具

■ 为了快捷、准确地绘制图形，AutoCAD 提供了多种必要的和辅助的绘图工具，如图层工具、对象约束工具、对象捕捉工具、栅格工具和正交工具等。利用这些工具，用户可以方便、迅速、准确地实现图形的绘制和编辑，不仅可以提高工作效率，而且能更好地保证图形的质量。

3.1 图层设置

AutoCAD 中的图层就如同在手工绘图中使用的重叠透明图纸，如图 3-1 所示，可以使用图层来组织不同类型的信息。在 AutoCAD 中，图形的每个对象都位于一个图层上，所有图形对象都具有图层、颜色、线型和线宽 4 个基本属性。在绘图时，图形对象将创建在当前的图层上。每个 CAD 文档中图层的数量是不受限制的，每个图层都有自己的名称。

图 3-1 图层示意图

3.1.1 建立新图层

新建的 CAD 文档中只能自动创建一个名为 "0" 的特殊图层。默认情况下，图层 0 将被指定使用 7 号颜色、Continuous 线型、默认线宽以及 NORMAL 打印样式，并且不能被删除或重命名。通过创建新的图层，可以将类型相似的对象指定给同一个图层使其相关联。例如，可以将构造线、文字、标注和标题栏置于不同的图层上，并为这些图层指定通用特性。通过将对象分类放到各自的图层中，可以快速、有效地控制对象的显示以及对其进行更改。

1. 执行方式

命令行：LAYER。

菜单栏："格式"→"图层"。

工具栏："图层"→"图层特性管理器" 🖫，如图 3-2 所示。

功能区："默认"→"图层"→"图层特性" 🖫 或"视图"→"选项板"→"图层特性" 🖫。

图 3-2 "图层"工具栏

2. 操作步骤

执行上述操作之一后，系统将弹出"图层特性管理器"对话框，如图 3-3 所示。单击"图层特性管理器"对话框中的"新建图层"按钮 🖫，可以建立新图层，默认的图层名为"图层 1"。可以根据绘图需要更改图层名，图层最长可使用 255 个字符的字母和数字命名。在一个图形中可以创建的图层数以及在每个图层中可以创建的对象数实际上是无限的，图层特性管理器按名称的字母顺序排列图层。

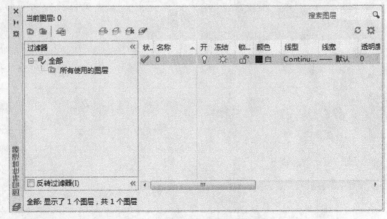

图 3-3 "图层特性管理器"对话框

如果要建立多个图层，无需重复单击"新建"按钮。更有效的方法是：在建立一个新的图层"图层 1"后，改变图层名，在其后输入逗号"，"，这样系统会自动建立一个新图层"图层 1"，再改变图层名，并输入一个逗号，又一个新的图层建立了，这样可以依次建立各个图层。也可以按两次 Enter 键，建立另一个新的图层。

在每个图层属性设置中，包括图层名称、关闭/打开图层、冻结/解冻图层、锁定/解锁图层、图层线条颜色、图层线条线型、图层线条宽度、图层打印样式以及图层是否打印 9 个参数。下面分别讲述如何设置这些图层参数。

（1）设置图层线条颜色

在工程图中，整个图形包含多种不同功能的图形对象，如实体、剖面线与尺寸标注等，为了便于直观地区分它们，就有必要针对不同的图形对象使用不同的颜色，如实体层使用白色、剖面线层使用青色等。

要改变图层的颜色时，单击图层所对应的颜色图标，弹出"选择颜色"对话框，如图 3-4 所示。该对话框是一个标准的颜色设置对话框，可以使用"索引颜色""真彩色""配色系统"3 个选项卡中的参数来设置颜色。

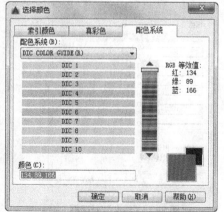

图 3-4 "选择颜色"对话框

（2）设置图层线型

线型是指作为图形基本元素的线条的组成和显示方式，如实线、点画线等。在许多绘图工作中，常常以线型划分图层，需要为某一个图层设置适合的线型。在绘图时，只需将该图层设为当前工作图层，即可绘制出符合线型要求的图形对象，极大地提高了绘图效率。

单击图层所对应的线型图标，弹出"选择线型"对话框，如图 3-5 所示。默认情况下，在"已加载的线型"列表框中，系统中只添加了 Continuous 线型。单击"加载"按钮，弹出"加载或重载线型"对话框，如图 3-6 所示。可以看到 AutoCAD 提供了许多线型，选择所需的线型，单击"确定"按钮，即可把该线型加载到"已加载的线型"列表框中，也可以按住 Ctrl 键选择几种线型同时加载。

图 3-5 "选择线型"对话框

图 3-6 "加载或重载线型"对话框

（3）设置图层线宽

线宽设置，顾名思义就是改变线条的宽度。用不同宽度的线条表现图形对象的类型，可以提高图形的表现力和可读性，如绘制外螺纹时大径使用粗实线，小径使用细实线。

单击"图层特性管理器"对话框中图层所对应的线宽图标，弹出"线宽"对话框，如图 3-7 所示。选择一个线宽，单击"确定"按钮即可完成对图层线宽的设置。

图层线宽的默认值为 0.25mm。在状态栏为"模型"状态时，显示的线宽同计算机的像素有关。线宽为 0 时，显示为一个像素的线宽。单击状态栏中的"显示/隐藏线宽"按钮 +，显示的图形线宽与实际线宽成比例，如图 3-8 所示，但线宽不随着图形的放大或缩小而变化。线宽功能关闭时，不显示图形的线宽，图形的线宽均以默认宽度值显示，可以在"线宽"对话框中选择所需的线宽。

图 3-7 "线宽"对话框

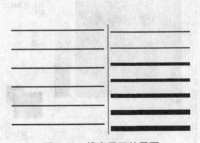

图 3-8 线宽显示效果图

3.1.2 设置图层

除了前面讲述的通过图层管理器设置图层的方法外，还有其他几种简便方法可以设置图层的颜色、线宽、线型等参数。

1. 直接设置图层

可以直接通过命令行或菜单设置图层的颜色、线宽、线型等参数。

（1）设置颜色

命令行：COLOR。

菜单栏："格式"→"颜色"。

执行上述操作之一后，系统弹出"选择颜色"对话框，如图 3-4 所示。

（2）设置线型

命令行：LINETYPE。

菜单栏："格式"→"线型"。

执行上述操作之一后，系统弹出"线型管理器"对话框，如图 3-9 所示。该对话框的使用方法与图 3-5 所示的"选择线型"对话框类似。

图 3-9 "线型管理器"对话框

（3）设置线宽

命令行：LINEWEIGHT 或 LWEIGHT。

菜单栏："格式"→"线宽"。

执行上述操作之一后，系统弹出"线宽设置"对话框，如图 3-10 所示。该对话框的使用方法与图 3-7 所示的"线宽"对话框类似。

2. 利用"特性"面板设置图层

AutoCAD 提供了一个"特性"面板，如图 3-11 所示。用户能够控制和使用面板中的对象特性工具快速地查看和改变所选对象的颜色、线型、线宽等特性。"特性"面板增强了查看和编辑对象属性的功能，在绘图区选择任意对象都将在该面板中自动显示它所在的图层、颜色、线型等属性。

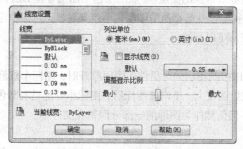

图 3-10 "线宽设置"对话框

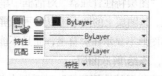

图 3-11 "特性"面板

也可以在"特性"面板的"颜色""线型""线宽"和"打印样式"下拉列表框中选择需要的参数值。如果在"颜色"下拉列表框中选择"选择颜色"选项，系统就会弹出"选择颜色"对话框，如图 3-12 所示。同样，如果在"线型"下拉列表框中选择"其他"选项，系统就会弹出"线型管理器"对话框，如图 3-13 所示。

3. 用"特性"对话框设置图层

命令行：DDMODIFY 或 PROPERTIES。

菜单栏："修改" → "特性"。

工具栏："标准" → "特性" 。

执行上述操作之一后，系统弹出"特性"对话框，如图 3-14 所示。在其中可以方便地设置或修改图层、颜色、线型、线宽等属性。

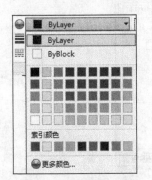

图 3-12 "颜色"下拉列表框

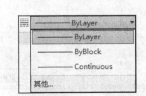

图 3-13 "线型"下拉列表框

图 3-14 "特性"对话框

3.1.3 控制图层

1. 切换当前图层

不同的图形对象需要绘制在不同的图层中，在绘制前，需要将工作图层切换到所需的图层。单击"默认"选项卡"图层"面板中的"图层特性管理器"按钮 ，弹出"图层特性管理器"对话框，选择图层，单击"置为当前"按钮 即可完成设置。

2. 删除图层

在"图层特性管理器"对话框的图层列表框中选择要删除的图层，单击"删除图层"按钮 即可删除该图层。从图形文件定义中删除选定的图层时，只能删除未参照的图层。参照图层包括图层 0 及 DEFPOINTS、包含对象（包括块定义中的对象）的图层、当前图层和依赖外部参照的图层。不包含对象（包括块定义中的对象）的图层、非当前图层和不依赖外部参照的图层都可以删除。

3. 关闭/打开图层

在"图层特性管理器"对话框中单击 图标，可以控制图层的可见性。图层打开时，图标小灯泡呈鲜艳的颜色，该图层上的图形可以显示在屏幕上或绘制在绘图仪上。单击该图标后，图标小灯泡呈灰暗色，该图层上的图形不显示在屏幕上，而且不能被打印输出，但仍然作为图形的一部分保留在文件中。

4. 冻结/解冻图层

在"图层特性管理器"对话框中单击 图标，可以冻结图层或将图层解冻。图标呈雪花灰暗色时，该图层处于冻结状态；图标呈太阳鲜艳色时，该图层处于解冻状态。图层上冻结的对象不能显示，也不能打印，同时也不能被编辑修改。在冻结了图层后，该图层上的对象不影响其他图层上对象的显示和打印。例如，在使用 HIDE 命令消隐对象时，被冻结图层上的对象不隐藏。

5. 锁定/解锁图层

在"图层特性管理器"对话框中单击 或 图标，可以锁定图层或将图层解锁。锁定图层后，该图层上的图形依然显示在屏幕上并可打印输出，也可以在该图层上绘制新的图形对象，但不能对该图层上的图形进行编辑修改操作。可以对当前图层进行锁定，也可以对锁定图层上的图形对象进行查询或捕捉。锁定图层可以防止对图形的意外修改。

6. 打印样式

在 AutoCAD 2016 中，可以使用一个名为"打印样式"的对象特性。打印样式控制对象的打印特性，包括颜色、抖动、灰度、虚拟笔、线型、线宽、线条端点样式、线条连接样式和填充样式等。打印样式功能给用户提供了很大的灵活性，用户可以设置打印样式来替代其他对象特性，也可以根据需要关闭这些替代设置。

7. 打印/不打印

在"图层特性管理器"对话框中单击 或 图标，可以设定该图层是否打印，以保证在图形可见性不变的条件下，控制图形的打印特征。打印功能只对可见的图层起作用，对于已经被冻结或被关闭的图层不起作用。

8. 新视口冻结

新视口冻结功能能用于控制在当前视口中图层的冻结和解冻，不解冻图形中设置为"关"或"冻结"的图层，对于模型空间视口不可用。

9. 透明度

透明度可控制所有对象在选定图层上的可见性。对单个对象应用透明度时，对象的透明度特性将替代图层的透明度设置。

10. 说明

（可选）描述图层或图层过滤器。

3.2 绘图辅助工具

要快速顺利地完成图形绘制工作，有时要借助一些辅助工具，如用于准确确定绘制位置的精确定位工具和调整图形显示范围与显示方式的图形显示工具等。下面简要介绍这两种非常重要的辅助绘图工具。

3.2.1 精确定位工具

在绘制图形时，可以使用直角坐标和极坐标精确定位点，但是有些点（如端点、中心点等）的坐标是不知道的，如果想精确地指定这些点是很困难的，有时甚至是不可能的。AutoCAD 中提供了精确定位工具，使用这类工具，可以很容易地在屏幕中捕捉到这些点，进行精确绘图。

1. 推断约束

可以在创建和编辑几何对象时自动应用几何约束。

启用"推断约束"模式会自动在正在创建或编辑的对象与对象捕捉的关联对象或点之间应用约束。

与 AUTOCONSTRAIN 命令相似，约束也只有在对象符合约束条件时才会应用。推断约束后不会重新定位对象。

打开"推断约束"时，用户在创建几何图形时指定的对象捕捉将用于推断几何约束，但是不支持下列对象捕捉：交点、外观交点、延长线和象限点；无法推断下列约束：固定、平滑、对称、同心、等于、共线。

2．捕捉模式

捕捉是指 AutoCAD 可以生成一个隐含分布于屏幕上的栅格，这种栅格能够捕捉光标，使光标只能落到其中的某一个栅格点上。捕捉可分为矩形捕捉和等轴测捕捉两种类型，默认设置为矩形捕捉，即捕捉点的阵列类似于栅格，如图 3-15 所示。用户可以指定捕捉模式在 x 轴方向和 y 轴方向上的间距，也可改变捕捉模式与图形界限的相对位置。与栅格不同之处在于，捕捉间距的值必须为正实数，且捕捉模式不受图形界限的约束。等轴测捕捉表示捕捉模式为等轴测模式，此模式是绘制正等轴测图时的工作环境，如图 3-16 所示。在等轴测捕捉模式下，栅格和光标十字线成绘制等轴测图时的特定角度。

图 3-15　矩形捕捉

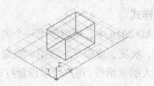

图 3-16　等轴测捕捉

在绘制图 3-15 和图 3-16 所示的图形时，输入参数点时光标只能落在栅格点上。选择菜单栏中的"工具"→"草图设置"命令，弹出"草图设置"对话框，在"捕捉和栅格"选项卡的"捕捉类型"选项组中，选中"矩形捕捉"或"等轴测捕捉"单选按钮，即可切换两种模式。

3．栅格显示

AutoCAD 中的栅格由有规则的点的矩阵组成，延伸到指定为图形界限的整个区域。使用栅格绘图与在坐标纸上绘图是十分相似的，利用栅格可以对齐对象并直观显示对象之间的距离。如果放大或缩小图形，可能需要调整栅格间距，使其适合新的比例。虽然栅格在屏幕上是可见的，但它并不是图形对象，因此不会被打印成图形中的一部分，也不会影响在何处绘图。

可以单击状态栏中的"栅格显示"按钮▦或按 F7 键打开或关闭栅格。启用栅格并设置栅格在 x 轴方向和 y 轴方向上的间距的方法如下。

- 命令行：DSETTINGS（快捷命令为 DS、SE 或 DDRMODES）。
- 菜单栏："工具"→"绘图设置"。
- 快捷菜单：单击鼠标右键选择"栅格"按钮▦，在弹出的快捷菜单中选择"设置"命令。

执行上述操作之一后，系统弹出"草图设置"对话框，如图 3-17 所示。

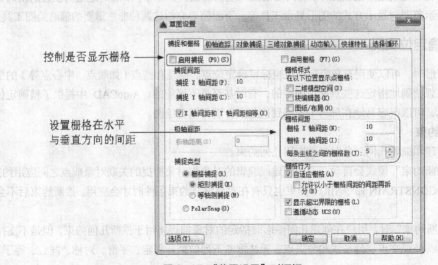

图 3-17　"草图设置"对话框

如果要显示栅格，需选中"启用栅格"复选框。在"栅格 X 轴间距"文本框中输入栅格点之间的水平距离，单位为"毫米"。如果使用相同的间距设置垂直和水平分布的栅格点，则按 Tab 键；否则，在"栅格 Y 轴间距"文本框中输入栅格点之间的垂直距离。

用户可改变栅格与图形界限的相对位置。默认情况下，栅格以图形界限的左下角为起点，沿着与坐标轴平行的方向填充整个由图形界限所确定的区域。

如果栅格的间距设置得太小，当进行打开栅格操作时，AutoCAD 将在命令行中显示"栅格太密，无法显示"的提示信息，而不在屏幕上显示栅格点。使用缩放功能时，将图形缩放得很小，也会出现同样的提示，不显示栅格。

使用捕捉功能可以使用户直接使用鼠标快速地定位目标点。捕捉模式有几种不同的形式，即栅格捕捉、对象捕捉、极轴捕捉和自动捕捉，在下文中将详细讲解。

另外，还可以使用 GRID 命令，通过命令行方式设置栅格，其功能与"草图设置"对话框类似，这里不再赘述。

4．正交绘图

正交绘图模式，即在命令的执行过程中，光标只能沿 x 轴或者 y 轴移动。所有绘制的线段和构造线都将平行于 x 轴或 y 轴，因此它们相互垂直，即正交。使用正交绘图模式，对于绘制水平线和垂直线都非常有用，特别是绘制构造线时经常使用。而且当捕捉模式为等轴测模式时，它将迫使直线平行于 3 个坐标轴中的一个。

要设置正交绘图模式，可以直接单击状态栏中的"正交模式"按钮 或按 F8 键，相应地会在文本窗口中显示开/关提示信息。也可以在命令行中输入"ORTHO"，执行开启或关闭正交绘图模式的操作。

5．极轴捕捉

极轴捕捉是在创建或修改对象时，按事先给定的角度增量和距离增量来追踪特征点，即捕捉相对于初始点且满足指定极轴距离和极轴角的目标点。

极轴追踪设置主要是设置追踪的距离增量和角度增量以及与之相关联的捕捉模式。这些设置可以通过"草图设置"对话框中的"捕捉和栅格"与"极轴追踪"选项卡来实现。

（1）设置极轴距离

如图 3-17 所示，在"草图设置"对话框的"捕捉和栅格"选项卡中，可以设置极轴距离增量，单位为"毫米"。绘图时，光标将按指定的极轴距离增量进行移动。

（2）设置极轴角度

在"草图设置"对话框的"极轴追踪"选项卡中，可以设置极轴角增量角度，如图 3-18 所示。设置时，可以使用"增量角"下拉列表框中预设的角度，也可以直接输入其他任意角度。光标移动时，如果接近极轴角，将显示对齐路径和工具栏提示。例如，图 3-19 所示为当极轴角增量设置为 30°，光标移动时显示的对齐路径。

"附加角"用于设置极轴追踪时是否采用附加角度追踪。选中"附加角"复选框，通过"新建"按钮或者"删除"按钮来增加、删除附加角度值。

（3）对象捕捉追踪设置

用于设置对象捕捉追踪的模式。如果在"极轴追踪"选项卡的"对象捕捉追踪设置"选项组中选中"仅正交追踪"单选按钮，则当采用追踪功能时，系统仅在水平和垂直方向上显示追踪数据；如果选中"用所有极轴角设置追踪"单选按钮，则当采用追踪功能时，系统不仅可以在水平和垂直方向上显示追踪数据，还可以在设置的极轴追踪角度与附加角度所确定的一系列方向上显示追踪数据。

（4）极轴角测量

用于设置极轴角的角度测量采用的参考基准。"绝对"是相对水平方向逆时针测量，"相对上一段"则是以上一段对象为基准进行测量。

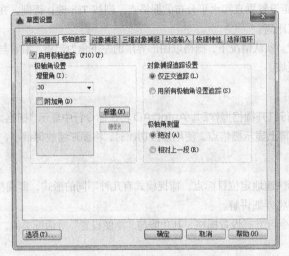

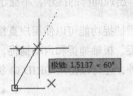

图 3-18 "极轴追踪"选项卡   图 3-19 极轴捕捉

6. 允许/禁止动态 UCS

使用动态 UCS 功能，可以在创建对象时使 UCS 的 xy 平面自动与实体模型上的平面临时对齐。

使用绘图命令时，可以通过在面的一条边上移动指针对齐 UCS，而无需使用 UCS 命令。结束该命令后，UCS 将恢复到其上一个位置和方向。

7. 动态输入

"动态输入"在光标附近提供了一个命令界面，以帮助用户专注于绘图区域。

打开动态输入时，工具提示将在光标旁边显示信息，该信息会随光标移动动态更新。当某命令处于活动状态时，工具提示将为用户提供输入的位置。

8. 显示/隐藏线宽

可以在图形中打开或关闭线宽，并在模型空间中以不同于在图纸空间布局中的方式显示。

9. 快捷特性

对于选定的对象，可以使用"快捷特性"选项卡访问可通过"特性"对话框访问的特性的子集。

可以自定义显示在"快捷特性"选项卡中的特性。选定对象后所显示的特性是所有对象类型的共同特性，也是选定对象的专用特性。可用特性与"特性"对话框上的特性以及用于鼠标悬停工具提示的特性相同。

3.2.2 对象捕捉工具

1. 对象捕捉

AutoCAD 给所有的图形对象都定义了特征点，对象捕捉则是指在绘图过程中，通过捕捉这些特征点，迅速准确地将新的图形对象定位在现有对象的确切位置上，如圆的圆心、线段中点或两个对象的交点等。在 AutoCAD 2016 中，可以通过单击状态栏中的"对象捕捉追踪"按钮 ⟋ 或在"草图设置"对话框的"对象捕捉"选项卡中选中"启用对象捕捉"复选框来启用对象捕捉功能。在绘图过程中，对象捕捉功能的调用可以通过以下方式完成。

（1）使用"对象捕捉"工具栏

在绘图过程中，当系统提示需要指定点的位置时，可以单击"对象捕捉"工具栏中相应的特征点按钮，如图 3-20 所示，再把光标移动到要捕捉对象的特征点附近，AutoCAD 会自动提示并捕捉到这些特征点。例如，如果需要用直线连接一系列圆的圆心，可以将圆心设置为捕捉对象。如果有多个可能的捕捉点落在选择区域内，AutoCAD 将捕捉离光标中心最近的符合条件的点。在指定位置有多个符合捕捉条件的对象时，需要检查哪一个对象捕捉有效，在捕捉点之前，按 Tab 键可以遍历所有可能的点。

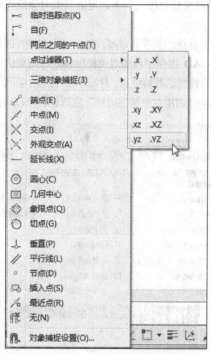

图 3-20　"对象捕捉"工具栏

（2）使用"对象捕捉"快捷菜单

在需要指定点的位置时，还可以按住 Ctrl 键或 Shift 键并单击鼠标右键，弹出"对象捕捉"快捷菜单，如图 3-21 所示。在该菜单上同样可以选择某一种特征点执行对象捕捉，把光标移动到要捕捉对象的特征点附近，即可捕捉到这些特征点。

图 3-21　"对象捕捉"快捷菜单

（3）使用命令行

当需要指定点的位置时，在命令行中输入相应特征点的关键字，然后把光标移动到要捕捉对象的特征点附近，即可捕捉到这些特征点。对象捕捉特征点的关键字如表 3-1 所示。

表 3-1　对象捕捉特征点的关键字

模式	关键字	模式	关键字	模式	关键字
临时追踪点	TT	捕捉自	FROM	端点	END
中点	MID	交点	INT	外观交点	APP
延长线	EXT	圆心	CEN	象限点	QUA
切点	TAN	垂足	PER	平行线	PAR
节点	NOD	最近点	NEA	无捕捉	NON

> （1）对象捕捉不可单独使用，必须配合其他绘图命令一起使用。仅当 AutoCAD 提示输入点时，对象捕捉才生效。如果试图在命令提示下使用对象捕捉，AutoCAD 将显示错误信息。
> （2）对象捕捉只影响屏幕上可见的对象，包括锁定图层上的对象、布局视口边界和多段线上的对象，不能捕捉不可见的对象，如未显示的对象、关闭或冻结图层上的对象或虚线的空白部分。

2. 三维镜像捕捉

控制三维对象的镜像对象捕捉设置。使用镜像对象捕捉设置（也称为对象捕捉），可以在对象上的精确位置指定捕捉点。选择多个选项后，将应用选定的捕捉模式，以返回距离靶框中心最近的点。按 Tab 键以在这些选项之间循环。

当对象捕捉打开时，在"三维对象捕捉模式"下选定的三维对象捕捉处于活动状态。

3. 对象捕捉追踪

在绘制图形的过程中，使用对象捕捉的频率非常高，如果每次在捕捉时都要先选择捕捉模式，将使工作效率大大降低。出于此种考虑，AutoCAD 提供了自动对象捕捉模式。如果启用了自动捕捉功能，当光标距指定的捕捉点较近时，系统会自动精确地捕捉这些特征点，并显示出相应的标记以及该捕捉的提示。在"草图设置"对话框的"对象捕捉"选项卡中选中"启用对象捕捉追踪"复选框，可以调用自动捕捉功能，如图 3-22 所示。

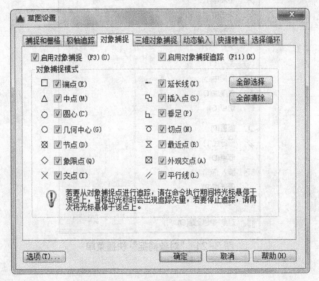

图 3-22 "对象捕捉"选项卡

>
> 用户可以设置自己经常使用的捕捉方式。一旦设置了捕捉方式后，在每次运行时，所设定的目标捕捉方式就会被激活，而不是仅对一次选择有效，当同时使用多种捕捉方式时，系统将捕捉距光标最近，同时又满足多种目标捕捉方式的点。当光标距要获取的点非常近时，按 Shift 键将暂时不获取对象。

3.3 对象约束

约束能够用于精确地控制草图中的对象。草图约束有两种类型，即几何约束和尺寸约束。

几何约束用于建立草图对象的几何特性（如要求某一直线具有固定长度）以及两个或多个草图对象的关系类型（如要求两条直线垂直或平行，或是几个弧具有相同的半径）。在二维草图与注释环境下，可以单击"参数化"选项卡中的"全部显示"、"全部隐藏"或"显示"按钮来显示有关信息，并显示代表这些约束的直观标记（图 3-23 所示的水平标记 ═ 和共线标记 ╱ 等）。

尺寸约束用于建立草图对象的大小（如直线的长度、圆弧的半径等）以及两个对象之间的关系（如两点之间的距离）。图 3-24 所示为一带有尺寸约束的示例。

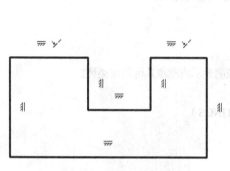

图 3-23 "几何约束"示意图

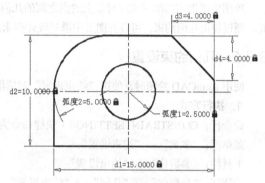

图 3-24 "尺寸约束"示意图

3.3.1 建立几何约束

使用几何约束，可以指定草图对象必须遵守的条件，或是草图对象之间必须维持的关系。"几何"面板（在二维草图与注释环境下的"参数化"选项卡中）及"几何约束"工具栏（AutoCAD 经典环境）如图 3-25 所示。其主要几何约束选项的功能如表 3-2 所示。

图 3-25 "几何"面板及"几何约束"工具栏

表 3-2 几何约束选项及其功能

约束模式	功能
重合	约束两个点使其重合，或者约束一个点使其位于曲线（或曲线的延长线）上。可以使对象上的约束点与某个对象重合，也可以使其与另一对象上的约束点重合
共线	使两条或多条直线段沿同一直线方向
同心	将两个圆弧、圆或椭圆约束到同一个中心点，与将重合约束应用于曲线的中心点所产生的结果相同
固定	将几何约束应用于一对对象时，选择对象的顺序以及选择每个对象的点都可能会影响对象彼此间的放置方式
平行	使选定的直线位于彼此平行的位置。平行约束在两个对象之间应用
垂直	使选定的直线位于彼此垂直的位置。垂直约束在两个对象之间应用
水平	使直线或点位于与当前坐标系的 x 轴平行的位置。默认选择类型为对象
竖直	使直线或点位于与当前坐标系的 y 轴平行的位置

续表

约束模式	功能
相切	将两条曲线约束为保持彼此相切或其延长线保持彼此相切。相切约束在两个对象之间应用
平滑	将样条曲线约束为连续，并与其他样条曲线、直线、圆弧或多段线保持 G2 连续性
对称	使选定对象受对称约束，相对于选定直线对称
相等	将选定的圆弧和圆重新调整为相同的半径，或将选定的直线重新调整为长度相同

绘图中可指定二维对象或对象上的点之间的几何约束。之后编辑受约束的几何图形时，将保留约束。因此，通过使用几何约束，可以在图形中满足设计要求。

3.3.2　几何约束设置

使用 AutoCAD 绘图时，使用"约束设置"对话框可以控制显示或隐藏几何约束类型。

1. 执行方式

命令行：CONSTRAINTSETTINGS（快捷命令为 CSETTINGS）。

菜单栏："参数"→"约束设置"。

工具栏："参数化"→"约束设置" 。

功能区："参数化"→"几何"→"约束设置" 。

2. 操作步骤

执行上述操作之一后，系统弹出"约束设置"对话框，该对话框中的"几何"选项卡，可以控制约束栏上约束类型的显示，如图 3-26 所示。

图 3-26　"约束设置"对话框

3. 选项说明

（1）"约束栏显示设置"选项组：用于控制图形编辑器中是否为对象显示约束栏或约束点标记。例如，可以为水平约束和竖直约束隐藏约束栏。

（2）"全部选择"按钮：用于选择几何约束类型。

（3）"全部清除"按钮：用于清除选定的几何约束类型。

（4）"仅为处于当前平面中的对象显示约束栏"复选框：仅为当前平面上受几何约束的对象显示约束栏。

（5）"约束栏透明度"选项组：用于设置图形中约束栏的透明度。

（6）"将约束应用于选定对象后显示约束栏"复选框：手动应用约束后或使用 AUTOCONSTRAIN 命令时显示相关约束栏。

（7）"选定对象时显示约束栏"复选框：临时显示选定对象的约束栏。

3.3.3 建立尺寸约束

建立尺寸约束就是限制图形几何对象的大小，与在草图上标注尺寸相似，同样设置尺寸标注线，并建立相应的表达式，不同的是可以在后续的编辑工作中实现尺寸的参数化驱动。"标注"面板（在"参数化"选项卡中）及"标注约束"工具栏如图 3-27 所示。

图 3-27 "标注"面板及"标注约束"工具栏

生成尺寸约束时，用户可以选择草图曲线、边、基准平面或基准轴上的点，以生成水平、竖直、平行、垂直或角度尺寸。

生成尺寸约束时，系统会生成一个表达式，其名称和值显示在一个弹出的文本区域中，如图 3-28 所示，用户可以接着编辑该表达式的名称和值。

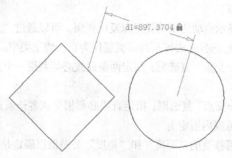

d1=897.3704

图 3-28 尺寸约束编辑

生成尺寸约束时，只要选中了几何体，其尺寸及其延伸线和箭头就会全部显示出来。将尺寸拖动到位后单击，即可完成尺寸的约束。完成尺寸约束后，用户可以随时更改。只需在绘图区选中该值并双击，即与使用和生成过程相同的方式，编辑其名称、值和位置。

3.3.4 尺寸约束设置

在使用 AutoCAD 绘图时，使用"约束设置"对话框内的"标注"选项卡，可以控制显示标注约束时的系统配置。尺寸可以约束以下内容。

- 对象之间或对象上的点之间的距离。
- 对象之间或对象上的点之间的角度。

在"约束设置"对话框中选择"标注"选项卡，如图 3-29 所示。利用该选项卡可以控制约束类型的显示。其中的主要选项介绍如下。

① "标注约束格式"选项组：在该选项组中可以设置标注名称格式以及锁定图标的显示。

- "标注名称格式"下拉列表框：选择应用标注约束时显示的文字指定格式。

- "为注释性约束显示锁定图标"复选框：针对已应用注释性约束的对象显示锁定图标。

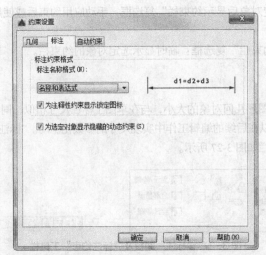

图 3-29 "标注"选项卡

② "为选定对象显示隐藏的动态约束"复选框：显示选定时已设置为隐藏的动态约束。

3.3.5 自动约束

选择"约束设置"对话框中的"自动约束"选项卡，如图 3-30 所示。利用该选项卡可以控制自动约束相关参数。其中的主要选项介绍如下。

① "自动约束"列表框：显示自动约束的类型以及优先级。可以通过"上移"和"下移"按钮调整优先级的先后顺序。可以单击 ✔ 图标选择或去掉某约束类型作为自动约束类型。

② "相切对象必须共用同一交点"复选框：指定两条曲线必须共用一个点（在距离公差范围内指定）以便应用相切约束。

③ "垂直对象必须共用同一交点"复选框：指定直线必须相交或者一条直线的端点必须与另一条直线或直线的端点重合（在距离公差范围内指定）。

④ "公差"选项组：设置可接受的"距离"和"角度"公差值以确定是否可以应用约束。

图 3-30 "自动约束"选项卡

3.4 操作与实践

通过前面的学习，读者对本章知识应有了大体的了解，本节通过几个操作练习使读者进一步掌握本章知识要点。

3.4.1 绘制五环旗

1. 目的要求

本实践要绘制的图形由一些基本图线组成，一个最大的特色就是要为不同的图线设置不同颜色，为此，必须设置不同的图层。通过本例，要求读者掌握设置图层的方法与图层转换过程的操作。

2. 操作提示

（1）利用图层命令 LAYER 创建 5 个图层。

（2）利用"直线""多段线""圆环"和"圆弧"等命令在不同图层绘制图线。

（3）每绘制一种颜色图线前，进行图层转换。

绘制结果如图 3-31 所示。

图 3-31　五环旗

3.4.2 绘制塔形三角形

1. 目的要求

本实验绘制图 3-32 所示的塔形三角形。绘制的图形比较简单，但是要使里面的 3 条图线的端点恰好在大三角形的 3 个边的中点上，需要启用"对象捕捉"功能。通过本实验，读者将体会到对象捕捉功能带来的方便快捷。

2. 操作提示

（1）绘制正三角形。

（2）打开并设置"对象捕捉"功能。

（3）利用对象捕捉功能绘制里面的 3 条线段。

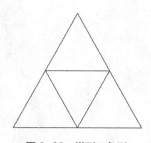

图 3-32　塔形三角形

3.5 思考与练习

1. 新建图层的方法有（　　　）。

    A. 命令行：LAYER   B. 菜单："格式" → "图层"

    C. 工具栏："图层" → "图层特性管理器"   D. 命令行：_LAYER

2. 下列关于图层描述不正确的是（　　　）。

    A. 新建图层的默认颜色为白色   B. 被冻结的图层不能设置为当前层

C. 各个图层共用一个坐标系统　　　　　　　D. 每张图必然有且只有一个 0 层

3. 有一个圆在 0 层，颜色为 BYLAYER，如果通过偏移（　　　）。

    A. 该圆一定仍在 0 层上，颜色不变　　　　B. 该圆一定会可能在其他层上，颜色不变

    C. 该圆可能在其他层上，颜色与所在层一致　　D. 偏移只相当于复制

4. 设置对象捕捉的方法有（　　　）。

    A. 命令行方式　　　　　B. 菜单栏方式　　　　　C. 快捷菜单方式　　　　D. 工具栏方式

5. 按照默认设置，启用或关闭动态输入功能的快捷键是（　　　）。

    A. F2　　　　　　　　　B. F1　　　　　　　　　C. F8　　　　　　　　　D. F12

6. 试比较栅格与捕捉的异同点。

7. 绘制图形时，需要一种前面没有用到过的线型，请给出解决步骤。

8. 利用精确定位工具，绘制图 3-33 所示的三角形。

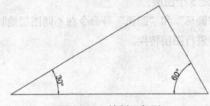

图 3-33　绘制三角形

第4章

编辑命令

■ 二维图形的编辑操作配合绘图命令的使用可以进一步完成复杂图形对象的绘制工作，并可使用户合理安排和组织图形，保证绘图准确，减少重复，因此，对编辑命令的熟练掌握和使用有助于提高设计和绘图的效率。本章主要内容包括选择对象、复制类命令、删除及恢复类命令、改变位置类命令、改变几何特性命令和对象编辑等。

4.1 选择对象

AutoCAD 2016 提供两种编辑图形的途径：

- 先执行编辑命令，然后选择要编辑的对象。
- 先选择要编辑的对象，然后执行编辑命令。

这两种途径的执行效果是相同的，但选择对象是进行编辑的前提。AutoCAD 2016 提供了多种对象选择方法，如点取方法、用选择窗口选择对象、用选择线选择对象、用对话框选择对象等。AutoCAD 可以把选择的多个对象组成整体，如选择集和对象组，进行整体编辑与修改。

下面结合 SELECT 命令说明选择对象的方法。

SELECT 命令可以单独使用，也可以在执行其他编辑命令时被自动调用。此时屏幕提示如下：

选择对象：

等待用户以某种方式选择对象作为回答。AutoCAD 2016 提供多种选择方式，可以输入"？"查看这些选择方式。选择选项后，出现如下提示：

需要点或窗口(W)/上一个(L)/窗交(C)/框(BOX)/全部(ALL)/栏选(F)/圈围(WP)/圈交(CP)/编组(G)/添加(A)/删除(R)/多个(M)/前一个(P)/放弃(U)/自动(AU)/单个(SI)/子对象/对象：

上面各选项的含义介绍如下。

- 点：该选项表示直接通过点取的方式选择对象。用鼠标或键盘移动拾取框，使其框住要选取的对象，然后单击就会选中该对象并以高亮度显示。
- 窗口（W）：用由两个对角顶点确定的矩形窗口选取位于其范围内部的所有图形，与边界相交的对象不会被选中。在指定对角顶点时应该按照从左向右的顺序，如图 4-1 所示。

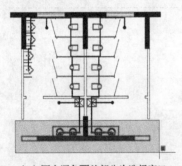

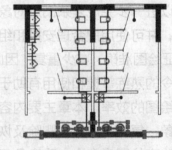

（a）图中深色覆盖部分为选择窗口 　　　　　　　　（b）选择后的图形

图 4-1　"窗口"对象选择方式

- 上一个（L）：在"选择对象"提示下输入"L"后，按 Enter 键，系统会自动选取最后绘出的一个对象。
- 窗交（C）：该方式与上述"窗口"方式类似，区别在于，它不但选中矩形窗口内部的对象，也选中与矩形窗口边界相交的对象。选择的对象如图 4-2 所示。
- 框（BOX）：使用时，系统根据用户在屏幕上给出的两个对角点的位置，自动引用"窗口"或"窗交"方式。若从左向右指定对角点，则为"窗口"方式；反之则为"窗交"方式。
- 全部（ALL）：选取图上面的所有对象。
- 栏选（F）：用户临时绘制一些直线，这些直线不必构成封闭图形，凡是与这些直线相交的对象均被选中。绘制结果如图 4-3 所示。
- 圈围（WP）：使用一个不规则的多边形来选择对象。根据提示，用户顺次输入构成多边形的所有顶点的坐标，最后按 Enter 键结束操作，系统将自动连接第一个顶点到最后一个顶点的各个顶点，形成封闭的多边形。凡是被多边形围住的对象均被选中（不包括边界）。执行结果如图 4-4 所示。

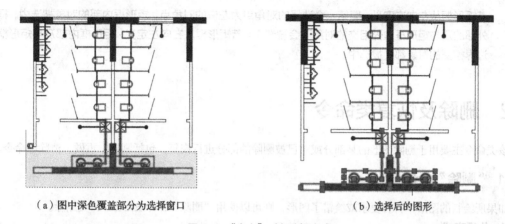

（a）图中深色覆盖部分为选择窗口 　　　　　　　　（b）选择后的图形

图 4-2 "窗交"对象选择方式

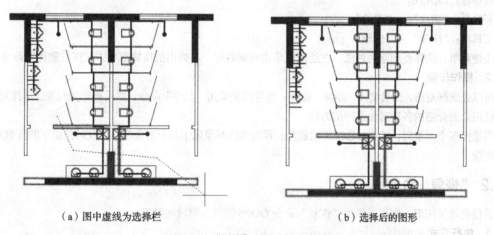

（a）图中虚线为选择栏 　　　　　　　　（b）选择后的图形

图 4-3 "栏选"对象选择方式

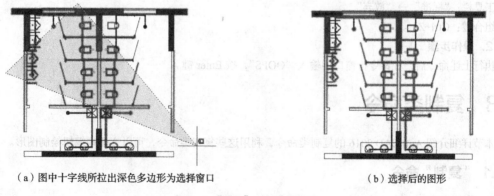

（a）图中十字线所拉出深色多边形为选择窗口 　　　　　　　　（b）选择后的图形

图 4-4 "圈围"对象选择方式

● 圈交（CP）：类似于"圈围"方式，在"选择对象"提示下输入"CP"，后续操作与"圈围"方式相同。区别在于，与多边形边界相交的对象也被选中。

说明 若矩形框从左向右定义，即第一个选择的对角点为左侧的对角点，矩形框内部的对象被选中，框外部的及与矩形框边界相交的对象不会被选中。若矩形框从右向左定义，矩形框内部及与矩形框边界相交的对象都会被选中。

4.2 删除及恢复类命令

该类命令主要用于删除图形的某部分或对已被删除的部分进行恢复，包括删除、重做、清除等命令。

4.2.1 “删除”命令

如果所绘制的图形不符合要求或绘错了图形，则可以使用“删除”命令 ERASE 将其删除。

1. 执行方式

命令行：ERASE。

菜单栏：“修改”→“删除”。

工具栏：“修改”→“删除”。

快捷菜单：选择要删除的对象，在绘图区单击鼠标右键，在弹出的快捷菜单中选择“删除”命令。

2. 操作步骤

可以先选择对象，然后调用“删除”命令；也可以先调用“删除”命令，然后再选择对象。选择对象时，可以使用前面介绍的各种对象选择的方法。

当选择多个对象时，多个对象都将被删除；若选择的对象属于某个对象组，则该对象组下的所有对象都将被删除。

4.2.2 “恢复”命令

若误删除了图形，则可以使用“恢复”命令 OOPS 恢复误删除的对象。

1. 执行方式

命令行：OOPS 或 U。

工具栏：“标准”→“放弃”。

组合键：Ctrl+Z。

2. 操作步骤

执行上述命令后，在命令行窗口中输入“OOPS”，按 Enter 键。

4.3 复制类命令

本节详细介绍 AutoCAD 2016 的复制类命令，利用这些复制类命令，可以方便地编辑绘制图形。

4.3.1 “复制”命令

1. 执行方式

命令行：COPY。

菜单栏：“修改”→“复制”。

工具栏：“修改”→“复制”。

快捷菜单：选择要复制的对象，在绘图区单击鼠标右键，从弹出的快捷菜单中选择"复制选择"命令。
功能区："默认"→"修改"→"复制" 🗗。

2．操作步骤

命令：COPY
选择对象：（选择要复制的对象）

用前面介绍的对象选择方法选择一个或多个对象，按 Enter 键结束选择操作。系统继续提示：

当前设置：复制模式 = 多个
指定基点或 [位移(D)/模式(O)] <位移>：
指定第二个点或 [阵列(A)] <使用第一个点作为位移>：
指定第二个点或 [阵列(A)/退出(E)/放弃(U)] <退出>：

3．选项说明

（1）指定基点：指定一个坐标点后，AutoCAD 2016 把该点作为复制对象的基点，并提示如下：

指定位移的第二点或 <用第一点作位移>：

指定第二个点后，系统将根据这两点确定的位移矢量把选择的对象复制到第二点处。如果此时直接按
Enter 键，即选择默认的"使用第一点作为位移"，则第一个点被当作相对于 x、y、z 的位移。例如，如果指
定基点为（2,3）并在下一个提示下按 Enter 键，则该对象从它当前的位置开始，在 x 方向上移动 2 个单位，
在 y 方向上移动 3 个单位。复制完成后，系统会继续提示：

指定位移的第二点：

这时，可以不断指定新的第二点，从而实现多重复制。

（2）位移（D）：直接输入位移值，表示以选择对象时的拾取点为基准，以拾取点坐标为移动方向，纵
横比移动指定位移后所确定的点为基点。例如，选择对象时的拾取点坐标为（2,3），输入位移为 5，则表示
以（2,3）点为基准，沿纵横比为 3:2 的方向移动 5 个单位所确定的点为基点。

（3）模式（O）：控制是否自动重复该命令。确定复制模式是单个还是多个。

（4）阵列（A）：指定在线性阵列中排列的副本数量。

4.3.2　实例——洗手台

本实例利用"直线"命令绘制洗手台架，再利用"直线""圆""圆弧""椭圆弧""复制"命令绘制洗手
盆及肥皂盒，如图 4-5 所示。

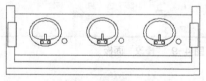

图 4-5　绘制洗手台

操作步骤（光盘\动画演示\第 4 章\洗手台.avi）：

（1）单击"默认"选项卡"绘图"面板中的"直线"按钮 ／ 和"矩形"按钮 ▢，
绘制洗手台架，如图 4-6 所示。

洗手台

（2）单击"默认"选项卡"绘图"面板中的"直线"按钮 ／、"圆"按钮 ⊚、"圆弧"按钮 ／ 以及"椭
圆弧"按钮 ⌒，绘制一个洗手盆及肥皂盒，如图 4-7 所示。

图 4-6　绘制洗手台架

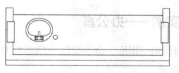

图 4-7　绘制一个洗手盆

（3）单击"默认"选项卡"修改"面板中的"复制"按钮 ，复制另外两个洗手盆及肥皂盒。命令行提示与操作如下：

命令：_copy↙
选择对象：（框选上面绘制的洗手盆及肥皂盒）
当前设置：复制模式 = 多个
指定基点或 [位移(D)/模式(O)] <位移>：（指定一点为基点）
指定位移的第二个点或[阵列(A)] <用第一点作位移>：（打开状态栏上的"正交"开关，指定适当位置一点）
指定位移的第二个点[阵列(A)]：（指定适当位置一点）
指定位移的第二个点[阵列(A)]：↙

结果如图 4-8 所示。

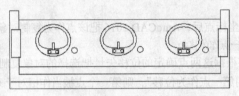

图 4-8 洗手台

4.3.3 "镜像"命令

镜像对象是指把选择的对象以一条镜像线为对称轴进行镜像后的对象。镜像操作完成后，可以保留源对象，也可以将其删除。

1. 执行方式

命令行：MIRROR。

菜单栏："修改" → "镜像"。

工具栏："修改" → "镜像" 。

功能区："默认" → "修改" → "镜像" （如图 4-9 所示）。

图 4-9 "修改"面板

2. 操作步骤

命令：_MIRROR
选择对象：（选择要镜像的对象）
指定镜像线的第一点：（指定镜像线的第一个点）
指定镜像线的第二点：（指定镜像线的第二个点）
要删除源对象？[是(Y)/否(N)] <否>：（确定是否删除源对象）

两点确定一条镜像线，被选择的对象以该线为对称轴进行镜像。包含该线的镜像平面与用户坐标系统的 xy 平面垂直，即镜像操作工作在与用户坐标系统的 xy 平面平行的平面上。

4.3.4 实例——办公桌

本实例利用"矩形"命令绘制一侧桌柜及桌面，再利用"镜像"命令创建另外一侧的桌柜。绘制流程图如图 4-10 所示。

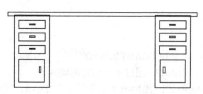

图 4-10　绘制办公桌

办公桌

操作步骤（光盘\动画演示\第 4 章\办公桌.avi）：

（1）单击"默认"选项卡"绘图"面板中的"矩形"按钮口，在合适的位置绘制矩形，如图 4-11 所示。

（2）单击"默认"选项卡"绘图"面板中的"矩形"按钮口，在合适的位置绘制一系列的矩形，结果如图 4-12 所示。

（3）单击"默认"选项卡"绘图"面板中的"矩形"按钮口，在合适的位置绘制一系列的矩形，结果如图 4-13 所示。

图 4-11　绘制矩形（1）　　图 4-12　绘制矩形（2）　　图 4-13　绘制矩形（3）

（4）单击"默认"选项卡"绘图"面板中的"矩形"按钮口，在合适的位置绘制矩形，结果如图 4-14 所示。

（5）单击"默认"选项卡"修改"面板中的"镜像"按钮 ⚊，将左边的一系列矩形以桌面矩形的顶边中点和底边中点的连线为对称轴进行镜像。命令行提示如下：

命令：MIRROR✓
选择对象：（选取左边的一系列矩形）
指定镜像线的第一点：选择桌面矩形的底边中点
指定镜像线的第二点：选择桌面矩形的顶边中点
要删除源对象吗？[是(Y)/否(N)] <否>：✓

绘制结果如图 4-15 所示。

图 4-14　绘制矩形（4）　　　　　图 4-15　办公桌

4.3.5 "偏移"命令

偏移对象是指保持选择对象的形状，在不同的位置以不同的尺寸大小新建的一个对象。

1. 执行方式

命令行：OFFSET。

菜单栏："修改"→"偏移"。

工具栏："修改"→"偏移" ⚊。

功能区："默认"→"修改"→"偏移" ⚊。

2. 操作步骤

命令： OFFSET

当前设置：删除源=否 图层=源 OFFSETGAPTYPE=0
指定偏移距离或 [通过(T)/删除(E)/图层(L)] <通过>：（指定距离值）
选择要偏移的对象，或 [退出(E)/放弃(U)] <退出>：（选择要偏移的对象，按Enter键结束操作）
指定要偏移的那一侧上的点，或 [退出(E)/多个(M)/放弃(U)] <退出>：（指定偏移方向）

3. 选项说明

（1）指定偏移距离：输入一个距离值或按 Enter 键使用当前的距离值，系统把该距离值作为偏移距离，如图 4-16 所示。

（2）通过（T）：指定偏移对象的通过点。选择该选项后出现如下提示：

选择要偏移的对象或 <退出>：（选择要偏移的对象，按Enter键结束操作）
指定通过点：（指定偏移对象的一个通过点）

操作完毕后，系统根据指定的通过点绘出偏移对象，如图 4-17 所示。

图 4-16　指定偏移对象的距离　　　　　　图 4-17　指定偏移对象的通过点

（3）删除（E）：偏移后，将源对象删除。选择该选项后出现如下提示：

要在偏移后删除源对象吗？ [是(Y)/否(N)]<当前>：

（4）图层（L）：确定将偏移对象创建在当前图层上还是源对象所在的图层上。选择该选项后出现如下提示：

输入偏移对象的图层选项 [当前(C)/源(S)] <当前>：

4.3.6　实例——小便器

本例利用直线、圆弧、镜像等命令绘制初步结构，再利用圆弧命令完善外部结构，然后利用偏移命令绘制边缘结构，最后利用圆弧命令完善细节，如图 4-18 所示。

图 4-18　绘制小便器

小便器

绘制步骤（光盘\配套视频\第 4 章\小便器.avi）：

（1）单击"默认"选项卡"绘图"面板中的"直线"按钮 ╱ 和"圆弧"按钮 ╭，结合"正交""对象捕捉""对象追踪"等功能，绘制初步图形，使两条竖直直线下端点在一条水平线上，如图 4-19 所示。

（2）单击"默认"选项卡"修改"面板中的"镜像"按钮 ⚊⚊，以两条竖直直线下端点连线为轴线镜像处理前面绘制的图线，结果如图 4-20 所示。

（3）单击"默认"选项卡"绘图"面板中的"圆弧"按钮，绘制一段圆弧。命令行提示与操作如下：

命令：_arc
指定圆弧的起点[圆心(C)]:捕捉下面圆弧的端点
指定圆弧的第二个点或[圆心(C)/端点(E)]: E
指定圆弧的端点:捕捉上面圆弧的端点。
指定圆弧的圆心(按住 Ctrl 键以切换方向)或[角度(A)/方向(D)/半径(R)]:利用对象追踪功能指定圆弧圆心在镜像对称线上，使圆弧与前面绘制的两圆弧大约光滑过渡

结果如图 4-21 所示。

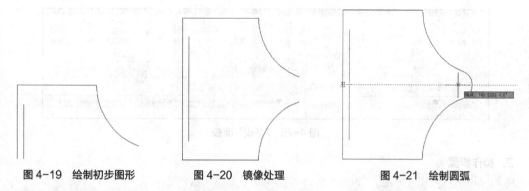

图 4-19　绘制初步图形　　　图 4-20　镜像处理　　　图 4-21　绘制圆弧

（4）单击"默认"选项卡"修改"面板中的"编辑多段线"按钮，合并多段线。命令行提示与操作如下：

命令：_pedit
选择多段线或[多条(M)]:选择一条圆弧
选定的对象不是多段线是否将其转换为多段线? <Y>"：Y
输入选项[闭合(C)/合并(J)/宽度(W)/编辑顶点(E)/拟合(F)/样条曲线(S)/非曲线化(D)/线型生成(L)/反转(R)/放弃(U)]: J
选择对象:选择另两条圆弧

3 条线段被合并成一条多段线，再单击"默认"选项卡"绘图"面板中的"圆弧"按钮，结合对象捕捉功能绘制一个半圆，结果如图 4-22 所示。

（5）单击"默认"选项卡"修改"面板中的"偏移"按钮，将图形向内偏移，如图 4-23 所示。

（6）单击"默认"选项卡"绘图"面板中的"圆弧"按钮，结合对象捕捉功能适当绘制一条圆弧，最终结果如图 4-24 所示。

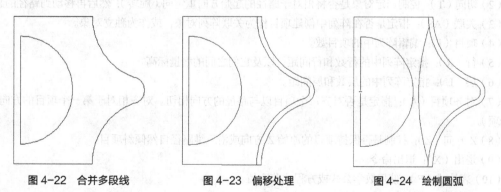

图 4-22　合并多段线　　　图 4-23　偏移处理　　　图 4-24　绘制圆弧

4.3.7 "阵列"命令

阵列是指多重复制选择对象并把这些副本按矩形或环形排列。把副本按矩形排列称为建立矩形阵列，把

副本按环形排列称为建立极阵列。建立极阵列时，应该控制复制对象的次数和对象是否被旋转；建立矩形阵列时，应该控制行和列的数量以及对象副本之间的距离。

用该命令可以建立矩形阵列、极阵列（环形）和旋转的矩形阵列。

1. 执行方式

命令行：ARRAY。

菜单栏："修改" → "阵列"。

工具栏："修改" → "矩形阵列" ▦，"修改" → "路径阵列" ⟲，"修改" → "环形阵列" ❖。

功能区："默认" → "修改" → "矩形阵列" ▦/"路径阵列" ⟲/"环形阵列" ❖（如图 4-25 所示）。

图 4-25 "修改"面板

2. 操作步骤

命令：ARRAY↙
选择对象：（使用对象选择方法）
输入阵列类型[矩形（R）/路径（PA）/极轴（PO）]<矩形>:PA↙
类型=路径 关联=是
选择路径曲线：（使用一种对象选择方法）
选择夹点以编辑阵列或 [关联(AS)/方法(M)/基点(B)/切向(T)/项目(I)/行(R)/层(L)/对齐项目(A)/Z 方向(Z)/退出(X)]
<退出>:i
指定沿路径的项目之间的距离或 [表达式(E)] <1293.769>:（指定距离）
最大项目数 = 5
指定项目数或 [填写完整路径(F)/表达式(E)] <5>:（输入数目）
选择夹点以编辑阵列或 [关联(AS)/方法(M)/基点(B)/切向(T)/项目(I)/行(R)/层(L)/对齐项目(A)/Z 方向(Z)/退出(X)]
<退出>:

3. 选项说明

（1）基点（B）：指定阵列的基点。

（2）切向（T）：控制选定对象是否将相对于路径的起始方向重定向（旋转），然后再移动到路径的起点。

（3）关联（AS）：指定是否在阵列中创建项目作为关联阵列对象，或作为独立对象。

（4）项目（I）：编辑阵列中的项目数。

（5）行（R）：指定阵列中的行数和行间距，以及它们之间的增量标高。

（6）层（L）：指定阵列中的层数和层间距。

（7）对齐项目（A）：指定是否对齐每个项目以与路径的方向相切。对齐相对于第一个项目的方向（方向选项）。

（8）Z 方向（Z）：控制是否保持项目的原始 Z 方向或沿三维路径自然倾斜项目。

（9）退出（X）：退出命令。

（10）表达式（E）：使用数学公式或方程式获取值。

4.3.8 实例——行李架

本例利用矩形命令绘制行李架主体，再用阵列命令完成绘制，如图 4-26 所示。

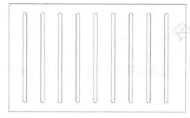

行李架

图 4-26　绘制行李架

绘制步骤（光盘\配套视频\第 4 章\行李架.avi）：

（1）单击"默认"选项卡"绘图"面板中的"矩形"按钮 ▭，绘制行李架外框。命令行提示与操作如下：

```
命令: _rectang
指定第一个角点或[倒角(C)/标高(E)/圆角(F)/厚度(T)/宽度(W)]: 0,0
指定另一个角点或[面积(A)/尺寸(D)/旋转(R)]: 1000,600
```

（2）单击"默认"选项卡"绘图"面板中的"矩形"按钮 ▭，绘制一个小矩形。命令行提示与操作如下：

```
命令: _rectang
指定第一个角点或[倒角(C)/标高(E)/圆角(F)/厚度(T)/宽度(W)]: F
指定矩形的圆角半径<0.0000>:10
指定第一个角点或[倒角(C)/标高(E)/圆角(F)/厚度(T)/宽度(W)]: 80,50
指定另一个角点或[面积(A)/尺寸(D)/旋转(R)]: D
指定矩形的长度<10.0000>:20
指定矩形的宽度<10.0000>:500
指定另一个角点或[面积(A)/尺寸(D)/旋转(R)]:向右上方随意指定一点，表示角点的位置方向
```

结果如图 4-27 所示。

（3）单击"默认"选项卡"修改"面板中的"矩形阵列"按钮 ▦，阵列小矩形。命令行提示与操作如下：

```
命令: _arrayrect
选择对象:选择绘制的内部小矩形
选择对象:按Enter键
选择夹点以编辑阵列或[关联(AS)/基点(B)/计数(COU)/间距(S)/列数(COL)/行数(R)/层数(L)/退出(X)] <退出>:COL
输入列数或[表达式(E)] <4>:9
指定列数之间的距离或[总计(T)/表达式(E)] <233.0482>:100
选择夹点以编辑阵列或[关联(AS)/基点(B)/计数(COU)/间距(S)/列数(COL)/行数(R)/层数(L)/退出(X)] <退出>:R
输入行数或[表达式(E)] <3>:1
指定行数之间的距离或[总计(T)/表达式(E)] <233.0482>:按Enter键
指定行数之间的标高增量或[表达式(E)] <0>:按Enter键
选择夹点以编辑阵列或[关联(AS)/基点(B)/计数(COU)/间距(S)/列数(COL)/行数(R)/层数(L)/退出(X)] <退出>:按Enter键
```

最终结果如图 4-28 所示。

图 4-27　绘制矩形

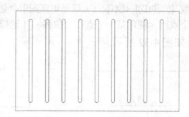

图 4-28　阵列矩形

4.4 改变位置类命令

这一类编辑命令的功能是按照指定要求改变当前图形或图形的某部分的位置，主要包括移动、旋转和缩放等命令。

4.4.1 "移动"命令

1. 执行方式

命令行：MOVE。

菜单栏："修改"→"移动"。

工具栏："修改"→"移动" ✛。

快捷菜单：选择要复制的对象，在绘图区单击鼠标右键，在弹出的快捷菜单中选择"移动"命令。

功能区："默认"→"修改"→"移动" ✛。

2. 操作步骤

命令：MOVE
选择对象：（选择对象）

用前面介绍的对象选择方法选择要移动的对象，按 Enter 键结束选择。系统继续提示：

选择对象：
指定基点或 [位移(D)] <位移>：（指定基点或位移）
指定第二个点或 <使用第一个点作为位移>：

命令的选项功能与"复制"命令类似。

4.4.2 实例——组合电视柜

打开图形后利用"移动"命令将图形移动到所需位置。绘制流程图如图 4-29 所示。

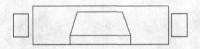

图 4-29 绘制组合电视柜

组合电视柜

操作步骤（光盘\动画演示\第 4 章\组合电视柜.avi）：

（1）单击"快速访问"工具栏中的打开按钮 ▷，打开"源文件\建筑图库\电视柜图形"，如图 4-30 所示。

（2）单击"快速访问"工具栏中的打开按钮 ▷，继续打开"源文件\建筑图库\电视图形"，如图 4-31 所示。

（3）单击"默认"选项卡"修改"面板中的"移动"按钮 ✛，以电视图形外边的中点为基点，电视柜外边中点为第二点，将电视图形移动到电视柜图形上。命令行提示如下：

命令：_move
选择对象：（选择电视图形）
指定基点或 [位移(D)] <位移>：（选择电视图形外边的中点）
指定第二个点或 <使用第一个点作为位移>：（选择电视柜外边中点）

绘制结果如图 4-32 所示。

图 4-30 电视柜图形

图 4-31 电视图形

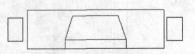

图 4-32 组合电视柜

4.4.3 "旋转"命令

1. 执行方式

命令行：ROTATE。

菜单栏："修改" → "旋转"。

工具栏："修改" → "旋转" ⟳ 。

快捷菜单：选择要旋转的对象，在绘图区单击鼠标右键，在弹出的快捷菜单中选择"旋转"命令。

功能区："默认" → "修改" → "旋转" ⟳ 。

2. 操作步骤

命令：ROTATE

UCS 当前的正角方向： ANGDIR=逆时针 ANGBASE=0

选择对象：（选择要旋转的对象）

指定基点：（指定旋转的基点。在对象内部指定一个坐标点）

指定旋转角度，或 [复制(C)/参照(R)] <0>：（指定旋转角度或其他选项）

3. 选项说明

复制（C）：选择该选项，旋转对象的同时保留源对象，如图 4-33 所示。

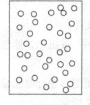

（a）旋转前 （b）旋转后

图 4-33 复制旋转

参照（R）：采用参照方式旋转对象时，系统提示：

指定参照角 <0>：（指定要参考的角度，默认值为 0）

指定新角度：（输入旋转后的角度值）

操作完毕后，对象被旋转至指定的角度位置。

 可以用拖动鼠标的方法旋转对象。选择对象并指定基点后，从基点到当前光标位置会出现一条连线，鼠标选择的对象会动态地随着该连线与水平方向的夹角的变化而旋转，按 Enter 键，确认旋转操作，如图 4-34 所示。

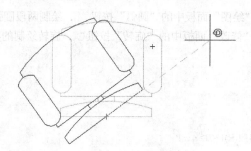

图 4-34 拖动鼠标旋转对象

4.4.4 实例——接待台

本例利用矩形与直线命令绘制接待台的桌面，再利用镜像命令绘制另一侧桌面，利用圆弧命令创建桌面拐角，最后利用旋转命令调整椅子角度，如图 4-35 所示。

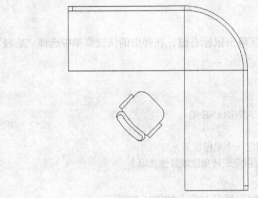

接待台

图 4-35 绘制接待台

绘制步骤（光盘\配套视频\第 4 章\接待台.avi）：

（1）打开 4.3.4 小节绘制的办公椅图形，将其另存为"接待台.dwg"文件。

（2）单击"默认"选项卡"绘图"面板中的"直线"按钮 ╱ 和"矩形"按钮 □，绘制桌面图形，如图 4-36 所示。

（3）单击"默认"选项卡"修改"面板中的"镜像"按钮 ⚏，将桌面图形进行镜像处理，利用"对象追踪"功能将对称线捕捉为过矩形右下角的 45° 斜线。绘制结果如图 4-37 所示。

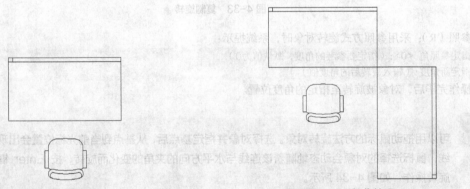

图 4-36 绘制桌面   图 4-37 镜像处理

（4）单击"默认"选项卡"绘图"面板中的"圆弧"按钮 ╱，绘制两段圆弧，如图 4-38 所示。

（5）单击"默认"选项卡"修改"面板中的"旋转"按钮 ○，旋转绘制的办公椅。命令行提示与操作如下：

```
命令: _rotate
选择对象:选择办公椅
选择对象:按Enter键
指定基点:指定椅背中点
指定旋转角度，或[复制(C)/参照(R)] <0>: -45
```

绘制结果如图 4-39 所示。

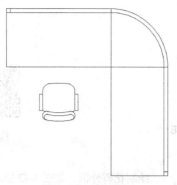

图 4-38　绘制圆弧

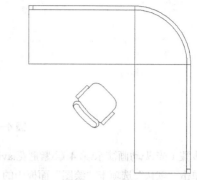

图 4-39　接待台

4.4.5　"缩放"命令

1.　执行方式

命令行：SCALE。

菜单栏："修改"→"缩放"。

工具栏："修改"→"缩放" 🔲。

快捷菜单：选择要缩放的对象，在绘图区单击鼠标右键，在弹出的快捷菜单中选择"缩放"命令。

功能区："默认"→"修改"→"缩放" 🔲。

2.　操作步骤

命令：SCALE

选择对象：（选择要缩放的对象）

指定基点：（指定缩放操作的基点）

指定比例因子或 [复制(C)/参照(R)] <1.0000>：

3.　选项说明

（1）参照（R）：采用参考方向缩放对象时，系统提示如下：

指定参照长度 <1>：（指定参考长度值）

指定新的长度或 [点(P)] <1.0000>：（指定新长度值）

若新长度值大于参考长度值，则放大对象，否则缩小对象。操作完毕后，系统以指定的基点按指定的比例因子缩放对象。如果选择"点（P）"选项，则指定两点来定义新的长度。

指定比例因子：选择对象并指定基点后，从基点到当前光标位置会出现一条线段，线段的长度即为比例大小。鼠标选择的对象会动态地随着该连线长度的变化而缩放，按Enter键，确认缩放操作。

（2）复制（C）：选择该选项时，可以复制缩放对象，即缩放对象时保留源对象，如图 4-40 所示。

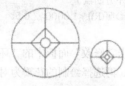

（a）缩放前　　　　　　　　　（b）缩放后

图 4-40　复制缩放

4.4.6　实例——紫荆花

本实例利用"圆弧"命令绘制花瓣，利用"正多边形""直线""修剪"命令绘制五角星，再利用"缩放"命令将绘制好的五角星调整到适当大小，最后利用"环形阵列"命令创建其余花瓣。绘制流程图如图 4-41 所示。

紫荆花

图 4-41　绘制紫荆花

操作步骤（光盘\动画演示\第 4 章\紫荆花.avi）：

（1）单击"默认"选项卡"绘图"面板中的"圆弧"按钮 ⁄，绘制花瓣外框，如图 4-42 所示。

（2）单击"默认"选项卡"绘图"面板中的"多边形"按钮 ⬠，绘制花瓣，命令行提示如下：

```
命令：POLYGON↙
输入侧面数 <4>：5↙
指定正多边形的中心点或 [边(E)]：（指定中心点）
输入选项 [内接于圆(I)/外切于圆(C)] <I>：↙
指定圆的半径：（指定半径）
```

（3）单击"默认"选项卡"绘图"面板中的"直线"按钮 ⁄，绘制连接正五边形的各条线段，结果如图 4-43 所示。

（4）单击"默认"选项卡"修改"面板中的"删除"按钮 ✐，选择正五边形，删除外框，结果如图 4-44 所示。

（5）单击"默认"选项卡"修改"面板中的"修剪"按钮 ⊹，将五角星内部线段进行修剪，结果如图 4-45 所示。

　　图 4-42　花瓣外框　　　　**图 4-43　绘制五角星**　　　　**图 4-44　删除外框**　　　　**图 4-45　修剪五角星**

（6）单击"默认"选项卡"修改"面板中的"缩放"按钮 ▯，将五角星缩放到适当大小，命令行提示如下：

```
命令：SCALE↙
选择对象：（框选修剪的五角星）
指定基点：（指定五角星斜下方凹点）
指定比例因子或 [复制(C)/参照(R)] <1.0000>：0.5↙
```

结果如图 4-46 所示。

（7）单击"默认"选项卡"修改"面板中的"环形阵列"按钮 ⬚，项目总数为 5，填充角度为 360，选择花瓣下端点外一点为中心，再选择绘制的花瓣为对象。绘制出的紫荆花图案如图 4-47 所示。

　　　图 4-46　缩放五角星　　　　　　　　　　**图 4-47　紫荆花图案**

4.5 改变几何特性类命令

这一类编辑命令在对指定对象进行编辑后，使编辑对象的几何特性发生改变。改变几何特性的命令包括"倒角""圆角""打断""剪切""延伸""拉长""拉伸"等命令。

4.5.1 "圆角"命令

圆角是指用指定的半径确定的一段平滑的圆弧连接两个对象。系统规定可以圆角连接一对直线段、非圆弧的多段线段、样条曲线、双向无限长线、射线、圆、圆弧和椭圆。可以在任何时刻圆角连接非圆弧多段线的每个节点。

1. 执行方式

命令行：FILLET。

菜单栏："修改" → "圆角"。

工具栏："修改" → "圆角" ◻。

功能区："默认" → "修改" → "圆角" ◻。

2. 操作步骤

命令：FILLET
当前设置：模式 = 修剪，半径 = 0.0000
选择第一个对象或 [放弃(U)/多段线(P)/半径(R)/修剪(T)/多个(M)]：（选择第一个对象或其他选项）
选择第二个对象，或按住 Shift 键选择对象以应用角点或 [半径(R)]：（选择第二个对象）

3. 选项说明

（1）多段线（P）：在一条二维多段线的两段直线段的节点处插入圆滑的弧。选择多段线后，系统会根据指定的圆弧的半径把多段线各顶点用圆滑的弧连接起来。

（2）修剪（T）：确定在圆角连接两条边时，是否修剪这两条边，如图 4-48 所示。

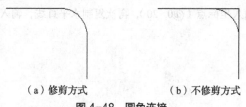

（a）修剪方式　　　　　（b）不修剪方式

图 4-48　圆角连接

（3）多个（M）：可以同时对多个对象进行圆角编辑，而不必重新启用命令。

按住 Shift 键并选择两条直线，可以快速创建零距离倒角或零半径圆角。

4.5.2 实例——坐便器

本实例利用"直线"命令绘制辅助线，利用"直线""圆弧""复制""镜像""偏移"等命令绘制主体图形，再利用"圆角"命令修改图形，最后利用"圆弧""直线""偏移"命令绘制水箱及按钮部分，如图 4-49 所示。

图 4-49　绘制坐便器

坐便器

操作步骤（光盘\动画演示\第 4 章\坐便器.avi）：

（1）将 AutoCAD 中的"对象捕捉"工具栏激活，如图 4-50 所示，以便在绘图过程中使用。

图 4-50 "对象捕捉"工具栏

（2）单击"默认"选项卡"绘图"面板中的"直线"按钮 ，在图中绘制一条长度为 50 的水平直线，重复"直线"命令，单击"对象捕捉"工具栏中的"捕捉到中点"按钮 ，再单击水平直线的中点，此时水平直线的中点会出现一个黄色的小三角提示。绘制一条垂直的直线，并移动到合适的位置，作为绘图的辅助线，如图 4-51 所示。

（3）单击"默认"选项卡"绘图"面板中的"直线"按钮 ，再单击水平直线的左端点，输入坐标点（@6,-60）绘制直线，如图 4-52 所示。

（4）单击"默认"选项卡"修改"面板中的"镜像"按钮 ，以垂直直线的两个端点为镜像点，将刚刚绘制的斜向直线镜像到另外一侧，如图 4-53 所示。

图 4-51 绘制辅助线   图 4-52 绘制直线   图 4-53 镜像图形

（5）单击"默认"选项卡"绘图"面板中的"圆弧"按钮 ，以斜线下端的端点为起点，如图 4-54 所示，以垂直辅助线上的一点为第二点，以右侧斜线的端点为端点，绘制弧线，如图 4-55 所示。

（6）在图中选择水平直线，然后单击"默认"选项卡"修改"面板中的"复制"按钮 ，选择其与垂直直线的交点为基点，然后输入坐标点（@0,-20），再次复制水平直线，输入坐标点（@0,-25），如图 4-56 所示。

图 4-54 绘制弧线   图 4-55 绘制弧线   图 4-56 增加辅助线

（7）单击"默认"选项卡"修改"面板中的"偏移"按钮 ，将右侧斜向直线向左偏移 2，如图 4-57 所示。重复"偏移"命令，将圆弧和左侧直线复制到内侧，如图 4-58 所示。

（8）单击"默认"选项卡"绘图"面板中的"直线"按钮 ，将中间的水平线与内侧斜线的交点和外侧斜线的下端点连接起来，如图 4-59 所示。

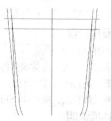

图 4-57　偏移直线　　　　图 4-58　偏移其他图形　　　　图 4-59　连接直线

（9）单击"默认"选项卡"修改"面板中的"圆角"按钮，指定圆角半径为 10，依次选择最下面的水平线和内侧的斜向直线，将其交点设置为倒圆角，如图 4-60 所示。依照此方法，将右侧的交点也设置为倒圆角，半径也是 10，如图 4-61 所示。命令行提示如下：

命令：_fillet
当前设置：模式 = 修剪，半径 = 0.0000
选择第一个对象或 [放弃(U)/多段线(P)/半径(R)/修剪(T)/多个(M)]：R
指定圆角半径 <0.0000>：10
选择第一个对象或 [放弃(U)/多段线(P)/半径(R)/修剪(T)/多个(M)]：（选择内侧斜向直线）
选择第二个对象，或按住 Shift 键选择对象以应用角点或 [半径(R)]：（选择最下面的水平线）

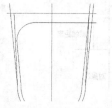

图 4-60　设置倒圆角　　　　图 4-61　设置另外一侧倒圆角

（10）单击"默认"选项卡"修改"面板中的"偏移"按钮，将椭圆部分向内侧偏移 1，如图 4-62 所示。

（11）在上侧添加弧线和斜向直线，再在左侧添加冲水按钮，即完成了坐便器的绘制，最终结果如图 4-63 所示。

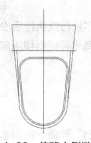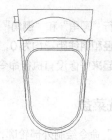

图 4-62　偏移内侧椭圆　　　　图 4-63　坐便器绘制完成

4.5.3　"倒角"命令

倒角是指用斜线连接两个不平行的线型对象。可以用斜线连接直线段、双向无限长线、射线和多段线。

1．执行方式

命令行：CHAMFER。
菜单栏："修改"→"倒角"。
工具栏："修改"→"倒角"。

功能区："默认" → "修改" → "倒角" 。

2．操作步骤

命令：CHAMFER
（"不修剪"模式）当前倒角距离 1 = 0.0000，距离 2 = 0.0000
选择第一条直线或 [放弃(U)/多段线(P)/距离(D)/角度(A)/修剪(T)/方式(E)/多个(M)]：（选择第一条直线或其他选项）
选择第二条直线，或按住 Shift 键选择直线以应用角点或 [距离(D)/角度(A)/方法(M)]：（选择第二条直线）

3．选项说明

（1）多段线（P）：对多段线的各个交叉点进行倒角编辑。为了得到最好的连接效果，一般设置斜线是相等的值。系统根据指定的斜线距离把多段线的每个交叉点都作斜线连接，连接的斜线成为多段线新添加的构成部分，如图 4-64 所示。

（2）距离（D）：选择倒角的两个斜线距离。斜线距离是指从被连接的对象与斜线的交点到被连接的两对象的可能的交点之间的距离，如图 4-65 所示。这两个斜线距离可以相同也可以不相同，若两者均为 0，则系统不绘制连接的斜线，而是把两个对象延伸至相交，并修剪超出的部分。

（3）角度（A）：选择第一条直线的斜线距离和角度。采用这种方法斜线连接对象时，需要输入两个参数，即斜线与一个对象的斜线距离和斜线与该对象的夹角，如图 4-66 所示。

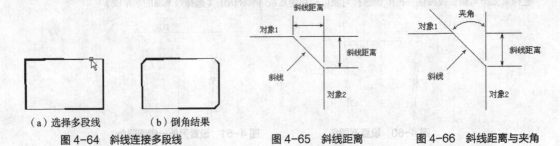

（a）选择多段线　　（b）倒角结果
图 4-64　斜线连接多段线　　　　　　　图 4-65　斜线距离　　　　图 4-66　斜线距离与夹角

（4）修剪（T）：与圆角连接命令 FILLET 相同，该选项决定连接对象后是否修剪源对象。

（5）方式（E）：决定采用"距离"方式还是"角度"方式来倒角。

（6）多个（M）：同时对多个对象进行倒角编辑。

> **说明**　有时用户在执行"圆角"和"倒角"命令时，发现命令不执行或执行后没什么变化，则是因为系统默认圆角半径和斜线距离均为 0，如果不事先设定圆角半径或斜线距离，系统就以默认值执行命令，所以看起来好像没有执行命令。

4.5.4　实例——洗菜盆

本实例利用"直线"命令绘制外部轮廓，再利用"圆""复制"等命令绘制水龙头和出水口，最后利用"倒角"命令将图形细化，如图 4-67 所示。

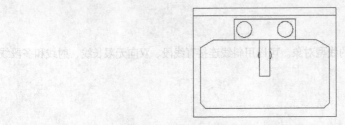

图 4-67　绘制洗菜盆

操作步骤（光盘\动画演示\第 4 章\洗菜盆.avi）：

（1）单击"默认"选项卡"绘图"面板中的"直线"按钮 ✏，绘制出初步轮廓，大约尺寸如图 4-68 所示。

（2）单击"默认"选项卡"绘图"面板中的"圆"按钮 ⊙，以图 4-68 中长 240、宽 80 的矩形大约左中位置处为圆心，绘制半径为 35 的圆。

洗菜盆

（3）单击"默认"选项卡"修改"面板中的"复制"按钮 ⅜，选择步骤（2）中绘制的圆，复制到右边合适的位置，完成旋钮绘制。

（4）单击"默认"选项卡"绘图"面板中的"圆"按钮 ⊙，以图 4-68 中长 139、宽 40 的矩形大约正中位置为圆心，绘制半径为 25 的圆作为出水口。

（5）单击"默认"选项卡"修改"面板中的"修剪"按钮 ✂，将绘制的出水口圆修剪成如图 4-69 所示效果。

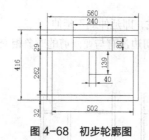

图 4-68　初步轮廓图

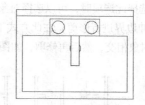

图 4-69　绘制水笼头和出水口

（6）单击"默认"选项卡"修改"面板中的"倒角"按钮 ⬜，绘制水盆四角。命令行提示如下：

```
命令: CHAMFER ✓
（"修剪"模式）当前倒角距离 1 = 0.0000，距离 2 = 0.0000
选择第一条直线或 [放弃(U)/多段线(P)/距离(D)/角度(A)/修剪(T)/方式(E)/多个(M)]:D✓
指定第一个倒角距离 <0.0000>: 50✓
指定第二个倒角距离 <50.0000>: 30✓
选择第一条直线或 [多段线(P)/距离(D)/角度(A)/修剪(T)/方式(M)/多个(U)]: U✓
选择第一条直线或 [放弃(U)/多段线(P)/距离(D)/角度(A)/修剪(T)/方式(E)/多个(M)]:（选择左上角横线段）
选择第二条直线，或按住 Shift 键选择直线以应用角点或 [距离(D)/角度(A)/方法(M)]:（选择右上角竖线段）
选择第一条直线或 [放弃(U)/多段线(P)/距离(D)/角度(A)/修剪(T)/方式(E)/多个(M)]:（选择左上角横线段）
选择第二条直线，或按住 Shift 键选择直线以应用角点或 [距离(D)/角度(A)/方法(M)]:（选择右上角竖线段）
命令: CHAMFER✓
（"修剪"模式）当前倒角距离 1 = 50.0000，距离 2 = 30.0000
选择第一条直线或 [放弃(U)/多段线(P)/距离(D)/角度(A)/修剪(T)/方式(E)/多个(M)]:A✓
指定第一条直线的倒角长度 <20.0000>: ✓
指定第一条直线的倒角角度 <0>: 45✓
选择第一条直线或 [放弃(U)/多段线(P)/距离(D)/角度(A)/修剪(T)/方式(E)/多个(M)]:U✓
选择第一条直线或 [放弃(U)/多段线(P)/距离(D)/角度(A)/修剪(T)/方式(E)/多个(M)]:（选择左下角横线段）
选择第二条直线，或按住 Shift 键选择直线以应用角点或 [距离(D)/角度(A)/方法(M)]:（选择左下角竖线段）
选择第一条直线或 [放弃(U)/多段线(P)/距离(D)/角度(A)/修剪(T)/方式(E)/多个(M)]:（选择右下角横线段）
选择第二条直线，或按住 Shift 键选择直线以应用角点或 [距离(D)/角度(A)/方法(M)]:（选择右下角竖线段）
```

洗菜盆绘制结果如图 4-67 所示。

4.5.5　"修剪"命令

1. 执行方式

命令行：TRIM。

菜单栏："修改"→"修剪"。

工具栏："修改"→"修剪" ⊬。

功能区："默认"→"修改"→"修剪" ⊬。

2. 操作步骤

命令：TRIM
当前设置：投影=UCS，边=无
选择剪切边…
选择对象或 <全部选择>：（选择用作修剪边界的对象）
按Enter键，结束对象选择，系统提示：
选择要修剪的对象，或按住 Shift 键选择要延伸的对象，或[栏选(F)/窗交(C)/投影(P)/边(E)/删除(R)/放弃(U)]：

3. 选项说明

（1）按Shift键：在选择对象时，如果按住Shift键，系统就自动将"修剪"命令转换成"延伸"命令，"延伸"命令将在4.5.7小节介绍。

（2）边（E）：选择此选项时，可以选择对象的修剪方式，即延伸或不延伸。

延伸（E）：延伸边界进行修剪。在此方式下，如果剪切边没有与要修剪的对象相交，系统会延伸剪切边直至与要修剪的对象相交，然后再修剪，如图4-70所示。

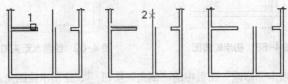

（a）选择剪切边　　（b）选择要修剪的对象　　（c）修剪后的结果

图4-70　延伸方式修剪对象

不延伸（N）：不延伸边界修剪对象，只修剪与剪切边相交的对象。

（3）栏选（F）：选择此选项时，系统以栏选的方式选择被修剪对象，如图4-71所示。

 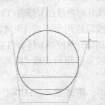

（a）选定剪切边　　　　（b）使用栏选选定要修剪的对象　　　　（c）结果

图4-71　栏选选择修剪对象

（4）窗交（C）：选择此选项时，系统以窗交的方式选择被修剪对象。

被选择的对象可以互为边界和被修剪对象，此时系统会在选择的对象中自动判断边界，如图4-72所示。

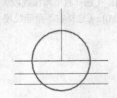 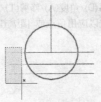 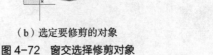 

（a）使用窗交选择选定的边　　　　（b）选定要修剪的对象　　　　（c）结果

图4-72　窗交选择修剪对象

4.5.6 实例——床

本例利用"矩形"命令绘制床的轮廓，再利用"直线""圆弧"等命令绘制床上用品，最后利用"修剪"命令将多余的线段删除，如图 4-73 所示。

图 4-73 绘制床流程图

绘制步骤（光盘\配套视频\第 4 章\床.avi）：

（1）图层设计。新建 3 个图层，其属性如下：

① 图层 1，颜色为蓝色，其余属性默认。

② 图层 2，颜色为绿色，其余属性默认。

③ 图层 3，颜色为白色，其余属性默认。

（2）将当前图层设为"1"图层，单击"默认"选项卡"绘图"面板中的"矩形"按钮 □，绘制角点坐标为（0，0）、（@1000，2000）的矩形，如图 4-74 所示。

（3）将当前图层设为"2"图层，单击"默认"选项卡"绘图"面板中的"直线"按钮 ∕，绘制坐标点分别为{（125，1000）、（125，1900）、（875，1900）、（875，1000）}和{（155，1000）、（155，1870）、（845，1870）、（845，1000）}的直线。

（4）将当前图层设为"3"图层，单击"默认"选项卡"绘图"面板中的"直线"按钮 ∕，绘制坐标点为（0，280）、（@1000，0）的直线。绘制结果如图 4-75 所示。

（5）单击"默认"选项卡"修改"面板中的"矩形阵列"按钮 品，对象为最近绘制的直线，行数为 4，列数为 1，行间距为 30，绘制结果如图 4-76 所示。

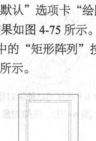

图 4-74 绘制矩形

图 4-75 绘制直线

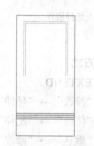

图 4-76 阵列处理

（6）单击"默认"选项卡"修改"面板中的"圆角"按钮 ◯，将外轮廓线的圆角半径设为 50，内衬圆角半径为 40，绘制结果如图 4-77 所示。

（7）将当前图层设为"2"图层，单击"默认"选项卡"绘图"面板中的"直线"按钮 ∕，绘制坐标点为（0，1500）、（@1000，200）、（@-800，-400）的直线。

（8）单击"默认"选项卡"绘图"面板中的"圆弧"按钮 ╱，绘制起点为（200，1300）、第二点为（130，1430）、圆弧端点为（0，1500）的圆弧，绘制结果如图 4-78 所示。

（9）单击"默认"选项卡"修改"面板中的"修剪"按钮 ⁄，修剪图形。命令行提示与操作如下：

```
命令: _trim
当前设置:投影=UCS，边=无
选择剪切边...
选择对象或<全部选择>:选择所有图形
选择对象:按Enter键
选择要修剪的对象，或按住 Shift 键选择要延伸的对象，或[栏选(F)/窗交(C)/投影(P)/边(E)/删除(R)/放弃(U)]:选择被角内的竖直直线
```

绘制结果如图 4-73 所示。

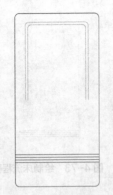
图 4-77　圆角处理

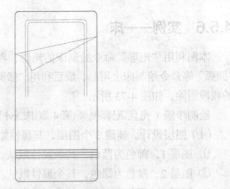
图 4-78　绘制直线与圆弧

4.5.7 "延伸"命令

延伸对象是指延伸要延伸的对象直至另一个对象的边界线，如图 4-79 所示。

（a）选择边界

（b）选择要延伸的对象

（c）执行结果

图 4-79　延伸对象

1. 执行方式

命令行：EXTEND。

菜单栏："修改"→"延伸"。

工具栏："修改"→"延伸" -/。

功能区："默认"→"修改"→"延伸" -/。

2. 操作步骤

```
命令：EXTEND
当前设置：投影=UCS，边=无
选择边界的边...
选择对象或 <全部选择>：（选择边界对象）
```

此时可以通过选择对象来定义边界。若直接按 Enter 键，则选择所有对象作为可能的边界对象。

系统规定可以用作边界对象的对象有直线段、射线、双向无限长线、圆弧、圆、椭圆、二维和三维多段线、样条曲线、文本、浮动的视口、区域。如果选择二维多段线作为边界对象，系统会忽略其宽度而把对象延伸至多段线的中心线上。

选择边界对象后，系统继续提示：

```
选择要延伸的对象，或按住 Shift 键选择要修剪的对象，或[栏选(F)/窗交(C)/投影(P)/边(E)/放弃(U)]：
```

3. 选项说明

（1）如果要延伸的对象是适配样条多段线，则延伸后会在多段线的控制框上增加新节点。如果要延伸的对象是锥形的多段线，系统会修正延伸端的宽度，使多段线从起始端平滑地延伸至新的终止端。如果延伸操作导致新终止端的宽度为负值，则取宽度值为 0，如图 4-80 所示。

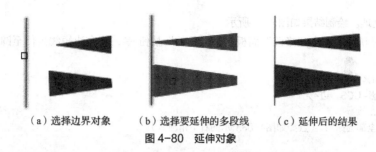

（a）选择边界对象　　（b）选择要延伸的多段线　　（c）延伸后的结果

图 4-80　延伸对象

（2）选择对象时，如果按住 Shift 键，系统会自动将"延伸"命令转换成"修剪"命令。

4.5.8　实例——沙发

本实例利用"矩形""直线""分解""圆角""延伸""修剪"等命令绘制沙发，其中着重介绍"延伸"命令，如图 4-81 所示。

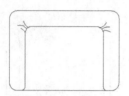

图 4-81　绘制沙发

沙发

操作步骤（光盘\动画演示\第 4 章\沙发.avi）：

（1）单击"默认"选项卡"绘图"面板中的"矩形"按钮 □，绘制圆角为 10、第一角点坐标为（20,20）、长度和宽度分别为 140 和 100 的矩形作为沙发的外框。

（2）单击"默认"选项卡"绘图"面板中的"直线"按钮 ╱，绘制坐标分别为（40,20）、（@0,80）、（@100,0）、（@0,-80）的连续线段。绘制结果如图 4-82 所示。

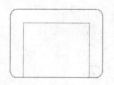

图 4-82　绘制初步轮廓

（3）单击"默认"选项卡"修改"面板中的"分解"按钮 🔲（此命令将在 4.5.15 小节中详细介绍）和"圆角"按钮 🔲，修改沙发轮廓。命令行提示如下：

命令：_explode↙
选择对象：（选择外面倒圆矩形）
选择对象：
命令：_fillet↙
当前设置：模式 = 修剪，半径 = 6.0000
选择第一个对象或[放弃(U)/多段线(P)/半径(R)/修剪(T)/多个(M)]：（选择内部四边形左边）
选择第二个对象，或按住 Shift 键选择对象以应用角点或 [半径(R)]：（选择内部四边形上边）
选择第一个对象或 [放弃(U)/多段线(P)/半径(R)/修剪(T)/多个(M)]：（选择内部四边形右边）
选择第二个对象，或按住 Shift 键选择对象以应用角点或 [半径(R)]：（选择内部四边形上边）
选择第一个对象或 [放弃(U)/多段线(P)/半径(R)/修剪(T)/多个(M)]：

单击"默认"选项卡"修改"面板中的"圆角"按钮 🔲，选择内部四边形左边和外部矩形下边左端为对象，进行圆角处理。绘制结果如图 4-83 所示。

（4）单击"默认"选项卡"修改"面板中的"延伸"按钮 -/，将左边短线延伸至圆弧。命令行提示如下：

> 命令：_extend↙
> 当前设置：投影=UCS，边=无
> 选择边界的边...
> 选择对象或 <全部选择>：（选择如图4-83所示的右下角圆弧）
> 选择对象：
> 选择要延伸的对象，或按住 Shift 键选择要修剪的对象，或[栏选(F)/窗交(C)/投影(P)/边(E)/放弃(U)]：（选择如图 4-83所示的左端短水平线）

（5）单击"默认"选项卡"修改"面板中的"圆角"按钮 ◯，选择内部四边形右边和外部矩形下边为倒圆角对象，进行圆角处理。

（6）单击"默认"选项卡"绘图"面板中的"直线"按钮 ╱，绘制直线。绘制结果如图 4-84 所示。

（7）单击"默认"选项卡"绘图"面板中的"圆弧"按钮 ╱，绘制沙发皱纹。在沙发拐角位置绘制 6 条圆弧。最终绘制结果如图 4-81 所示。

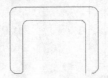

图 4-83　绘制倒圆

图 4-84　完成倒圆角

4.5.9 "拉伸"命令

拉伸对象是指拖拉选择的对象，且形状发生改变后的对象。拉伸对象时，应指定拉伸的基点和移至点。利用一些辅助工具如捕捉、钳夹功能及相对坐标等可以提高拉伸的精度。

1. 执行方式

命令行：STRETCH。

菜单栏："修改" → "拉伸"。

工具栏："修改" → "拉伸" ⬚。

功能区："默认" → "修改" → "拉伸" ⬚。

2. 操作步骤

> 命令：STRETCH
> 以交叉窗口或交叉多边形选择要拉伸的对象...
> 选择对象：C
> 指定第一个角点：（采用交叉窗口的方式选择要拉伸的对象）
> 指定基点或 [位移(D)] <位移>：（指定拉伸的基点）
> 指定第二个点或 <使用第一个点作为位移>：（指定拉伸的移至点）

此时，若指定第二个点，系统将根据这两点决定的矢量拉伸对象。若直接按 Enter 键，系统会把第一个点作为 x 轴和 y 轴的分量值。

STRETCH 仅移动位于交叉选择内的顶点和端点，不更改那些位于交叉选择外的顶点和端点。部分包含在交叉选择窗口内的对象将被拉伸。

用交叉窗口选择拉伸对象时，在交叉窗口内的端点将被拉伸，在外部的端点将保持不动。

4.5.10　实例——门把手

设置图层后利用"直线"命令绘制中心线，再利用"圆""直线""修剪""镜像"命令绘制门把手，最后利用"拉伸"命令修改图形，如图 4-85 所示。

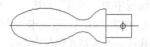

图 4-85　绘制门把手

门把手

操作步骤（光盘\动画演示\第 4 章\门把手.avi）：

（1）设置图层。单击"默认"选项卡"图层"面板中的"图层特性"按钮📇，打开"图层特性管理器"对话框，新建如下两个图层：

① 第一个图层命名为"轮廓线"，线宽属性为 0.3mm，其余属性默认。

② 第二个图层命名为"中心线"，颜色设为红色，线型加载为 CENTER，其余属性默认。

（2）将"中心线"层设置为当前层。单击"默认"选项卡"绘图"面板中的"直线"按钮／，绘制坐标分别为（150,150）和（@120,0）的直线。结果如图 4-86 所示。

（3）将"轮廓线"层设置为当前层。单击"默认"选项卡"绘图"面板中的"圆"按钮⊙，以（160,150）为圆心，绘制半径为 10 的圆。重复"圆"命令，以（235,150）为圆心，绘制半径为 15 的圆。再绘制半径为 50 的圆与前两个圆相切，结果如图 4-87 所示。

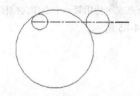

图 4-86　绘制直线

图 4-87　绘制圆

（4）单击"默认"选项卡"绘图"面板中的"直线"按钮／，绘制坐标为（250,150），（@10<90），（@15<180）的两条直线。重复"直线"命令，绘制坐标为（235,165）和（235,150）的直线。结果如图 4-88 所示。

（5）单击"默认"选项卡"修改"面板中的"修剪"按钮／—，进行修剪处理。结果如图 4-89 所示。

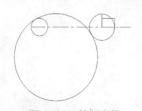

图 4-88　绘制直线

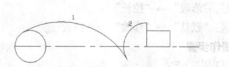

图 4-89　修剪处理

（6）单击"默认"选项卡"绘图"面板中的"圆"按钮⊙，绘制半径为 12，与圆弧 1 和圆弧 2 相切的圆。结果如图 4-90 所示。

（7）单击"默认"选项卡"修改"面板中的"修剪"按钮／—，将多余的圆弧进行修剪。结果如图 4-91 所示。

（8）单击"默认"选项卡"修改"面板中的"镜像"按钮⚐，以（150,150）和（250,150）为两镜像点对图形进行镜像处理。结果如图 4-92 所示。

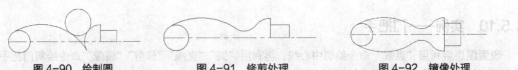

| 图 4-90 绘制圆 | 图 4-91 修剪处理 | 图 4-92 镜像处理 |

（9）单击"默认"选项卡"修改"面板中的"修剪"按钮 ⊹，进行修剪处理。结果如图 4-93 所示。

（10）将"中心线"层设置为当前层。单击"默认"选项卡"绘图"面板中的"直线"按钮 ⟋，在把手接头处的中间位置绘制适当长度的竖直线段，作为销孔定位中心线，如图 4-94 所示。

| 图 4-93 把手初步图形 | 图 4-94 销孔中心线 |

（11）将"轮廓线"层设置为当前层。单击"默认"选项卡"绘图"面板中的"圆"按钮 ⊙，以中心线交点为圆心绘制适当半径的圆作为销孔，如图 4-95 所示。

（12）单击"默认"选项卡"修改"面板中的"拉伸"按钮 ⚞，拉伸接头长度。命令行提示如下：

> 命令：_stretch
> 以交叉窗口或交叉多边形选择要拉伸的对象...
> 选择对象：（选择接头）
> 指定基点或 [位移(D)] <位移>：（在绘图区用鼠标左键指定一点）
> 指定第二个点或 <使用第一个点作为位移>：（向右移动鼠标，在绘图区适当位置处单击鼠标左键）

结果如图 4-85 所示。

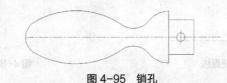

图 4-95 销孔

4.5.11 "拉长"命令

1. 执行方式

命令行：LENGTHEN。

菜单栏："修改"→"拉长"。

功能区："默认"→"修改"→"拉长" ⟋。

2. 操作步骤

> 命令：LENGTHEN
> 选择对象或 [增量(DE)/百分数(P)/全部(T)/动态(DY)]：（选定对象）
> 当前长度：30.5001（给出选定对象的长度，如果选择圆弧段还将给出圆弧的包含角）
> 选择对象或 [增量(DE)/百分数(P)/全部(T)/动态(DY)]：DE（选择拉长或缩短的方式。如选择"增量（DE）"方式）
> 输入长度增量或 [角度(A)] <0.0000>：10（输入长度增量数值。如果选择圆弧段，则可输入选项"A"给定角度
> 增量）
> 选择要修改的对象或 [放弃(U)]：（选定要修改的对象，进行拉长操作）
> 选择要修改的对象或 [放弃(U)]：（继续选择，按Enter键，结束命令）

3. 选项说明

（1）增量（DE）：用指定增加量的方法来改变对象的长度或角度。

（2）百分数（P）：用指定要修改对象的长度占总长度的百分比的方法来改变圆弧或直线段的长度。

（3）全部（T）：用指定新的总长度或总角度值的方法改变对象的长度或角度。

（4）动态（DY）：在这种模式下，可以使用拖拉鼠标的方法动态地改变对象的长度或角度。

4.5.12 实例——挂钟

本实例利用"圆"命令绘制外轮廓，再利用"直线"命令绘制指针，最后利用"拉长"命令创建长指针，如图 4-96 所示。

图 4-96 绘制挂钟

挂钟

操作步骤（光盘\动画演示\第 4 章\挂钟.avi）：

（1）单击"默认"选项卡"绘图"面板中的"圆"按钮 ⊙，以（100,100）为圆心，绘制半径为 20 的圆形作为挂钟的外轮廓线，如图 4-105 所示。

（2）单击"默认"选项卡"绘图"面板中的"直线"按钮 ，绘制坐标为（100,100），（100,117.25）；（100,100），（87.25,100）；（100,100），（105,94）的 3 条直线作为挂钟的指针，如图 4-97 所示。

（3）单击"默认"选项卡"修改"面板中的"拉长"按钮 ，将秒针拉长至圆的边，绘制挂钟完成。命令行提示如下：

```
命令:lengthen
选择要测量的对象或 [增量(DE)/百分比(P)/总计(T)/动态(DY)] <增量(DE)>: DE
输入长度增量或 [角度(A)] <18.6333>:（用鼠标左键，选择秒针端点及其延长线与圆的交点）
选择要修改的对象或 [放弃(U)]:（选择秒针）
```

如图 4-98 所示。

图 4-97 绘制圆

图 4-98 绘制指针

4.5.13 "打断"命令

1. 执行方式

命令行：BREAK。

菜单栏："修改"→"打断"。

工具栏："修改"→"打断" 。

功能区："默认"→"修改"→"打断" 。

2. 操作步骤

```
命令：BREAK
选择对象:（选择要打断的对象）
```

指定第二个打断点或 [第一点(F)]:（指定第二个断开点或输入"F"）

3. 选项说明

如果选择"第一点（F）"选项，系统将丢弃前面的第一个选择点，重新提示用户指定两个打断点。

4.5.14 "打断于点"命令

"打断于点"命令是指在对象上指定一点，从而把对象在此点拆分成两部分。此命令与"打断"命令类似。

1. 执行方式

命令行：BREAK。

工具栏："修改"→"打断于点" ▭ 。

功能区："默认"→"修改"→"打断于点" ▭ 。

2. 操作步骤

输入此命令后，命令行提示如下：

命令：_break
选择对象:（选择要打断的对象）
指定第二个打断点或 [第一点(F)]: _f（系统自动执行"第一点(F)"选项）
指定第一个打断点:（选择打断点）
指定第二个打断点: @（系统自动忽略此提示）

4.5.15 "分解"命令

1. 执行方式

命令行：EXPLODE。

菜单栏："修改"→"分解"。

工具栏："修改"→"分解" 🔲 。

功能区："默认"→"修改"→"分解" 🔲 。

2. 操作步骤

命令：EXPLODE
选择对象:（选择要分解的对象）

选择一个对象后，该对象会被分解。系统继续提示该行信息，允许分解多个对象。

4.5.16 "合并"命令

可以将直线、圆弧、椭圆弧和样条曲线等独立的对象合并为一个对象，如图 4-99 所示。

1. 执行方式

命令行：JOIN。

菜单栏："修改"→"合并"。

工具栏："修改"→"合并" ⊷ 。

功能区："默认"→"修改"→"合并" ⊷ 。

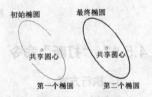

图 4-99　合并对象

2. 操作步骤

命令：JOIN
选择源对象或要一次合并的多个对象:（选择一个对象）
选择要合并的对象:（选择另一个对象）
选择要合并的对象: ↙

4.6 对象编辑

在对图形进行编辑时，还可以对图形对象本身的某些特性进行编辑，从而方便进行图形绘制。

4.6.1 钳夹功能

利用钳夹功能可以快速方便地编辑对象。AutoCAD 在图形对象上定义了一些特殊点称为夹点，利用夹点可以灵活地控制对象，如图 4-100 所示。

要使用钳夹功能编辑对象，必须先打开该功能，打开方法是：选择"工具"→"选项"→"选择"命令。

在弹出"选项"对话框的"选择集"选项卡中选中"启用夹点"复选框。在该选项卡中，还可以设置代表夹点的小方格的尺寸和颜色。也可以通过 GRIPS 系统变量来控制是否打开钳夹功能，1 代表打开，0 代表关闭。

打开了钳夹功能后，应该在编辑对象之前先选择对象。夹点表示对象的控制位置。

使用夹点编辑对象，要选择一个夹点作为基点，称为基准夹点。然后选择一种编辑操作：镜像、移动、旋转、拉伸和缩放。可以用空格键、Enter 键或键盘上的快捷键循环选择这些功能。

下面仅就其中的拉伸对象操作为例进行讲述，其他操作类似。

在图形上拾取一个夹点来改变颜色，此点为夹点编辑的基准夹点。这时系统提示：

** 拉伸 **
指定拉伸点或 [基点(B)/复制(C)/放弃(U)/退出(X)]:

在上述拉伸编辑提示下，输入"镜像"命令或单击鼠标右键，在弹出的快捷菜单中选择"镜像"命令，如图 4-101 所示。系统就会转换为"镜像"操作，其他操作类似。

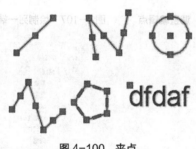

图 4-100　夹点　　　　　　　　　　　　图 4-101　快捷菜单

4.6.2 实例——吧椅

本例利用"圆""圆弧""直线""偏移"命令绘制吧椅图形，在绘制过程中，利用"钳夹功能"编辑局部图形，如图 4-102 所示。

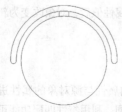

图 4-102　绘制吧椅

吧椅

绘制步骤（光盘\配套视频\第 4 章\吧椅.avi）：

（1）单击"默认"选项卡"绘图"面板中的"直线"按钮 ✏、"圆弧"按钮 ⌒ 和"圆"按钮 ⊙，绘制初步图形，其中圆弧和圆同心，大约左右对称，如图 4-103 所示。

（2）单击"默认"选项卡"修改"面板中的"偏移"按钮 ⬚，偏移刚绘制的圆弧，如图 4-104 所示。

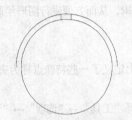

图 4-103　绘制初步图形

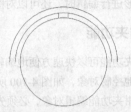

图 4-104　偏移圆弧

（3）单击"默认"选项卡"绘图"面板中的"圆弧"按钮 ⌒，绘制扶手端部，采用"起点/端点/圆心"的方式，使造型大约光滑过渡，如图 4-105 所示。

（4）在绘制扶手端部圆弧的过程中，由于采用的是粗略的绘制方法，放大局部后，可能会发现图线不闭合。这时，单击鼠标左键选择对象图线，出现钳夹编辑点，移动相应编辑点捕捉到需要闭合连接的相临图线端点，如图 4-106 所示。

（5）使用相同的方法绘制扶手另一端的圆弧造型，结果如图 4-107 所示。

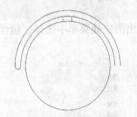

图 4-105　绘制扶手端部

图 4-106　调整编辑点

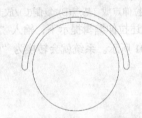

图 4-107　绘制另一端圆弧造型

4.6.3　修改对象属性

1．执行方式

命令行：DDMODIFY 或 PROPERTIES。

菜单栏："修改"→"特性。

工具栏："标准"→"特性" ▤。

功能区："视图"→"选项板"→"特性" ▤。

2．操作步骤

在 AutoCAD 中打开"特性"对话框，如图 4-108 所示。利用它可以方便地设置或修改对象的各种属性。

不同的对象属性种类和值不同，修改属性值后，对象改变为新的属性。

4.6.4　特性匹配

利用特性匹配功能可以将目标对象的属性与源对象的属性进行匹配，使目标对象的属性与源对象属性相同。利用特性匹配功能可以方便快捷地修改对象属性，并保持不同对象的属性相同。

图 4-108　"特性"对话框

1．执行方式

命令行：MATCHPROP。

菜单栏："修改"→"特性匹配"。

2．操作步骤

命令：MATCHPROP

选择源对象：（选择源对象）

选择目标对象或 [设置(S)]：（选择目标对象）

如图 4-109（a）所示为两个属性不同的对象，以左边的圆为源对象，对右边的矩形进行特性匹配。结果如图 4-109（b）所示。

（a）原图　　　　　　　　　　　　　　　　　　　（b）结果

图 4-109　特性匹配

4.6.5　实例——花朵的绘制

本实例利用"圆"命令绘制花蕊，再利用"多边形"及"圆弧"等命令绘制花瓣，最后利用"多段线"命令绘制花茎与叶子并修改，如图 4-110 所示。

图 4-110　绘制花朵

图 4-111　绘制正五边形

花朵的绘制

操作步骤（光盘\动画演示\第 4 章\花朵.avi）：

（1）单击"默认"选项卡"绘图"面板中的"圆"按钮 ⊘，绘制花蕊。

（2）单击"默认"选项卡"绘图"面板中的"多边形"按钮 ⬠，绘制以圆心为中心点内接于圆的正五边形，结果如图 4-111 所示。

　　说明　一定要先绘制中心的圆，因为正五边形的外接圆与此圆同心，必须通过捕捉获得正五边形的外接圆圆心位置。如果反过来，先画正五边形再画圆，会发现无法捕捉正五边形外接圆圆心。

（3）单击"默认"选项卡"绘图"面板中的"圆弧"按钮 ⌒，以最上斜边的中点为圆弧起点，左上斜边中点为圆弧端点，绘制花朵。绘制结果如图 4-112 所示。重复"圆弧"命令，绘制另外 4 段圆弧，结果如图 4-113 所示。最后删除正五边形，结果如图 4-114 所示。

（4）单击"默认"选项卡"绘图"面板中的"多段线"按钮 ⤵，绘制枝叶。花枝的宽度为 4；叶子的起点半宽为 12，端点半宽为 3。用同样方法绘制另两片叶子，结果如图 4-115 所示。

图 4-112　绘制一段圆弧

图 4-113　绘制所有圆弧

图 4-114　绘制花朵

（5）选择枝叶，枝叶上显示夹点标志（见图 4-115），在一个夹点上单击鼠标右键，在弹出的快捷菜单中选择"特性"命令，如图 4-116 所示。系统打开"特性"对话框，在"颜色"下拉列表框中选择"绿"选项，如图 4-117 所示。

（6）按照步骤（5）的方法修改花朵颜色为红色，花蕊颜色为洋红色。最终结果如图 4-118 所示。

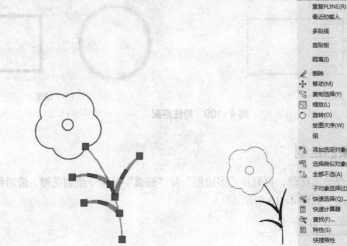

图 4-115　修改枝叶颜色

图 4-116　绘制出花朵图案

图 4-117　快捷菜单

图 4-118　花朵图案

4.7　综合实例——绘制家庭影院

本实例运用"矩形""直线""圆""圆弧""圆角""图案填充"等一些基础的绘图命令绘制图形，如图 4-119 所示。

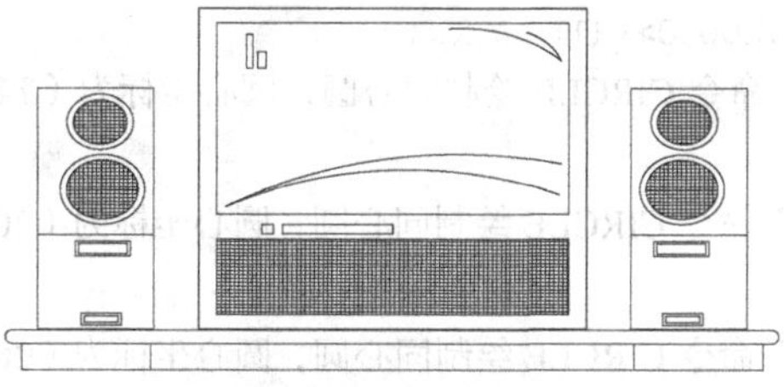

图 4-119 绘制家庭影院

操作步骤（光盘\动画演示\第 4 章\家庭影院.avi）：

（1）图层设计。新建如下两个图层：

① "1" 图层，颜色为白色，其余属性默认。

② "2" 图层，颜色为蓝色，其余属性默认。

绘制家庭影院

（2）图形缩放。选择菜单栏"视图"→"缩放"→"范围"，将绘图区域缩放到适当大小。

（3）绘制轮廓线。将"2"图层设置为当前层，单击"默认"选项卡"绘图"面板中的"矩形"按钮 □，绘制矩形。命令行提示如下：

```
命令：_rectang✓
指定第一个角点或 [倒角(C)/标高(E)/圆角(F)/厚度(T)/宽度(W)]：0,0✓
指定另一个角点或 [面积(A)/尺寸(D)/旋转(R)]：2300,100✓
```

（4）用同样的方法，单击"默认"选项卡"绘图"面板中的"矩形"按钮 □，绘制 4 个矩形，端点坐标分别为{（-50,100），（2350,150）}、{（50,155），（@360,900）}、{（2250,155），（@-360,900）}、{（550,155），（@1200,1200）}。

（5）绘制直线。单击"默认"选项卡"绘图"面板中的"直线"按钮 ，坐标点为{（400,0），（@0,100）}和{（1900,0），（@0,100）}。绘制结果如图 4-120 所示。

（6）绘制矩形。单击"默认"选项卡"绘图"面板中的"矩形"按钮 □，绘制矩形。命令行提示如下：

```
命令：_rectang✓
指定第一个角点或 [倒角(C)/标高(E)/圆角(F)/厚度(T)/宽度(W)]：604,585✓
指定另一个角点或 [面积(A)/尺寸(D)/旋转(R)]：@1092,716✓
```

（7）用同样的方法绘制 11 个矩形，端点坐标分别为{（605,210），（@1090,280）}、{（745,510），（@37,35）}、{（810,510），（@340,35）}、{（167,426），（@171,57）}、{（177,436），（@151,37）}、{（185,168），（@124,46）}、{（195,178），（@104,26）}、{（2133,426），（@-171,57）}、{（2123,436），（@-151,37）}、{（2115,168），（@-124,46）}、{（2105,178），（@-104,26）}。绘制结果如图 4-121 所示。

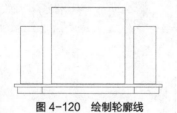

图 4-120 绘制轮廓线

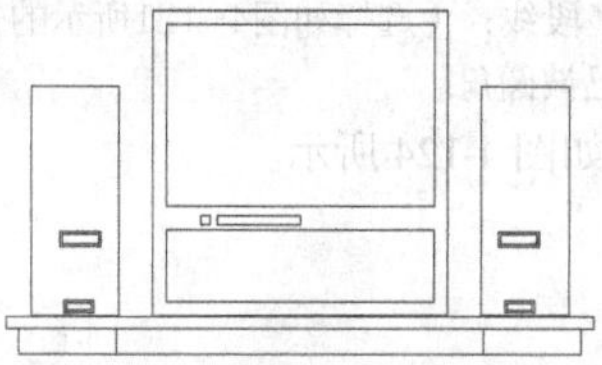

图 4-121 绘制矩形

（8）绘制圆。单击"默认"选项卡"绘图"面板中的"圆"按钮 ⊙，命令行提示如下：

```
命令：_circle ✓
指定圆的圆心或 [三点(3P)/两点(2P)/相切、相切、半径(T)]：251,677✓
指定圆的半径或 [直径(D)]：131✓
命令：✓
CIRCLE 指定圆的圆心或 [三点(3P)/两点(2P)/相切、相切、半径(T)]：251,677✓
```

指定圆的半径或 [直径(D)] <131.0000>: 111✓

（9）同样的方法，用"圆"命令 CIRCLE 绘制同心圆，圆心坐标为（244,930），圆的半径分别为 103、83。

（10）同样的方法，用"圆"命令 CIRCLE 绘制同心圆，圆心坐标为（2049,677），圆的半径分别为 131、111。

（11）同样的方法，用"圆"命令 CIRCLE 绘制同心圆，圆心坐标为（2056,930），圆的半径分别为 103、83。

绘制结果如图 4-122 所示。

（12）单击"默认"选项卡"绘图"面板中的"直线"按钮 ✏，绘制直线。命令行提示如下：

```
命令：line✓
指定第一点：50,506✓
指定下一点或 [放弃(U)]：@360,0✓
指定下一点或 [放弃(U)]：✓
命令：line✓
指定第一点：1890,506✓
指定下一点或 [放弃(U)]：@360,0✓
指定下一点或 [放弃(U)]：✓
```

（13）绘制画面图形。单击"默认"选项卡"绘图"面板中的"矩形"按钮 ⬜ 和"圆弧"按钮 ⌒，完成如图 4-123 所示的图形。

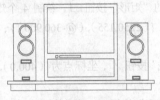

图 4-122　绘制圆

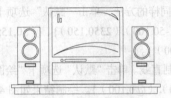

图 4-123　绘制画面图形

（14）圆角处理。单击"默认"选项卡"修改"面板中的"圆角"按钮 ⬜，圆角半径为 20，命令行提示如下：

```
命令：_fillet✓
当前设置：模式 = 修剪，半径 = 0.0000
选择第一个对象或 [放弃(U)/多段线(P)/半径(R)/修剪(T)/多个(M)]：r✓
指定圆角半径 <0.0000>：20✓
选择第一个对象或 [放弃(U)/多段线(P)/半径(R)/修剪(T)/多个(M)]：p✓
选择二维多段线：（选择如图4-121所示的矩形）
4 条直线已被圆角
```

绘制结果如图 4-124 所示。

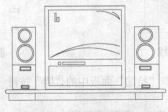

图 4-124　圆角处理

（15）图案填充。单击"默认"选项卡"绘图"面板中的"图案填充"按钮 ▨，选择合适的填充图案和填充区域。绘制结果如图 4-119 所示。

4.8　操作与实践

通过前面的学习，读者对本章知识也有了大体的了解，本节通过几个操作练习使读者进一步掌握本章知识要点。

4.8.1　绘制洗衣机

1. 目的要求

本实例利用一些基础绘图以及修改命令绘制图形，从而使读者灵活掌握这些绘图命令与修改命令的使用方法。

2. 操作提示

（1）利用"直线"命令绘制洗衣机的外观轮廓。

（2）利用"直线""圆""偏移""复制"等命令绘制洗衣机的顶部操作面板部分。

（3）利用"直线""偏移""复制"等命令绘制洗衣机的底部轮廓。

（4）利用"圆"和"偏移"命令绘制洗衣机的滚筒部分。

（5）利用"缩放"命令将洗衣机图形调整到适当大小，洗衣机造型绘制完成。

绘制结果如图 4-125 所示。

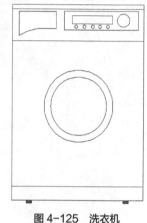

图 4-125　洗衣机

4.8.2　绘制平面配景图形

1. 目的要求

本实例利用一些基础绘图以及修改命令绘制图形，从而使读者灵活掌握这些绘图与修改命令的使用方法。

2. 操作提示

（1）利用"直线""圆弧""样条曲线""镜像"等命令绘制一条花茎。

（2）利用"圆弧"和"环形阵列"等命令绘制其余花茎。

（3）利用"圆"和"图案填充"命令绘制花茎上的装饰图形。

绘制结果如图 4-126 所示。

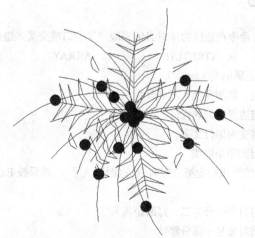

图 4-126　平面配景图形

4.8.3 绘制餐桌和椅子

1. 目的要求

本实例利用一些如"矩形""圆弧"等基础绘图命令绘制图形，再利用一些如"偏移""移动""镜像"等基础的修改命令修改图形，从而使读者灵活掌握这些绘图及修改命令的使用方法。

2. 操作提示

（1）利用"矩形"命令绘制桌面。

（2）利用"圆弧""直线""偏移""镜像"等命令绘制椅子。

（3）利用"移动""镜像""复制"等命令创建其余的椅子，最终完成餐桌与椅子的绘制。

绘制结果如图 4-127 所示。

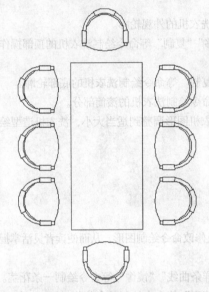

图 4-127　餐桌和椅子

4.9　思考与练习

1. 下列命令中，（　　）命令在选择物体时必须采取交叉窗口或交叉多边形窗口进行选择。

   A. LENGTHEN   B. STRETCH   C. ARRAY   D. MIRROR

2. 关于分解命令，描述正确的是（　　）。

   A. 分解对象后，颜色、线型和线宽不会改变

   B. 图像分解后图案与边界的关联性仍然存在

   C. 多行文字分解后将变为单行文字

   D. 构造线分解后可得到两条射线

3. 在进行打断操作时，系统要求指定第二打断点，这时输入了@，然后按 Enter 键结束，其结果是（　　）。

   A. 没有实现打断

   B. 在第一打断点处将对象一分为二，打断距离为零

   C. 从第一打断点处将对象另一部分删除

   D. 系统要求指定第二打断点

4. 下列命令中，（　　　）可以用来去掉图形中不需要的部分？

    A. 删除 　　　　　　　　B. 清除 　　　　　　　　C. 修剪 　　　　　　　　D. 放弃

5. 在圆心（70,100）处绘制半径为 10 的圆，将圆进行矩形阵列，行之间距离为-30，行数为 3，列之间距离为 50，列数为 2，阵列角度为 10，阵列后第 2 列第 3 行圆的圆心坐标为（　　　）。

    A.（119.2404,108.6824） 　　　　　　　　B.（129.6593,49.5939）

    C.（124.4498,79.1382） 　　　　　　　　D.（80.4189,40.9115）

6. 在利用"修剪"命令对图形进行修剪时，有时无法实现，试分析可能的原因。

7. 绘制图 4-128 所示的组合沙发。

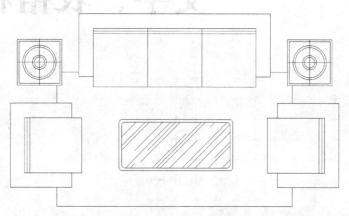

图 4-128　组合沙发

第5章

文字、表格和尺寸

■ 文字注释是图形中很重要的一部分内容，在进行各种设计时，通常不仅要绘出图形，还要在图形中标注一些文字。图表在 AutoCAD 图形中也有大量的应用，如明细表、参数表和标题栏等。尺寸标注是绘图设计过程中相当重要的一个环节。

5.1 文字

在工程制图中，文字标注往往是必不可少的环节。AutoCAD 2016 提供了文字相关命令来进行文字的输入与标注。

5.1.1 文字样式

AutoCAD 2016 提供了"文字样式"对话框，通过该对话框可方便直观地设置需要的文字样式，或对已有的样式进行修改。

1. 执行方式

命令行：STYLE。

菜单栏："格式"→"文字样式"。

工具栏："文字"→"文字样式" A。

功能区："默认"→"注释"→"文字样式" A 或"注释"→"文字"→"对话框启动器" 。

执行上述操作之一后，系统弹出"文字样式"对话框，如图 5-1 所示。

图 5-1 "文字样式"对话框

2. 选项说明

（1）"字体"选项组：确定字体样式。在 AutoCAD 中，除了固有的 SHX 字体外，还可以使用 TrueType 字体（如宋体、楷体、italic 等）。一种字体可以设置不同的效果从而被多种文字样式使用。

（2）"大小"选项组：用来确定文字样式使用的字体文件、字体风格及字高等。该选项组有以下复选框和文本框。

- "注释性"复选框：指定文字为注释性文字。
- "使文字方向与布局匹配"复选框：指定图纸空间视口中的文字方向与布局方向匹配。如果取消选中"注释性"复选框，则该选项不可用。
- "高度"文本框：如果在"高度"文本框中输入一个数值，则它将作为添加文字时的固定字高，在用 TEXT 命令输入文字时，AutoCAD 将不再提示输入字高参数。如果在该文本框中设置字高为 0，文字默认值为 0.2 高度，AutoCAD 则会在每一次创建文字时提示输入字高参数。

（3）"效果"选项组：用于设置字体的特殊效果。该选项组有以下复选框和文本框。

- "颠倒"复选框：选中该复选框，表示将文本文字倒置标注，如图 5-2（a）所示。

- "反向"复选框：确定是否将文本文字反向标注。图 5-2（b）所示为这种标注的效果。
- "垂直"复选框：确定文本是水平标注还是垂直标注。选中该复选框为垂直标注，否则为水平标注，如图 5-3 所示。

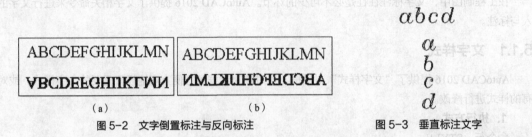

（a）   （b）

图 5-2　文字倒置标注与反向标注   图 5-3　垂直标注文字

- "宽度因子"文本框：用于设置宽度系数，确定文本字符的宽高比。当宽度因子为 1 时，表示将按字体文件中定义的宽高比标注文字；小于 1 时文字会变窄，反之变宽。
- "倾斜角度"文本框：用于确定文字的倾斜角度。角度为 0 时不倾斜，为正时向右倾斜，为负时向左倾斜。

5.1.2　单行文本标注

1．执行方式

命令行：TEXT 或 DTEXT。

菜单栏："绘图"→"文字"→"单行文字"。

工具栏："文字"→"单行文字" A。

功能区："默认"→"注释"→"单行文字" A 或"注释"→"文字"→"单行文字" A。

执行上述操作之一后，选择相应的菜单项或在命令行中输入"TEXT"，命令行中的提示如下：

```
命令：_text
当前文字样式：Standard   当前文字高度：0.2000 注释性：否
指定文字的起点或[对正(J)/样式(S)]：
```

2．选项说明

（1）指定文字的起点：在此提示下直接在绘图区拾取一点作为文本的起始点。利用 TEXT 命令也可创建多行文本，只是这种多行文本每一行都是一个对象，因此不能对多行文本同时进行操作，但可以单独修改每一单行的文字样式、字高、旋转角度和对齐方式等。

（2）对正（J）：在命令行中输入"J"，用来确定文本的对齐方式。对齐方式决定文本的哪一部分与所选的插入点对齐。

（3）样式（S）：指定文字样式，文字样式决定文字字符的外观。创建的文字使用当前文字样式。实际绘图时，有时需要标注一些特殊字符，如直径符号、上划线或下划线、温度符号等，由于这些符号不能直接从键盘上输入，AutoCAD 提供了一些控制码，用来实现这些要求。控制码用两个百分号（%%）加一个字符构成，常用的控制码如表 5-1 所示。

表 5-1　AutoCAD 常用控制码

符号	功能	符号	功能
%%o	上划线	\U+0278	电相位
%%u	下划线	\U+E101	流线
%%d	"度数"符号	\U+2261	标识

续表

符号	功能	符号	功能
%%p	"正/负"符号	\U+E102	界碑线
%%c	"直径"符号	\U+2260	不相等
%%%	百分号（%）	\U+2126	欧姆
\U+2248	几乎相等	\U+03A9	欧米加
\U+2220	角度	\U+214A	地界线
\U+E100	边界线	\U+2082	下标 2
\U+2104	中心线	\U+00B2	平方
\U+0394	差值		

其中，%%o 和%%u 分别是上划线和下划线的开关，第一次出现此符号时开始画上划线和下划线，第二次出现此符号时上划线和下划线终止。例如，在"输入文字:"提示后输入"I want to %%u go to Beijing%%u."，则得到如图 5-4（a）所示的文本行，输入 "50%%d+%%c75%%p12"，则得到图 5-4（b）所示的文本行。

I want to <u>go to Beijing</u>.   50°+⌀75±12

（a）   （b）

图 5-4　文本行

用 TEXT 命令可以创建一个或若干个单行文本，也就是说用此命令可以用于标注多行文本。在"输入文字:"提示下输入一行文本后按 Enter 键，用户可输入第二行文本，依此类推，直到文本全部输入完，再在此提示下按 Enter 键，结束文本输入命令。每按一次 Enter 键就结束一个单行文本的输入。

用 TEXT 命令创建文本时，在命令行中输入的文字同时显示在屏幕上，而且在创建过程中可以随时改变文本的位置，只要将光标移到新的位置后单击，则当前行结束，随后输入的文本出现在新的位置上。用这种方法可以把多行文本标注在屏幕的任何地方。

5.1.3　多行文本标注

1. 执行方式

命令行：MTEXT。

菜单栏："绘图"→"文字"→"多行文字"。

工具栏："绘图"→"多行文字" A 或"文字"→"多行文字" A。

功能区："默认"→"注释"→"多行文字" A 或 "注释"→"文字"→"多行文字" A。

执行上述操作之一后，命令行中提示如下：

```
命令:_mtext
当前文字样式:"Standard"   当前文字高度:1.9122  注释性:否
指定第一角点:（指定矩形框的第一个角点）
指定对角点或[高度(H)/对正(J)/行距(L)/旋转(R)/样式(S)/宽度(W)/栏(C)]:
```

2. 选项说明

（1）指定对角点：直接在屏幕上拾取一个点作为矩形框的第二个角点，AutoCAD 以这两个点为对角点形成一个矩形区域，其宽度作为将来要标注的多行文本的宽度，而且第一个点作为第一行文本顶线的起点。响应后系统弹出图 5-5 所示的"文字编辑器"选项卡和多行文字编辑器，可利用此编辑器输入多行文本并对其格式进行设置。

（2）对正（J）：确定所标注文本的对齐方式。

这些对齐方式与 TEXT 命令中的各对齐方式相同，在此不再重复。选择一种对齐方式后按 Enter 键，

AutoCAD 回到上一级提示。

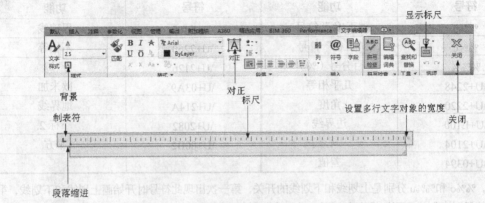

图 5-5 "文字编辑器"选项卡和多行文字编辑器

（3）行距（L）：确定多行文本的行间距，这里所说的行间距是指相邻两文本行的基线之间的垂直距离。选择此选项，命令行中提示如下：

输入行距类型[至少(A)/精确(E)]<至少(A)>：

在此提示下有两种方式确定行间距，即"至少"方式和"精确"方式。"至少"方式下 AutoCAD 根据每行文本中最大的字符自动调整行间距；"精确"方式下 AutoCAD 给多行文本赋予一个固定的行间距。可以直接输入一个确切的间距值，也可以输入"nx"的形式，其中"n"是一个具体数，表示行间距设置为单行文本高度的 n 倍，而单行文本高度是本行文本字符高度的 1.66 倍。

（4）旋转（R）：确定文本行的倾斜角度。选择此选项，命令行中提示如下：

指定旋转角度<0>：（输入倾斜角度）

输入角度值后按Enter键，返回到"指定对角点或 [高度(H)/对正(J)/行距(L)/旋转(R)/样式(S)/宽度(W)]："提示

（5）样式（S）：确定当前的文字样式。

（6）宽度（W）：指定多行文本的宽度。可在屏幕上拾取一点，将其与前面确定的第一个角点组成的矩形框的宽度作为多行文本的宽度，也可以输入一个数值，精确设置多行文本的宽度。

在创建多行文本时，只要给定了文本行的起始点和宽度后，AutoCAD 就会打开图 5-5 所示的多行文字编辑器，该编辑器包括一个"文字格式"对话框和一个快捷菜单。用户可以在编辑器中输入和编辑多行文本，包括设置字高、文字样式以及倾斜角度等。

该编辑器与 Microsoft 的 Word 编辑器界面类似，事实上该编辑器与 Word 编辑器在某些功能上趋于一致。

（7）栏（C）：可以将多行文字对象的格式设置为多栏。可以指定栏和栏之间的宽度、高度及栏数，以及使用夹点编辑栏宽和栏高。其中提供了 3 个栏选项，即"不分栏""静态栏""动态栏"。

"文字编辑器"选项卡中显示了"格式"面板，其各项的意义与"文字格式"工具栏相似。

"格式"面板用来控制文本的显示特性，可以在输入文本之前设置文本的特性，也可以改变已输入文本的特性。要改变已有文本的显示特性，首先应选中要修改的文本，选择文本有以下 3 种方法：

① 将光标定位到文本开始处，按住鼠标左键，将光标拖到文本末尾。

② 双击某一个字，则该字被选中。

③ 三击鼠标，则选中全部内容。

下面介绍"格式"面板中部分选项的功能。

• "文字高度"下拉列表框：用于确定文本的字符高度，可在其中直接输入新的字符高度，也可在该下拉列表中选择已设定的高度。

• "粗体"按钮 **B** 和"斜体"按钮 *I*：用于设置粗体和斜体效果。这两个按钮只对 TrueType 字体有效。

- "下划线"按钮 U 和"上划线"按钮 O̅：用于设置或取消上（下）划线。
- "堆叠"按钮 ⅄：该按钮为层叠/非层叠文本按钮，用于层叠所选的文本，也就是创建分数形式。当文本中某处出现"/"、"^"或"#"这 3 种层叠符号之一时可层叠文本，方法是选中需层叠的文字，然后单击此按钮，则符号左边的文字作为分子，右边文字作为分母进行层叠。
- "倾斜角度"文本框 0/：用于设置文本的倾斜角度。
- "符号"按钮 @：用于输入各种符号。单击该按钮，系统弹出符号列表，如图 5-6 所示。用户可以从中选择符号输入到文本中。
- "插入字段"按钮 ：用于插入一些常用或预设字段。单击该按钮，系统弹出"字段"对话框，如图 5-7 所示，用户可以从中选择字段插入到标注文本中。

图 5-6　符号列表

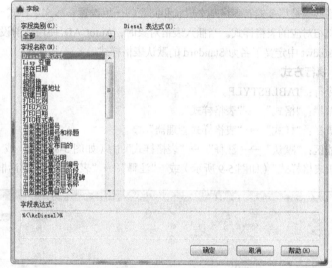

图 5-7　"字段"对话框

- "追踪"文本框 a·b：用于增大或减小选定字符之间的距离。1.0 是常规间距，设置为大于 1.0 可增大间距，设置为小于 1.0 可减小间距。
- "宽度比例"文本框 O：用于扩展或收缩选定字符。1.0 代表此字体中字母的常规宽度。可以增大该宽度或减小该宽度。
- "栏"下拉列表 ：显示栏菜单，该菜单中提供 5 个栏选项，即"不分栏""静态栏""动态栏""插入分栏符""分栏设置"。
- "多行文字对正"下拉列表 ：显示"多行文字对正"菜单，并且有 9 个对齐选项可用。"左上"为默认。

5.1.4　文本编辑

进行文本编辑的执行方式如下。

命令行：DDEDIT。

菜单栏："修改"→"对象"→"文字"→"编辑"。

工具栏："文字"→"编辑" 。

执行上述操作之一后，命令行中的提示如下：

命令：DDEDIT↙
选择注释对象或[放弃(U)]:

要求选择想要修改的文本，同时光标变为拾取框。单击选择对象，如果选择的文本是用 TEXT 命令创建的单行文本，则亮显该文本，此时可对其进行修改；如果选择的文本是用 MTEXT 命令创建的多行文本，选择后则打开多行文字编辑器，可根据前面的介绍对各项设置或内容进行修改。

5.2 表格

使用 AutoCAD 提供的表格功能，创建表格就变得非常容易，用户可以直接插入设置好样式的表格，而不用由单独的图线重新绘制。

5.2.1 定义表格样式

表格样式是用来控制表格基本形状和间距的一组设置。和文字样式一样，所有 AutoCAD 图形中的表格都有和其相对应的表格样式。当插入表格对象时，AutoCAD 使用当前设置的表格样式。模板文件 acad.dwt 和 acadiso.dwt 中定义了名为 Standard 的默认表格样式。

1. 执行方式

命令行：TABLESTYLE。

菜单栏："格式"→"表格样式"。

工具栏："样式"→"表格样式管理器" 💬 。

功能区："默认"→"注释"→"表格样式" 🔢 （如图 5-8 所示）或"注释"→"表格"→"表格样式"→"管理表格样式"（如图 5-9 所示）或 "注释"→"表格"→"对话框启动器" ↘ 。

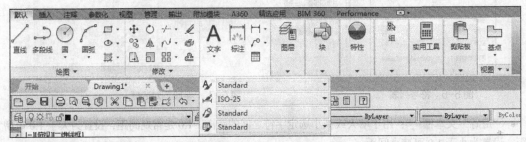

图 5-8 "注释"面板

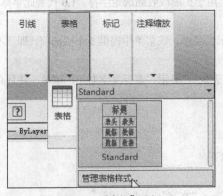

图 5-9 "表格"面板

执行上述操作之一后，弹出"表格样式"对话框，如图 5-10 所示。单击"新建"按钮，弹出"创建新的表格样式"对话框，如图 5-11 所示。输入新的表格样式名后，单击"继续"按钮，弹出"新建表格样式：Standard 副本"对话框，如图 5-12 所示，从中可以定义新的表格样式。

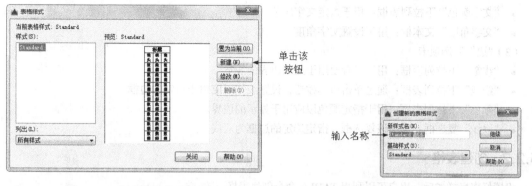

图 5-10 "表格样式"对话框   图 5-11 "创建新的表格样式"对话框

"新建表格样式：Standard 副本"对话框中有 3 个选项卡，即"常规""文字""边框"，分别用于控制表格中数据、表头和标题的有关参数，如图 5-13 所示。

图 5-12 "新建表格样式：Standard 副本"对话框

图 5-13 表格样式

2. 选项说明

（1）"常规"选项卡

① "特性"选项组

- "填充颜色"下拉列表框：用于指定填充颜色。
- "对齐"下拉列表框：用于为单元内容指定一种对齐方式。
- "格式"选项框：用于设置表格中各行的数据类型和格式。
- "类型"下拉列表框：将单元样式指定为标签或数据，在包含起始表格的表格样式中插入默认文字时使用。也用于在工具选项板上创建表格工具。

② "页边距"选项组

- "水平"文本框：设置单元中的文字或块与左右单元边界之间的距离。
- "垂直"文本框：设置单元中的文字或块与上下单元边界之间的距离。
- "创建行/列时合并单元"复选框：将使用当前单元样式创建的所有新行或列合并到一个单元中。

（2）"文字"选项卡

- "文字样式"下拉列表框：用于指定文字样式。
- "文字高度"文本框：用于指定文字高度。

- "文字颜色"下拉列表框：用于指定文字颜色。
- "文字角度"文本框：用于设置文字角度。
（3）"边框"选项卡
- "线宽"下拉列表框：用于设置要用于显示边界的线宽。
- "线型"下拉列表框：通过单击边框按钮，设置线型以应用于指定的边框。
- "颜色"下拉列表框：用于指定颜色以应用于显示的边界。
- "双线"复选框：选中该复选框，指定选定的边框为双线。

5.2.2 创建表格

设置好表格样式后，用户可以利用 TABLE 命令创建表格。

1. 执行方式

命令行：TABLE。

菜单栏："绘图"→"表格"。

工具栏："绘图"→"表格" 📖。

执行上述操作之一后，弹出"插入表格"对话框，如图 5-14 所示。

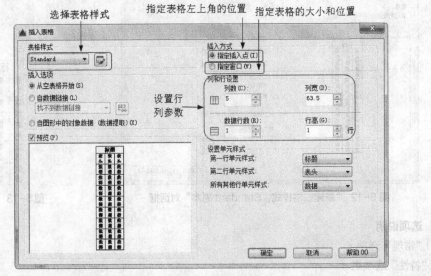

图 5-14 "插入表格"对话框

2. 选项说明

（1）"表格样式"选项组

可以在下拉列表框中选择一种表格样式，也可以单击右侧的"启动'表格样式'对话框"按钮 ，新建或修改表格样式。

（2）"插入方式"选项组

- "指定插入点"单选按钮：用于指定表格左上角的位置。可以使用定点设备，也可以在命令行中输入坐标值。如果表样式将表的方向设置为由下而上读取，则插入点位于表的左下角。
- "指定窗口"单选按钮：用于指定表格的大小和位置。可以使用定点设备，也可以在命令行中输入坐标值。选中该单选按钮时，行数、列数、列宽和行高取决于窗口的大小以及列和行的设置。

（3）"列和行设置"选项组

指定列和行的数目以及列宽与行高。

在"插入表格"对话框中进行相应的设置后，单击"确定"按钮，系统在指定的插入点处自动插入一个空表格，并显示"文字编辑器"选项卡，用户可以逐行逐列输入相应的文字或数据，如图 5-15 所示。

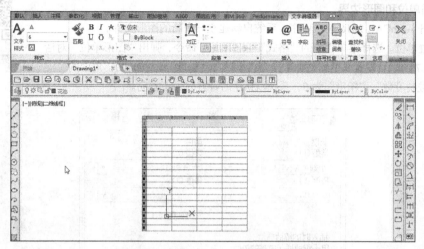

图 5-15　空表格和"文字编辑器"选项卡

5.2.3　表格文字编辑

1. 执行方式

命令行：TABLEDIT。

快捷菜单：选定表的一个或多个单元后单击鼠标右键，在弹出的快捷菜单中选择"编辑文字"命令。

定点设备：在表格单元内双击。

2. 操作步骤

执行上述操作之一后，弹出多行文字编辑器，用户可以对指定单元格中的文字进行编辑。

在 AutoCAD 2016 中，可以在表格中插入简单的公式，用于求和、计数和计算平均值，以及定义简单的算术表达式。要在选定的单元格中插入公式，需在单元格中单击鼠标右键，在弹出的快捷菜单中选择"插入点"→"公式"命令。也可以使用多行文字编辑器输入公式。选择一个公式项后，命令行中的提示如下：

选择表单元范围的第一个角点：（在表格内指定一点）
选择表单元范围的第二个角点：（在表格内指定另一点）

5.2.4　实例——A3 建筑图纸样板图形

设置单位、图形边界及文本样式后利用"矩形"和"直线"命令绘制图框线和标题栏，再利用"表格"命令绘制会签栏。绘制流程图如图 5-16 所示。

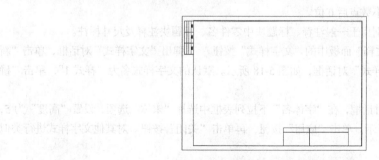

图 5-16　绘制 A3 建筑图纸样板图形

操作步骤（光盘\动画演示\第 5 章\A3 建筑图纸样板图形.avi）：

下面绘制一个建筑样板图形，具有自己的图标栏和会签栏。具体操作步骤如下：

A3 建筑图纸样板
图形

1. 设置单位和图形边界

（1）打开 AutoCAD 2016 应用程序，系统自动建立一个新的图形文件。

（2）设置单位。选择菜单栏中的"格式"→"单位"命令，弹出"图形单位"对话框，如图 5-17 所示。设置长度的"类型"为"小数"，"精度"为 0.0000；角度的"类型"为"十进制度数"，"精度"为 0，系统默认逆时针方向为正方向。

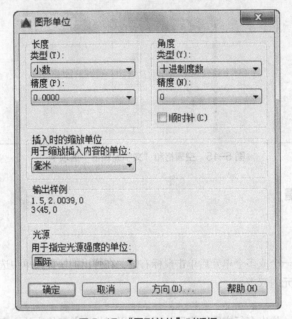

图 5-17 "图形单位"对话框

（3）设置图形边界。国标对图纸的幅面大小作了严格规定，在这里，按国标 A3 图纸幅面设置图形边界。A3 图纸的幅面为 420mm×297mm，命令行提示如下：

命令：LIMITS↙
重新设置模型空间界限：
指定左下角点或 [开(ON)/关(OFF)] <0.0000,0.0000>：↙
指定右上角点 <12.0000,9.0000>：420,297↙

2. 设置文本样式

下面列出一些本练习中的格式，请按如下约定进行设置：文本高度一般注释为 7mm，零件名称为 10mm，图标栏和会签栏中的其他文字为 5mm，尺寸文字为 5mm；线型比例为 1，图纸空间线型比例为 1；单位为十进制，尺寸小数点后 0 位，角度小数点后 0 位。

可以生成 4 种文字样式，分别用于一般注释、标题块中零件名、标题块注释及尺寸标注。

（1）单击"默认"选项卡"注释"面板中的"文字样式"按钮 A，弹出"文字样式"对话框，单击"新建"按钮，系统弹出"新建文字样式"对话框，如图 5-18 所示。默认的文字样式名为"样式 1"，单击"确认"按钮退出。

（2）系统返回"文字样式"对话框，在"字体名"下拉列表框中选择"宋体"选项，设置"高度"为 5，"宽度因子"为 0.7，如图 5-19 所示。单击"应用"按钮，再单击"关闭"按钮。对其他文字样式进行类似的设置。

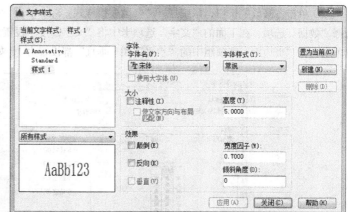

图 5-18 "新建文字样式"对话框

图 5-19 "文字样式"对话框

3. 绘制图框线和标题栏

（1）单击"默认"选项卡"绘图"面板中的"矩形"按钮口，两个角点的坐标分别为（25,10）和（410,287），绘制一个 420mm×297mm（A3 图纸大小）的矩形作为图纸范围，如图 5-20 所示（外框表示设置的图纸范围）。

（2）单击"默认"选项卡"绘图"面板中的"直线"按钮，绘制标题栏。坐标分别为{（230,10）、（230,50）、（410,50）}，{（280,10）、（280,50）}，{（360,10）、（360,50）}，{（230,40）、（360,40）}，如图 5-21 所示（说明：大括号中的数值表示一条独立连续线段的端点坐标值）。

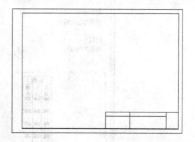

图 5-20 绘制图框线

图 5-21 绘制标题栏

4. 绘制会签栏

（1）单击"默认"选项卡"注释"面板中的"表格样式"按钮，弹出"表格样式"对话框，如图 5-22 所示。

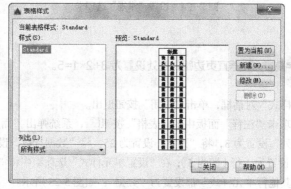

图 5-22 "表格样式"对话框

（2）单击"修改"按钮，系统打开"修改表格样式：Standard"对话框，在"单元样式"下拉列表框中选择"数据"选项，在下面的"文字"选项卡中将"文字高度"设置为3，如图5-23所示。再打开"常规"选项卡，将"页边距"选项组中的"水平"和"垂直"都设置为1，如图5-24所示。

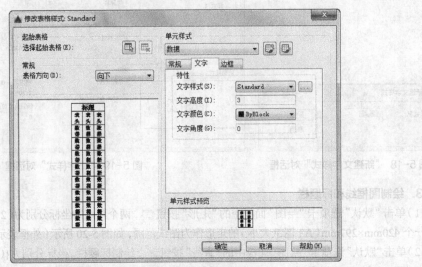

图 5-23 "修改表格样式：Standard"对话框

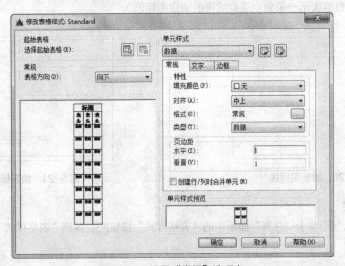

图 5-24 设置"常规"选项卡

说明

表格的行高=文字高度+2×垂直页边距，此处设置为3+2×1=5。

（3）系统回到"表格样式"对话框，单击"关闭"按钮退出。

（4）单击"默认"选项卡"注释"面板中的"表格"按钮▦，系统弹出"插入表格"对话框，在"列和行设置"选项组中将"列"设置为3，将"列宽"设置为25，将"数据行数"设置为2（加上标题行和表头行共4行），将"行高"设置为1行（即为5）；在"设置单元样式"选项组中将"第一行单元样式"与"第二行单元样式"和"所有其他行单元样式"都设置为"数据"，如图5-25所示。

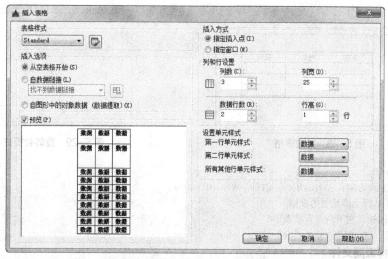

图5-25 "插入表格"对话框

（5）在图框线左上角指定表格位置，系统生成表格，同时打开多行文字编辑器，如图5-26所示，在各格依次输入文字，如图5-27所示。最后按Enter键或单击多行文字编辑器上的"确定"按钮，生成表格如图5-28所示。

（6）单击"默认"选项卡"修改"面板中的"旋转"按钮（此命令会在以后讲述），把会签栏旋转-90°，结果如图5-29所示。这就得到了一个样板图形，带有自己的图标栏和会签栏，命令行提示如下：

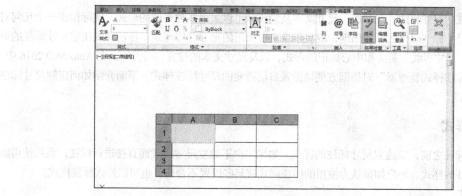

图5-26 生成表格

图5-27 输入文字

图 5-28　完成表格

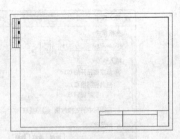

图 5-29　旋转会签栏

```
命令：_rotate
UCS 当前的正角方向：　ANGDIR=逆时针　ANGBASE=0
选择对象：（选择上部绘制的表格）
指定基点：（以矩形左下角点为基点）
指定旋转角度，或 [复制(C)/参照(R)] <0>：　-90
```

5. 保存为样板图文件

样板图及其环境设置完成后，可以将其保存为样板图文件。选择"快速访问"工具栏中的"保存"按钮 🖫，弹出"图形另存为"对话框。在"文件类型"下拉列表框中选择"AutoCAD 图形样板（*.dwt）"选项，输入文件名为"A3"，单击"保存"按钮保存文件。

下次绘图时，可以打开该样板图文件，在此基础上开始绘图。

5.3　尺寸标注

组成尺寸标注的尺寸界线、尺寸线、尺寸文本及箭头等可以采用多种多样的形式，实际标注一个几何对象的尺寸时，其尺寸标注以什么形态出现，取决于当前所采用的尺寸标注样式。标注样式决定尺寸标注的形式，包括尺寸线、尺寸界线、箭头和中心标记的形式，以及尺寸文本的位置、特性等。在 AutoCAD 2016 中，用户可以利用"标注样式管理器"对话框方便地设置自己需要的尺寸标注样式。下面介绍如何定制尺寸标注样式。

5.3.1　尺寸样式

在进行尺寸标注之前，要建立尺寸标注的样式。如果用户不建立尺寸样式而直接进行标注，系统使用默认名称为 Standard 的样式。用户如果认为使用的标注样式有某些设置不合适，也可以修改标注样式。

1. 执行方式

命令行：DIMSTYLE。

菜单栏："格式"→"标注样式"或"标注"→"标注样式"。

工具栏："标注"→"标注样式" 🖾。

功能区："默认"→"注释"→"标注样式" 🖾。

2. 操作步骤

执行上述操作之一后，弹出"标注样式管理器"对话框，如图 5-30 所示。利用此对话框可方便直观地设置和浏览尺寸标注样式，包括建立新的标注样式、修改已存在的样式、设置当前尺寸标注样式、重命名样式以及删除一个已存在的样式等。

3. 选项说明

（1）"置为当前"按钮：单击该按钮，可把在"样式"列表框中选中的样式设置为当前样式。

（2）"新建"按钮：定义一个新的尺寸标注样式。单击该按钮，弹出"创建新标注样式"对话框，如图

5-31 所示。利用此对话框可创建一个新的尺寸标注样式。

（3）"修改"按钮：修改一个已存在的尺寸标注样式。单击该按钮，弹出"修改标注样式"对话框，该对话框中的各选项与"创建新标注样式"对话框中的完全相同，用户可以对已有标注样式进行修改。

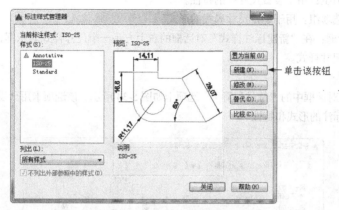

图 5-30 "标注样式管理器"对话框

图 5-31 "创建新标注样式"对话框

（4）"替代"按钮：设置临时覆盖尺寸标注样式。单击该按钮，弹出"替代当前样式：ISO-25"对话框，如图 5-32 所示。用户可改变选项的设置覆盖原来的设置，但这种修改只对指定的尺寸标注起作用，而不影响当前尺寸变量的设置。

（5）"比较"按钮：比较两个尺寸标注样式在参数上的区别或浏览一个尺寸标注样式的参数设置。单击该按钮，弹出"比较标注样式"对话框，如图 5-33 所示。可以把比较结果复制到剪贴板上，然后再粘贴到其他的 Windows 应用软件上。

图 5-32 "替代当前样式：ISO-25"对话框

图 5-33 "比较标注样式"对话框

下面对"新建标注样式"对话框中的主要选项卡进行简要说明。

（1）线

"新建标注样式"对话框中的"线"选项卡用于设置尺寸线、尺寸界线的形式和特性。现分别进行说明。

- "尺寸线"选项组：用于设置尺寸线的特性。
- "尺寸界线"选项组：用于确定尺寸界线的形式。
- 尺寸样式显示框：在"新建标注样式"对话框的右上方是一个尺寸样式显示框，该显示框以样例的形式显示用户设置的尺寸样式。

（2）符号和箭头

"新建标注样式"对话框中的"符号和箭头"选项卡如图 5-34 所示。该选项卡用于设置箭头、圆心标记、弧长符号和半径折弯标注的形式和特性。

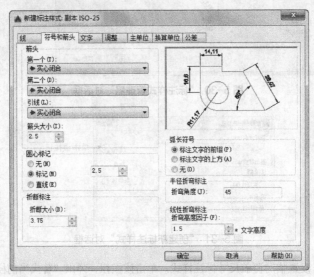

图 5-34 "符号和箭头"选项卡

- "箭头"选项组：用于设置尺寸箭头的形式。系统提供了多种箭头形状，列在"第一个"和"第二个"下拉列表中。另外，还允许采用用户自定义的箭头形状。两个尺寸箭头可以采用相同的形式，也可以采用不同的形式。一般建筑制图中的箭头采用建筑标记样式。
- "圆心标记"选项组：用于设置半径标注、直径标注、中心标注中的中心标记和中心线的形式。相应的尺寸变量是 DIMCEN。
- "弧长符号"选项组：用于控制弧长标注中圆弧符号的显示。
- "折断标注"选项组：控制折断标注的间隙宽度。
- "半径折弯标注"选项组：控制半径折弯标注的显示。
- "线性折弯标注"选项组：控制线性折弯标注的显示。

（3）文字

"新建标注样式"对话框中的"文字"选项卡如图 5-35 所示。该选项卡用于设置尺寸文本的形式、位置和对齐方式等。

- "文字外观"选项组：用于设置文字的样式、颜色、填充颜色、高度、分数高度比例以及文字是否带边框。
- "文字位置"选项组：用于设置文字的位置是垂直还是水平，以及从尺寸线偏移的距离。
- "文字对齐"选项组：用于控制尺寸文本排列的方向。当尺寸文本在尺寸界线之内时，与其对应的尺寸变量是 DIMTIH；当尺寸文本在尺寸界线之外时，与其对应的尺寸变量是 DIMTOH。

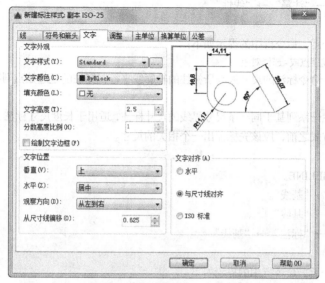

图 5-35 "文字"选项卡

5.3.2 尺寸标注

正确地进行尺寸标注是设计绘图工作中非常重要的一个环节，AutoCAD 2016 提供了方便快捷的尺寸标注方法，可通过执行命令实现，也可利用菜单或工具按钮来实现。本节将重点介绍如何对各种类型的尺寸进行标注。

1. 线性标注

（1）执行方式

命令行：DIMLINEAR（快捷命令为 DIMLIN）。

菜单栏："标注" → "线性"。

工具栏："标注" → "线性" ⊢。

功能区："默认" → "注释" → "线性" ⊢。

（2）操作步骤

执行上述操作之一后，命令行中的提示如下：

指定第一个尺寸界线原点或 <选择对象>：

（3）选项说明

在此提示下有两种选择，直接按 Enter 键选择要标注的对象或确定尺寸界线的起始点。

- 直接按 Enter 键：光标变为拾取框，命令行中的提示如下：

选择标注对象：

用拾取框拾取要标注尺寸的线段，命令行中的提示如下：

指定尺寸线位置或[多行文字(M)/文字(T)/角度(A)/水平(H)/垂直(V)/旋转(R)]：

- 指定第一个尺寸界线原点：指定第一条与第二条尺寸界线的起始点。

2. 对齐标注

（1）执行方式

命令行：DIMALIGNED。

菜单栏："标注" → "对齐"。

工具栏："标注" → "对齐" 　。

功能区："默认" → "注释" → "线性" 　。

（2）操作步骤

执行上述操作之一后，命令行中的提示如下：

指定第一个尺寸界线原点或<选择对象>：

使用"对齐标注"命令标注的尺寸线与所标注的轮廓线平行，标注的是起始点到终点之间的距离尺寸。

3. 基线标注

基线标注用于产生一系列基于同一条尺寸界线的尺寸标注，适用于长度尺寸标注、角度标注和坐标标注等。在使用基线标注方式之前，应该先标注出一个相关的尺寸。

（1）执行方式

命令行：DIMBASELINE。

菜单栏："标注" → "基线"。

工具栏："标注" → "基线" 　。

功能区："注释" → "标注" → "基线" 　。

（2）操作步骤

执行上述操作之一后，命令行中的提示如下：

指定第二条尺寸界线原点或[放弃(U)/选择(S)]<选择>：

（3）选项说明

① 指定第二条延伸线原点：直接确定另一个尺寸的第二条尺寸界线的起点，以上次标注的尺寸为基准标注出相应的尺寸。

② 选择（S）：在上述提示下直接按 Enter 键，命令行中的提示与操作如下：

选择基准标注：（选择作为基准的尺寸标注）

4. 连续标注

连续标注又叫尺寸链标注，用于产生一系列连续的尺寸标注，后一个尺寸标注均把前一个标注的第二条尺寸界线作为它的第一条尺寸界线。适用于长度尺寸标注、角度标注和坐标标注等。在使用连续标注方式之前，应该先标注出一个相关的尺寸。

（1）执行方式

命令行：DIMCONTINUE。

菜单栏："标注" → "连续"。

工具栏："标注" → "连续" 　。

功能区："注释" → "标注" → "基线" 　。

（2）操作步骤

执行上述操作之一后，命令行中的提示如下：

指定第二条尺寸界线原点或[放弃(U)/选择(S)]<选择>：

此提示下的各选项与基线标注中的选项完全相同，在此不再赘述。

5. 引线标注

AutoCAD 提供了引线标注功能，利用该功能不仅可以标注特定的尺寸，如圆角、倒角等，还可以在图中添加多行旁注、说明。在引线标注中，指引线可以是折线，也可以是曲线；指引线端部可以有箭头，也可以没有箭头。

利用 QLEADER 命令可快速生成指引线及注释，而且可以通过命令行优化对话框进行用户自定义，由此可以消除不必要的命令行提示，获得最高的工作效率。

（1）执行方式

命令行：QLEADER。

（2）操作步骤

执行上述操作后，命令行中的提示如下：

指定第一个引线点或[设置(S)]<设置>：

（3）选项说明

① 指定第一个引线点

根据命令行中的提示确定一点作为指引线的第一点，命令行中的提示如下：

指定下一点：（输入指引线的第二点）
指定下一点：（输入指引线的第三点）

AutoCAD 提示用户输入点的数目由"引线设置"对话框确定，如图 5-36 所示。输入指引线的点后，命令行中的提示如下：

指定文字宽度<0.0000>：（输入多行文本的宽度）
输入注释文字的第一行<多行文字(M)>：

图 5-36 "引线设置"对话框

此时，有以下两种方式进行输入选择。

• 输入注释文字的第一行：在命令行中输入第一行文本。此时，命令行中的提示如下：

输入注释文字的下一行：（输入另一行文本）
输入注释文字的下一行：（输入另一行文本或按Enter键）

• 多行文字（M）：打开多行文字编辑器，输入、编辑多行文字。输入全部注释文本后直接按 Enter 键，系统结束 QLEADER 命令，并把多行文本标注在指引线的末端附近。

② 设置（S）

在上面的命令行提示下直接按 Enter 键或输入"S"，弹出"引线设置"对话框，允许对引线标注进行设置。该对话框中包含"注释""引线和箭头"和"附着"3 个选项卡，下面分别进行介绍。

• "注释"选项卡：用于设置引线标注中注释文本的类型、多行文本的格式并确定注释文本是否多次使用。

• "引线和箭头"选项卡：用于设置引线标注中引线和箭头的形式，如图 5-37 所示。其中，"点数"选项组用于设置执行 QLEADER 命令时提示用户输入点的数目。例如，设置点数为 3，执行 QLEADER 命令时当用户在提示下指定 3 个点后，AutoCAD 自动提示用户输入注释文本。

需要注意的是，设置的点数要比用户希望的指引线段数多 1。如果选中"无限制"复选框，AutoCAD 会一直提示用户输入点直到连续按 Enter 键两次为止。"角度约束"选项组用于设置第一段和第二段指引线的角度约束。

• "附着"选项卡：用于设置注释文本和指引线的相对位置，如图 5-38 所示。如果最后一段指引线指向右边，系统自动把注释文本放在右侧；如果最后一段指引线指向左边，系统自动把注释文本放在左侧。利用该选项卡中左侧和右侧的单选按钮，可以分别设置位于左侧和右侧的注释文本与最后一段指引线的相对位置，两者可相同也可不同。

图 5-37 "引线和箭头"选项卡

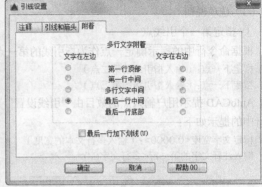

图 5-38 "附着"选项卡

5.4 综合实例——标注别墅首层平面图

在别墅的首层平面图中，标注主要包括 5 部分，即轴线编号、平面标高、尺寸标注、文字标注以及指北针和剖切符号的标注。

打开随书光盘中的"源文件\3\别墅首层平面图"，如图 5-39 所示。

下面将依次介绍这 5 种标注方式的绘制方法。绘制流程图如图 5-40 所示。

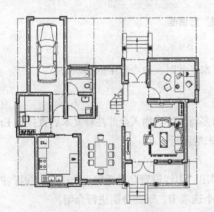

图 5-39 别墅首层平面图

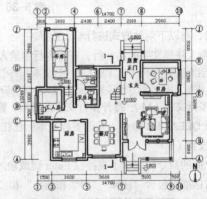

图 5-40 标注别墅首层平面图

操作步骤（光盘\动画演示\第 5 章\标注别墅首层平面图.avi）：

5.4.1 轴线编号

在平面形状较简单或对称的房屋中，平面图的轴线编号一般标注在图形的下方及左侧。对于较复杂或不对称的房屋，图形上方和右侧也可以标注。在本例中，由于平面形状不对称，因此需要在上、下、左、右 4 个方向均标注轴线编号。

（1）单击"默认"选项卡"图层"面板中的"图层特性"按钮╛，打开"图层特性管理器"对话框，打开"轴线"图层，使其保持可见；创建新图层，将其命名为"轴线编号"，并将其设置为当前图层，如图 5-41 所示。

标注别墅首层
平面图

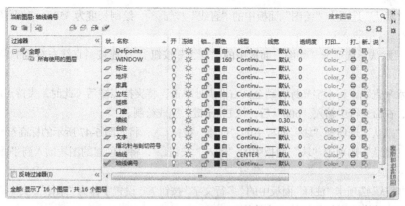

图 5-41　设置图层

（2）单击"默认"选项卡"绘图"面板中的"直线"按钮，以轴线端点为绘制直线的起点，竖直向下绘制长为 3000mm 的短直线，完成第一条轴线延长线的绘制。

（3）单击"默认"选项卡"绘图"面板中的"圆"按钮，以已绘的一根轴线延长线端点作为圆心，绘制半径为 350mm 的圆；单击"默认"选项卡"修改"面板中的"移动"按钮，向下移动所绘圆，移动距离为 350mm，如图 5-42 所示。

（4）重复上述步骤，完成其他轴线延长线及编号圆的绘制。

（5）单击"默认"选项卡"注释"面板中的"多行文字"按钮 A，设置字体为"仿宋_GB2312"，文字高度为 300mm；在每个轴线端点处的圆内输入相应的轴线编号，如图 5-43 所示。

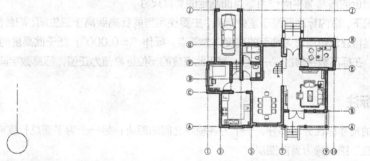

图 5-42　绘制第一条轴线的延长线及编号圆　　　　图 5-43　添加轴线编号

 说明

平面图上水平方向的轴线编号用阿拉伯数字从左向右依次编写；垂直方向的编号用大写英文字母自下而上顺次编号。I、O 及 Z 这个字母不得作轴线编号，以免与数字 1、0 及 2 混淆。

如果两条相邻轴线间距较小而导致它们的编号有重叠时，可以通过"移动"命令将这两条轴线的编号分别向两侧移动少许距离。

5.4.2　平面标高

建筑物中的某一部分与所确定的标准基点的高度差称为该部位的标高，在图纸中通常用标高符号结合数字来表示。建筑制图标准规定，标高符号应以直角等腰三角形表示，如图 5-44 所示。

（1）选择"标注"图层，将其设置为当前图层。

（2）单击"默认"选项卡"绘图"面板中的"直线"按钮，绘制长度为350mm的两条斜直线，其角度135°和45°。

（3）单击"默认"选项卡"绘图"面板中的"直线"按钮，连接斜直线左右两个端点，绘制水平直线。

（4）单击水平直线，将十字光标移动至其右端点处单击，将夹持点激活（此时，夹持点成红色），然后向右移动鼠标，在命令行中输入"600"后，按 Enter 键，完成绘制。

（5）单击"默认"选项卡"块"面板中的"创建"按钮，将如图 5-47 所示的标高符号定义为图块。

（6）单击"默认"选项卡"块"面板中的"插入"按钮，将已创建的图块插入到平面图中需要标高的位置。

（7）单击"默认"选项卡"注释"面板中的"多行文字"按钮 **A**，设置字体为"宋体"，文字高度为 300mm，在标高符号的长直线上方添加具体的标注数值。

图 5-45 所示为台阶处室外地面标高。

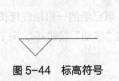

图 5-44　标高符号

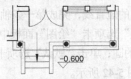

图 5-45　台阶处室外地面标高

 说明

一般来说，在平面图上绘制的标高反映的是相对标高，而不是绝对标高。绝对标高指的是以我国青岛市附近的黄海海平面作为零点面测定的高度尺寸。

通常情况下，室内标高要高于室外标高，主要使用房间标高要高于卫生间、阳台标高。在绘图中，常见的是将建筑首层室内地面的高度设为零点，标作"±0.000"；低于此高度的建筑部位标高值为负值，在标高数字前加"–"号；高于此高度的部位标高值为正值，标高数字前不加任何符号。

5.4.3　尺寸标注

本例中采用的尺寸标注分两部分，一个为各轴线之间的距离；另一个为平面总长度或总宽度。

（1）将"标注"图层置为当前图层。

（2）设置标注样式。具体操作步骤如下。

① 单击"默认"选项卡"注释"面板中的"标注样式"按钮，打开"标注样式管理器"对话框，如图 5-46 所示。单击"新建"按钮，打开"创建新标注样式"对话框，在"新样式名"文本框中输入"平面标注"，如图 5-47 所示。

② 单击"继续"按钮，打开"新建标注样式：平面标注"对话框，进行以下设置。

③ 选择"符号和箭头"选项卡，在"箭头"选项组中的"第一个"和"第二个"下拉列表框中均选择"建筑标记"选项，在"引线"下拉列表框中选择"实心闭合"选项，在"箭头大小"数值框中输入"100"，如图 5-48 所示。

④ 选择"文字"选项卡，在"文字外观"选项组的"文字高度"数值框中输入"300"，如图 5-49 所示。

⑤ 单击"确定"按钮，回到"标注样式管理器"对话框。在"样式"列表框中激活"平面标注"样式，单击"置为当前"按钮，如图 5-50 所示。单击"关闭"按钮，完成标注样式的设置。

（3）单击"默认"选项卡"注释"面板中的"线性"按钮和"连续"按钮，标注相邻两轴线之间的距离。

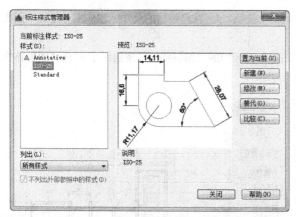

图 5-46 "标注样式管理器"对话框

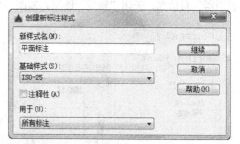

图 5-47 "创建新标注样式"对话框

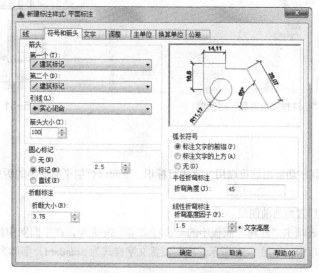

图 5-48 "符号和箭头"选项卡

图 5-49 "文字"选项卡

（4）单击"默认"选项卡"注释"面板中的"线性"按钮┝┥，在已绘制的尺寸标注外侧对建筑平面横向和纵向的总长度进行尺寸标注。

（5）完成尺寸标注后，单击"默认"选项卡"图层"面板中的"图层特性"按钮，打开"图层特性管理器"对话框，关闭"轴线"图层，如图 5-51 所示。

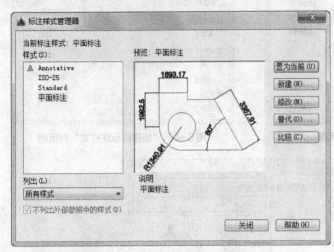

图 5-50　"标注样式管理器"对话框

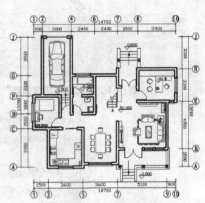

图 5-51　添加尺寸标注

5.4.4　文字标注

在平面图中，各房间的功能用途可以用文字进行标识。下面以首层平面图中的厨房为例，介绍文字标注的具体方法。

（1）将"文字"图层置为当前图层。

（2）单击"默认"选项卡"注释"面板中的"多行文字"按钮 A，在平面图中指定文字插入位置后，打开"文字编辑器"选项卡，如图 5-52 所示。在其设置文字样式为 Standard，字体为"仿宋_GB2312"，文字高度为 300mm。

（3）在文字编辑框中输入文字"厨房"，并拖动"宽度控制"滑块来调整文本框的宽度，然后单击"确定"按钮，完成该处的文字标注。

文字标注结果如图 5-53 所示。

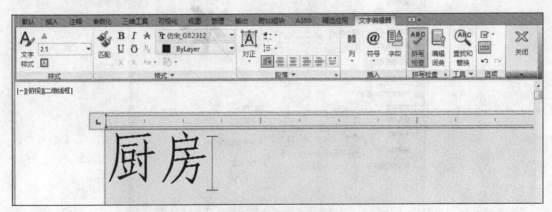

图 5-52　文字编辑器

5.4.5 绘制指北针和剖切符号

在建筑首层平面图中应绘制指北针以标明建筑方位。如果需要绘制建筑的剖面图，则还应在首层平面图中画出剖切符号以标明剖面剖切位置。

下面将分别介绍平面图中指北针和剖切符号的绘制方法。

图 5-53　标注厨房文字

1. 绘制指北针

（1）单击"默认"选项卡"图层"面板中的"图层特性"按钮 ，打开"图层特性管理器"对话框，创建新图层，将新图层命名为"指北针与剖切符号"，并将其设置为当前图层。

（2）单击"默认"选项卡"绘图"面板中的"圆"按钮 ，绘制直径为 1200mm 的圆。

（3）单击"默认"选项卡"绘图"面板中的"直线"按钮 ，绘制圆的垂直方向直径作为辅助线。

（4）单击"默认"选项卡"修改"面板中的"偏移"按钮 ，将辅助线分别向左右两侧偏移，偏移量均为 75mm。

（5）单击"默认"选项卡"绘图"面板中的"直线"按钮 ，将两条偏移线与圆的下方交点同辅助线上端点连接起来；单击"默认"选项卡"修改"面板中的"删除"按钮 ，删除 3 条辅助线（原有辅助线及两条偏移线），得到一个等腰三角形，如图 5-54 所示。

（6）单击"默认"选项卡"绘图"面板中的"图案填充"按钮 ，打开"图案填充创建"选项卡，选择填充类型为"预定义"，"图案"为 SOLID，对所绘的等腰三角形进行填充。

（7）单击"默认"选项卡"注释"面板中的"多行文字"按钮 A，设置文字高度为 500mm，在等腰三角形上端顶点的正上方书写大写的英文字母"N"，标示平面图的正北方向，如图 5-55 所示。

图 5-54　圆与三角形

图 5-55　指北针

2. 绘制剖切符号

（1）单击"默认"选项卡"绘图"面板中的"直线"按钮 ，在平面图中绘制剖切面的定位线，并使得该定位线两端伸出被剖切外墙面的距离均为 1000mm，如图 5-56 所示。

（2）单击"默认"选项卡"绘图"面板中的"直线"按钮 ，分别以剖切面定位线的两端点为起点，向剖面图投影方向绘制剖视方向线，长度为 500mm。

（3）单击"默认"选项卡"绘图"面板中的"圆"按钮 ，分别以定位线两端点为圆心，绘制两个半径为 700mm 的圆。

（4）单击"默认"选项卡"修改"面板中的"修剪"按钮 ，修剪两圆之间的投影线条，然后删除两圆，得到两条剖切位置线。

（5）将剖切位置线和剖视方向线的线宽都设置为 0.30mm。

（6）单击"默认"选项卡"注释"面板中的"多行文字"按钮 A，设置文字高度为 300mm，在平面图两侧剖视方向线的端部书写剖面剖切符号的编号为"1"，如图 5-57 所示，完成首层平面图中剖切符号的绘制。最终标注效果如图 5-58 所示。

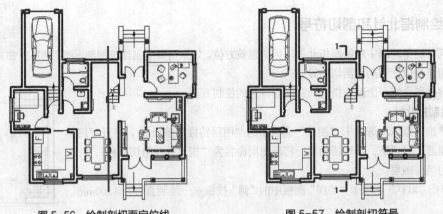

| 图 5-56 绘制剖切面定位线 | 图 5-57 绘制剖切符号 |

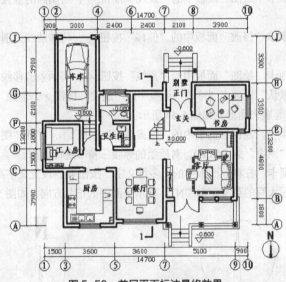

图 5-58 首层平面标注最终效果

说明

剖面的剖切符号，应由剖切位置线及剖视方向线组成，均应以粗实线绘制。剖视方向线应垂直于剖切位置线且长度应短于剖切位置线，绘图时，剖面剖切符号不宜与图面上的图线相接触。

剖面剖切符号的编号，宜采用阿拉伯数字，按顺序由左至右、由下至上连续编排，并应注写在剖视方向线的端部。

5.5 操作与实践

通过本章的学习，读者对文本和尺寸标注、表格的绘制、查询工具的使用、图块的应用等知识有了大致的了解，本节通过几个操作练习使读者进一步掌握本章知识要点。

5.5.1 创建灯具规格表

1. 目的要求

本例在定义了表格样式后再利用"表格"命令绘制表格，最后将表格内容添加完整，如图 5-59 所示。

通过本例的练习，读者应掌握表格的创建方法。

主要灯具表						
序号	图例	名　称	型　号　规　格	单位	数量	备　注
1	▣	地埋灯	70WX1	套	120	
2	☖	投光灯	120WX1	套	26	照树投光灯
3	⌖	投光灯	150WX1	套	68	硬雕塑投光灯
4	⌖	庭灯	250WX1	套	36	H=12.0m
5	⊗	广场灯	250WX1	套	4	H=12.0m
6	⊛	庭院灯	1400WX1	套	66	H=4.0m
7	⊕	草坪灯	50WX1	套	130	H=1.0m
8	▦	定制台式工艺灯	方钢架圆底色喷漆1500X1800X900　节能灯　27WX2	套	32	
9	⏀	水中灯	J12V100WX1	套	75	
10						
11						

图 5-59　灯具规格表

2. 操作提示

（1）定义表格样式。

（2）创建表格。

（3）添加表格内容。

5.5.2　标注居室平面图

1. 目的要求

设置标注样式是标注尺寸的首要工作，一般可以根据图形的需要对标注样式的各个选项进行细致的设置，从而进行尺寸的标注。本实践通过对标注样式的设置以及对图形尺寸的标注过程，使读者灵活掌握尺寸标注的方法。

2. 操作提示

（1）利用一些基础绘图命令绘制居室平面图。

（2）设置尺寸标注样式。

（3）利用"线性""连续"命令标注水平轴线及竖向轴线的尺寸。

（4）利用"线性"命令标注细部及总尺寸。

绘制结果如图 5-60 所示。

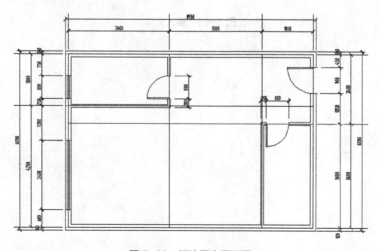

图 5-60　标注居室平面图

5.6　思考与练习

1. 在多行文字"特性"选项板中，可以查看并修改多行文字对象的对象特性，其中对仅适用于文字的特性，下列说法错误的是（　　　）。

　　A. 行距选项控制文字行之间的空间大小

　　B. 背景中只能插入透明背景，因此文字下的对象不会被遮住

　　C. 宽度定义边框的宽度，因此控制文字自动换行到新行的位置

　　D. 对正确定文字相对于边框的插入位置，并设置输入文字时文字的走向

2. 当文字在尺寸界线内时，文字与尺寸线对齐；当文字在尺寸界线外时，文字水平排列，该文字对齐方式为（　　　）。

　　A. 水平　　　　　　　　B. 与尺寸线对齐　　　　　C. ISO 标准　　　　　　D. JIS 标准

3. 在设置文字样式的时候，设置了文字的高度，其效果是（　　　）。

　　A. 在输入单行文字时，可以改变文字高度　　　　B. 在输入单行文字时，不可以改变文字高度

　　C. 在输入多行文字时，不能改变文字高度　　　　D. 都能改变文字高度

4. 在标注样式设置中，将调整下的"使用全局比例"值增大，将（　　　）。

　　A. 使所有标注样式设置增大　　　　　　　　　　B. 使全图的箭头增大

　　C. 使标注的测量值增大　　　　　　　　　　　　D. 使尺寸文字增大

5. 新建一个标注样式，此标注样式的基准标注为（　　　）。

　　A. ISO-25　　　　　　　　　　　　　　　　　　B. 当前标注样式

　　C. 命名最靠前的标注样式　　　　　　　　　　　D. 应用最多的标注样式

6. 尺寸公差中的上下偏差可以在线性标注的（　　　）堆叠起来。

　　A. 多行文字　　　　　　B. 文字　　　　　　　　C. 角度　　　　　　　　D. 水平

7. 定义一个名为 USER 的文字样式，将字体设置为楷体，字体高度设为 5，颜色设为红色，倾斜角度设为 15°，并在矩形内输入图 5-61 所示的内容。

欢迎使用AutoCAD 2016中文版

图 5-61　输入文本

第6章

辅助工具

■ 在绘图设计过程中，经常会遇到一些重复出现的图形（如建筑设计中的桌椅、门窗等），如果每次都重新绘制这些图形，不仅会造成大量的重复工作，而且存储这些图形及其信息也会占据相当大的磁盘空间。图块与设计中心提出了模块化绘图的方法，这样不仅避免了大量的重复工作，提高了绘图速度和工作效率，而且还可以大大节省磁盘空间。本章主要介绍图块和设计中心功能，主要内容包括图块操作、图块属性、设计中心、工具选项板等知识。

6.1 查询工具

为方便用户及时了解图形信息，AutoCAD 提供了很多查询工具，这里简要进行说明。

6.1.1 距离查询

1. 执行方式

命令行：**MEASUREGEOM**。

菜单栏："工具"→"查询"→"距离"。

工具栏："查询"→"距离" 🚍。

功能区："默认"→"实用工具"→"距离" 🚍。

2. 操作步骤

命令：MEASUREGEOM

输入选项 [距离(D)/半径(R)/角度(A)/面积(AR)/体积(V)] <距离>：

指定第一点：

指定第二个点或 [多个点(M)]：

距离 = 65.3123，xy 平面中的倾角 = 0， 与 xy 平面的夹角 = 0

x 增量 = 65.3123， y 增量 = 0.0000， z 增量 = 0.0000

输入选项 [距离(D)/半径(R)/角度(A)/面积(AR)/体积(V)/退出(X)] <距离>：

3. 选项说明

多个点（M）：如果使用此选项，将基于现有直线段和当前橡皮线即时计算总距离。

6.1.2 面积查询

1. 执行方式

命令行：**MEASUREGEOM**。

菜单栏："工具"→"查询"→"面积"。

工具栏："查询"→"面积" 🔲。

2. 操作步骤

命令：MEASUREGEOM

输入选项 [距离(D)/半径(R)/角度(A)/面积(AR)/体积(V)] <距离>：AR

指定第一个角点或 [对象(O)/增加面积(A)/减少面积(S)/退出(X)] <对象（O）>：选择选项

3. 选项说明

在工具选项板中，系统设置了一些常用图形的选项卡，这些选项卡可以方便用户绘图。

指定第一个角点：计算由指定点所定义的面积和周长。

增加面积（A）：打开"加"模式，并在定义区域时即时保持总面积。

减少面积（S）：从总面积中减去指定的面积。

6.2 图块及其属性

把一组图形对象组合成图块加以保存，需要时可以把图块作为一个整体以任意比例和旋转角度插入到图中任意位置，这样不仅避免了大量的重复工作，提高绘图速度和工作效率，而且可大大节省磁盘空间。

6.2.1　图块操作

1. 图块定义

（1）执行方式

命令行：BLOCK。

菜单栏："绘图"→"块"→"创建"。

工具栏："绘图"→"创建块"。

功能区："默认"→"块"→"创建"按钮。

（2）操作步骤

执行上述操作之一后，系统弹出图 6-1 所示的"块定义"对话框，利用该对话框指定定义对象和基点以及其他参数，可定义图块并命名。

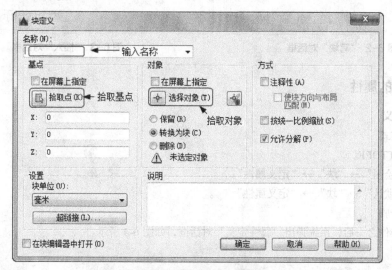

图 6-1　"块定义"对话框

2. 图块保存

（1）执行方式

命令行：WBLOCK。

（2）操作步骤

执行上述命令后，系统弹出图 6-2 所示的"写块"对话框。利用该对话框可把图形对象保存为图块或把图块转换成图形文件。

3. 图块插入

（1）执行方式

命令行：INSERT。

菜单栏："插入"→"块"。

工具栏："插入"→"插入块"或"绘图"→"插入块"。

功能区："默认"→"块"→"插入"按钮。

（2）操作步骤

执行上述操作之一后，系统弹出"插入"对话框，如图 6-3 所示。利用该对话框设置插入点位置、插入比例以及旋转角度可以指定要插入的图块及插入位置。

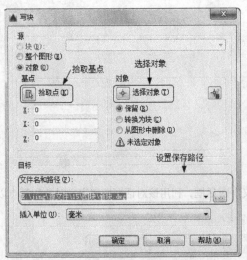

图 6-2 "写块"对话框

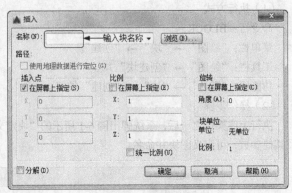

图 6-3 "插入"对话框

6.2.2 图块的属性

1. 属性定义

（1）执行方式

命令行：ATTDEF。

菜单栏："绘图"→"块"→"定义属性"。

功能区："默认"→"块"→"定义属性" 🏷️。

（2）操作步骤

执行上述操作之一后，系统弹出"属性定义"对话框，如图 6-4 所示。

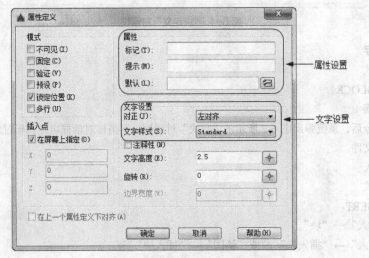

图 6-4 "属性定义"对话框

（3）选项说明

① "模式"选项组

● "不可见"复选框：选中此复选框，属性为不可见显示方式，即插入图块并输入属性值后，属性值在图中并不显示出来。

- "固定"复选框：选中此复选框，属性值为常量，即属性值在属性定义时给定，在插入图块时 AutoCAD 不再提示输入属性值。
- "验证"复选框：选中此复选框，当插入图块时 AutoCAD 重新显示属性值让用户验证该值是否正确。
- "预设"复选框：选中此复选框，当插入图块时 AutoCAD 自动把事先设置好的默认值赋予属性，而不再提示输入属性值。
- "锁定位置"复选框：选中此复选框，当插入图块时 AutoCAD 锁定块参照中属性的位置。解锁后，属性可以相对于使用夹点编辑的块的其他部分移动，并且可以调整多行属性的大小。
- "多行"复选框：指定属性值可以包含多行文字。

② "属性"选项组

- "标记"文本框：输入属性标签。属性标签可由除空格和感叹号以外的所有字符组成。AutoCAD 自动把小写字母改为大写字母。
- "提示"文本框：输入属性提示。属性提示是插入图块时 AutoCAD 要求输入属性值的提示。如果不在此文本框内输入文本，则以属性标签作为提示。如果在"模式"选项组中选中"固定"复选框，即设置属性为常量，则不需设置属性提示。
- "默认"文本框：设置默认的属性值。可把使用次数较多的属性值作为默认值，也可不设默认值。

其他各选项组比较简单，这里不再赘述。

2. 修改属性定义

（1）执行方式

命令行：DDEDIT。

菜单栏："修改" → "对象" → "文字" → "编辑"。

（2）操作步骤

命令：DDEDIT
选择注释对象或[放弃(U)]:

在此提示下选择要修改的属性定义，AutoCAD 打开"编辑属性定义"对话框，如图 6-5 所示。可以在该对话框中修改属性定义。

图 6-5 "编辑属性定义"对话框

3. 图块属性编辑

（1）执行方式

命令行：EATTEDIT。

菜单栏："修改" → "对象" → "属性" → "单个"。

工具栏："修改 II" → "编辑属性" 。

功能区："默认" → "块" → "编辑属性" 。

（2）操作步骤

命令：EATTEDIT

选择块：

选择块后，系统弹出"增强属性编辑器"对话框，如图 6-6 所示。该对话框不仅可以编辑属性值，还可以编辑属性的文字选项和图层、线型、颜色等特性值。

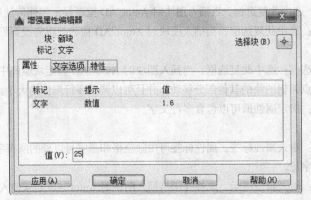

图 6-6 "增强属性编辑器"对话框

6.2.3 实例——绘制指北针图块

本实例应用二维绘图及编辑命令绘制指北针，利用写块命令，将其定义为图块。绘制流程图如图 6-7 所示。

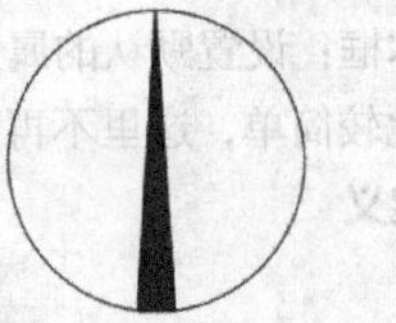

图 6-7 绘制指北针图块　　绘制指北针图块

操作步骤（光盘\动画演示\第 6 章\绘制指北针图块.avi）：

（1）单击"默认"选项卡"绘图"面板中的"圆"按钮⊙，绘制一个直径为 24mm 的圆。

（2）单击"默认"选项卡"绘图"面板中的"直线"按钮／，绘制圆的竖直直径。结果如图 6-8 所示。

（3）单击"默认"选项卡"修改"面板中的"偏移"按钮▣，使直径向左右两边各偏移 1.5mm。结果如图 6-9 所示。

（4）单击"默认"选项卡"修改"面板中的"修剪"按钮／，选取圆作为修剪边界，修剪偏移后的直线。

（5）单击"默认"选项卡"绘图"面板中的"直线"按钮／，绘制直线。结果如图 6-10 所示。

图 6-8 绘制竖直直线

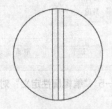
图 6-9 偏移直线

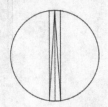
图 6-10 绘制直线

（6）单击"默认"选项卡"修改"面板中的"删除"按钮✎，删除多余直线。

（7）单击"默认"选项卡"绘图"面板中的"图案填充"按钮▨，选择图案填充选项板的 Solid 图标，选择指针作为图案填充对象进行填充。结果如图 6-7 所示。

（8）在命令行中输入"WBLOCK"，弹出"写块"对话框，如图 6-11 所示。单击"拾取点"按钮▣，拾取指北针的顶点为基点，单击"选择对象"按钮❖，拾取下面的图形为对象，输入图块名称"指北针图块"并指定路径，确认保存。

图 6-11 "写块"对话框

6.3 设计中心与工具选项板

使用 AutoCAD 2016 设计中心可以很容易地组织设计内容，并把它们拖动到当前图形中。工具选项板是"工具选项板"窗口中选项卡形式的区域，提供组织、共享和放置块及填充图案的有效方法。工具选项板还可以包含由第三方开发人员提供的自定义工具。也可以利用设置中心组织内容，并将其创建为工具选项板。设计中心与工具选项板的使用大大方便了绘图，加快了绘图的效率。

6.3.1 设计中心

1. 启动设计中心

（1）执行方式

命令行：ADCENTER。

菜单栏："工具"→"选项板"→"设计中心"。

工具栏："标准"→"设计中心" ⊞。

组合键：Ctrl+2。

功能区："视图"→"选项板"→"设计中心" ⊞。

（2）操作步骤

执行上述操作之一后，系统打开设计中心。第一次启动设计中心时，其默认打开的选项卡为"文件夹"。内容显示区采用大图标显示，左边的资源管理器采用 Tree View 显示方式显示系统的树形结构，浏览资源的同时，在内容显示区显示所浏览资源的有关细目或内容，如图 6-12 所示。也可以搜索资源，方法与 Windows 资源管理器类似。

2. 利用设计中心插入图形

设计中心一个最大的优点是可以将系统文件夹中的 DWG 图形当成图块插入到当前图形中去。

（1）从查找结果列表框中选择要插入的对象，并双击该对象。

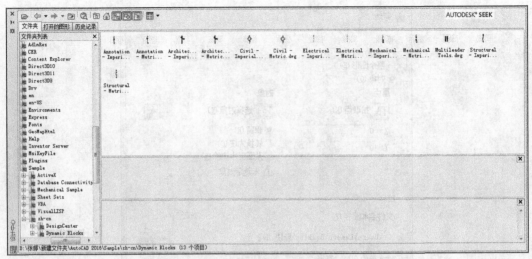

图 6-12　AutoCAD 2016 设计中心的资源管理器和内容显示区

（2）弹出"插入"对话框，如图 6-13 所示。

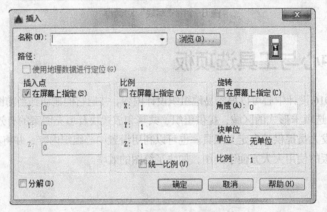

图 6-13　"插入"对话框

（3）在对话框中设置插入点、比例和旋转角度等数值。

被选择的对象根据指定的参数插入图形当中。

6.3.2　工具选项板

1. 打开工具选项板

（1）执行方式

命令行：TOOLPALETTES。

菜单栏："工具"→"选项板"→"工具选项板"。

工具栏："标准"→"工具选项板窗口" 🔲 。

组合键：Ctrl+3。

功能区："视图"→"选项板"→"工具选项板" 🔲 。

（2）操作步骤

执行上述操作之一后，系统自动弹出"工具选项板"对话框，如图 6-14 所示。单击鼠标右键，在系统弹出的快捷菜单中选择"新建选项板"命令，如图 6-15 所示。系统新建一个空白选项卡，可以命名该选项卡，如图 6-16 所示。

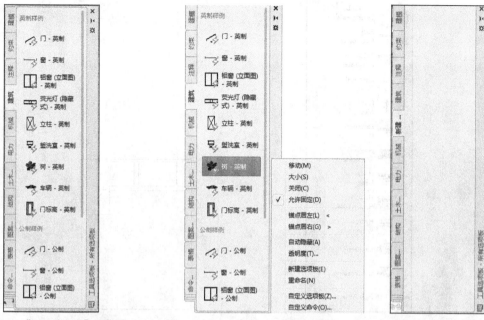

图 6-14 "工具选项板"对话框 图 6-15 快捷菜单 图 6-16 新建选项板

2. 将设计中心内容添加到工具选项板

在 DesignCenter 文件夹上单击鼠标右键，系统打开快捷菜单，从中选择"创建块的工具选项板"命令，如图 6-17 所示。设计中心中储存的图元就出现在工具选项板中新建的 DesignCenter 选项卡上，如图 6-18 所示。这样就可以将设计中心与工具选项板结合起来，建立一个快捷方便的工具选项板。

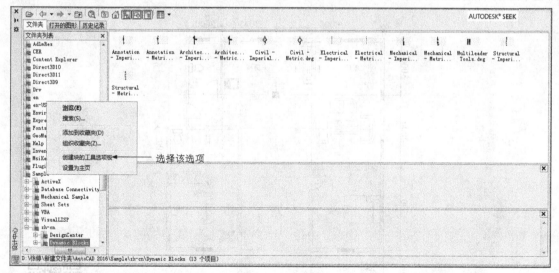

图 6-17 快捷菜单

3. 利用工具选项板绘图

只需要将工具选项板中的图形单元拖动到当前图形，该图形单元就以图块的形式插入当前图形中。图 6-19 所示是将工具选项板中"建筑"选项卡中的"床—双人床"图形单元拖到当前图形。

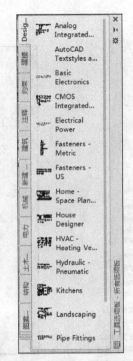

图 6-18　创建工具选项板

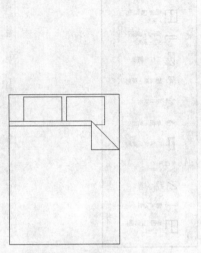

图 6-19　双人床

6.4　综合实例——绘制居室室内布置平面图

　　本实例利用"直线""圆弧"等命令绘制主图平面图，再利用设计中心和工具选项板辅助绘制居室室内布置平面图，如图 6-20 所示。

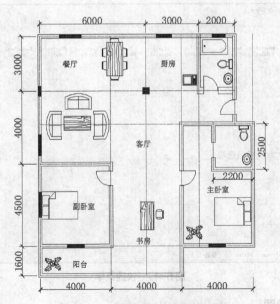

图 6-20　绘制居室室内布置平面图

绘制居室室内布置
平面图

操作步骤（光盘\动画演示\第 6 章\绘制居室室内布置平面图.avi）：

6.4.1 绘制建筑主体图

单击"默认"选项卡"绘图"面板中的"直线"按钮 / 和"圆弧"按钮 / ,绘制建筑主体图,或者直接打开源文件\第 6 章\居室平面图,结果如图 6-21 所示。

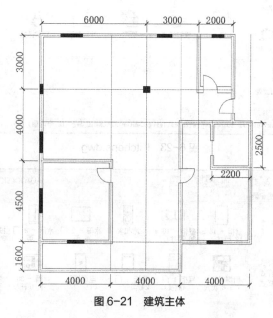

图 6-21 建筑主体

6.4.2 启动设计中心

启动设计中的操作步骤如下。

(1)单击"视图"选项卡"选项板"面板中的"设计中心"按钮 ▦ ,出现图 6-22 所示的"设计中心"对话框,其中左侧为"资源管理器"。

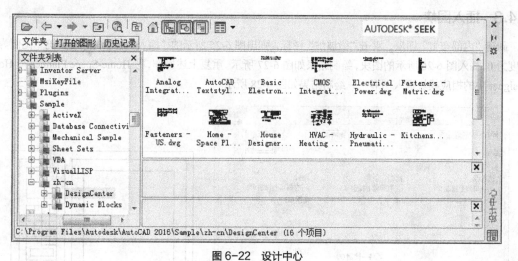

图 6-22 设计中心

(2)双击左侧的 Kitchens.dwg,弹出图 6-23 所示的对话框。单击右侧的块图标 🖫 ,出现图 6-24 所示的厨房设计常用的燃气灶、水龙头、橱柜和微波炉等模块。

图 6-23 Kitchens.dwg

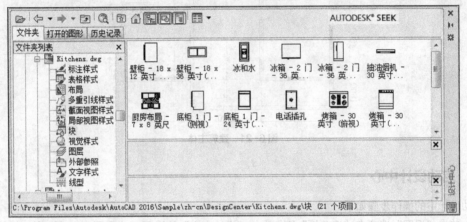

图 6-24 图形模块

6.4.3 插入图块

新建"内部布置"图层，双击"微波炉"图标，弹出图 6-25 所示的"插入"对话框，设置统一比例为 1，角度为 0，插入图 6-26 所示的图块，绘制结果如图 6-27 所示。重复上述操作，把 Home-Space Planner 与 House Designer 中的相应模块插入图形中，绘制结果如图 6-28 所示。

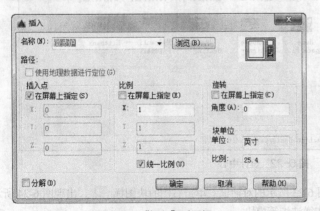

图 6-25 "插入"对话框

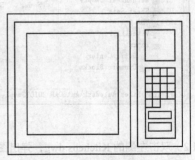

图 6-26 插入的图块

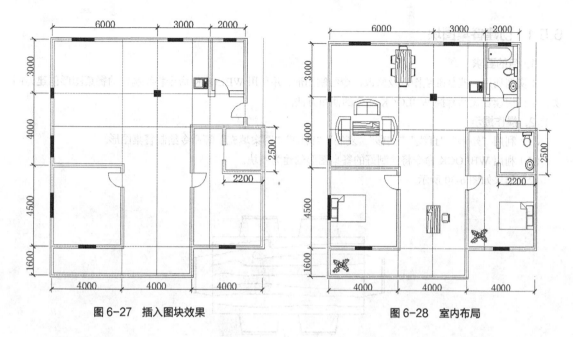

图 6-27　插入图块效果　　　　　　　　图 6-28　室内布局

6.4.4　标注文字

　　单击"默认"选项卡"注释"面板中的"多行文字"按钮 **A**，在"客厅""厨房"等位置输入相应的名称，结果如图 6-29 所示。

图 6-29　居室室内布置平面图

6.5　操作与实践

　　通过前面的学习，读者对本章知识也有了大体的了解，本节通过几个操作练习使读者进一步掌握本章知识要点。

6.5.1 创建餐桌图块

1. 目的要求

本实例利用一些基础绘图以及修改命令绘制图形，并利用 WBLOCK 命令将绘制好的餐桌图形创建为图块，从而使读者灵活掌握 WBLOCK 命令的使用方法。

2. 操作提示

（1）利用"矩形""直线""偏移""复制""镜像""图案填充"等命令绘制餐桌图形。

（2）利用 WBLOCK 命令将绘制好的餐桌图形创建为图块。

绘制结果如图 6-30 所示。

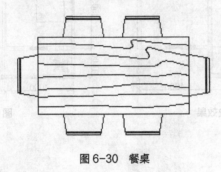

图 6-30　餐桌

6.5.2 绘制居室布置平面图

1. 目的要求

本实例利用设计中心创建新的工具选项板，再将所需图块插入到平面图中，完成居室布置平面图，如图 6-31 所示。从而使读者灵活掌握设计中心及工具选项板的使用。

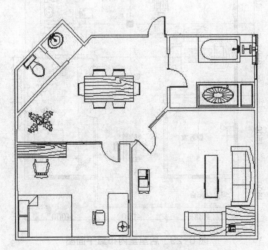

图 6-31　居室布置平面图

2. 操作提示

（1）利用前面学过的绘图命令与编辑命令绘制住房结构截面图。

（2）创建新的工具选项卡。

（3）将所需图块插入到平面图中。

6.6　思考与练习

1. 关于块说法正确的是（　　）。

    A. 块只能在当前文档中使用

    B. 只有用 WBLOCK 命令写到盘上的块才可以插入另一图形文件中

    C. 任何一个图形文件都可以作为块插入另一幅图中

    D. 用 BLOCK 命令定义的块可以直接通过 INSERT 命令插入到任何图形文件中

2. 删除块属性时，（　　）。

    A. 块属性不能删除

    B. 可以从块定义和当前图形现有的块参照中删除属性，删除的属性会立即从绘图区域中消失

    C. 可以从块中删除所有的属性

    D. 如果需要删除所有属性，则需要重定义块

3. 下列哪些方法能插入创建好的块（　　）。

    A. 从 Windows 资源管理器中将图形文件图标拖放到 AutoCAD 绘图区域插入块

    B. 从设计中心插入块

    C. 用"粘贴"命令 PASTECLIP 插入块

    D. 用"插入"命令 INSERT 插入块

4. 在设计中心中打开图形错误的方法是（　　）。

    A. 在设计中心内容区中的图形图标上单击鼠标右键，单击"在应用程序窗口中打开"选项

    B. 按住 Ctrl 键，同时将图形图标从设计中心内容区拖至绘图区域

    C. 将图形图标从设计中心内容区拖动到应用程序窗口绘图区域以外的任何位置

    D. 将图形图标从设计中心内容区拖动到绘图区域中

5. 利用设计中心不可能完成的操作是（　　）。

    A. 根据特定的条件快速查找图形文件

    B. 打开所选的图形文件

    C. 将某一图形中的块通过鼠标拖动添加到当前图形中

    D. 删除图形文件中未使用的命名对象，如块定义、标注样式、图层、线型和文字样式等

6. 关于向工具选项板中添加工具的操作，（　　）是错误的。

    A. 可以将光栅图像拖动到工具选项板

    B. 可以将图形、块和图案填充从设计中心拖至工具选项板

    C. 使用"剪切""复制""粘贴"可以将一个工具选项板中的工具移动或复制到另一个工具选项板中

    D. 可以从下拉菜单中将菜单拖动到工具选项板

7. 什么是工具选项板？怎样利用工具选项板进行绘图？

8. 设计中心以及工具选项板中的图形与普通图形有什么区别？与图块又有什么区别？

第7章

室内设计基础知识

■ 本章主要介绍室内设计的基本概念和基本理论。在掌握了基本概念的基础上，才能理解和领会室内设计布置图中的内容和安排方法，更好地学习室内设计的知识。

7.1 室内设计基础

室内装潢是现代工作、生活空间环境中比较重要的内容，也是与建筑设计密不可分的组成部分。了解室内装潢的特点和要求，对学习使用 AutoCAD 进行设计是十分必要的。

7.1.1 室内设计概述

室内（Interior）是指建筑物的内部，即建筑物的内部空间。室内设计（Interior Design）就是对建筑物的内部空间进行设计。所谓"装潢"，意为"装点、美化、打扮"之义。关于室内设计的特点与专业范围，各种提法很多，但把室内设计简单地称为"装潢设计"是较为普遍的。诚然，在室内设计工作中含有装潢设计的内容，但它又不完全是单纯的装潢问题。要深刻地理解室内设计的含义，需对历史文化、技术水平、城市文脉、环境状况、经济条件、生活习俗和审美要求等因素做出综合的分析，才能掌握室内设计的内涵和其应有的特色。在具体的创作过程中，室内设计不同于雕塑、绘画等其他能再现生活的造型艺术形式，它只能运用自身的特殊手段，如空间、体型、细部、色彩、质感等形成的综合整体效果，表达出各种抽象的意味，即宏伟、壮观、粗放、秀丽、庄严、活泼、典雅等气氛。因为室内设计的创作，其构思过程是受各种制约条件限定的，只能沿着一定的轨迹，运用形象的思维逻辑，创造出美的艺术形式。

从含义上说，室内设计是建筑创作不可分割的组成部分，其焦点是如何为人们创造出良好的物质与精神上的生活环境。所以室内设计不是一项孤立的工作，确切地说，它是建筑构思中的深化、延伸和升华。因而既不能人为地将它从完整的建筑总体构思中划分出去，也不能抹杀室内设计的相对独立性，更不能把室内外空间界定的那么准确。因为室内空间的创意是相对于室外环境和总体设计架构而存在的，只能是相互依存、相互制约、相互渗透和相互协调的有机关系。忽视或有意割断这种内在的关联，将使创作落入"空中楼阁"的境地，犹如无源之水，无本之木一样，失掉了构思的依据，必然导致创作思路的枯竭，使作品苍白、落套而缺乏新意。显然，当今室内设计发展的特征，强调更多的是尊重人们自身的价值观、深层的文化背景、民族的形式特色及宏观的时代新潮。通过装潢设计，可以使室内环境更加优美，更加适宜人们工作和生活。图7-1 和图 7-2 所示是常见住宅居室中的客厅装潢前后的效果对比。

图 7-1　客厅装潢前效果

图 7-2　客厅装潢后效果

现代室内设计作为一门新兴的学科，尽管还只是近数十年的事情，但是人们有意识地对自己生活、生产活动的室内进行安排布置，甚至美化装潢，赋予室内环境以所祈使的气氛，却早已从人类文明伊始就存在了。我国各类民居，如北京的四合院、四川的山地住宅以及上海的里弄建筑等，在体现地域文化的建筑形体和室内空间组织、在建筑装潢的设计与制作等许多方面，都有极为宝贵的可供借鉴的成果。随着经济的发展，从公共建筑、商业建筑，及至涉及千家万户的居住建筑，在室内设计和建筑装潢方面都有了蓬勃的发展。现代社会是一个经济、信息、科技、文化等各方面都高速发展的社会，人们对社会的物质生活和精神生活不断提出新的要求，相应地人们对自身所处的生产、生活活动环境的质量，也必将提出更高的要求，这就需要设计师从实践到理论认真学习、钻研和探索，才能创造出安全、健康、适用、美观、能满足现代室内综合要求、具有文化内涵的室内环境。

从风格上划分，室内设计有中式风格、西式风格和现代风格，再进一步细分，可分为地中海风格、北美风格等。

7.1.2 室内设计特点

室内设计具有以下特点。

1. 室内设计是建筑的构成空间，是环境的一部分

室内设计的空间存在形式主要依靠建筑物的围合性与控制性而形成，在没有屋顶的空间中，对其进行空间和地面两大体系设计语言的表现。当然，室内设计是以建筑为中心，和周围环境要素共同构成的统一整体，周围的环境要素既相互联系，又相互制约，组合成具有功能相对单一、空间相对简洁的室内设计。

室内设计是整体环境中的一部分，是环境空间的节点设计，是衬托主体环境的视觉构筑形象，同时，室内设计的形象特色还将反映建筑物的某种功能以及空间特征。设计师运用地面上形成的水面、草地、踏步、铺地的变化；在空间中运用高墙、矮墙、花墙、透空墙等的处理；在向外延伸时，又可包括花台、廊柱、雕塑、小品、栏杆等多种空间的隔断形式的交替使用，都要与建筑主体物的功能、形象、含义相得益彰，在造型上、色彩上协调统一。因此，室内设计必须在整体性原则的基础上，处理好整体与局部、建筑主体与室内设计的关系。

2. 室内设计的相对独立性

室内设计与任何环境一样，都是由环境的构成要素及环境设施所组成的空间系统。室内设计在整体的环境中具有相对独立的功能，也具有由环境设施构成的相对完整的空间形象，并且可以传达出相对独立的空间内涵，同时，在满足部分人群的行为需求基础上，也可以满足部分人群精神上的慰藉及对美的、个性化环境的追求。

在相对独立的室内设计中，虽然从属于整体建筑环境空间，但每一处室内设计都是为了表达某种含义或服务于某些特定的人群行为，是外部环境的最终归宿，是整个环境的设计节点。

3. 室内设计的环境艺术性

环境是一门综合的艺术，它将空间的组织方法、空间的造型方式、材料等与社会文化、人们的情感、审美、价值趋向相结合，创造出具有艺术美感价值的环境空间，为人们提供"舒适、美观、安全、实用"的生活空间，并满足人们生理的、心理的、审美的等多方面的需求。环境的设计是自然科学与社会科学的综合，是哲学与艺术的探讨。

环境是一种空间艺术的载体，室内设计是环境的一部分，所以，室内设计是环境空间与艺术的综合体现，是环境设计的细化与深入。

进行现代的室内设计，设计师要使室内设计在统一的、整体的环境前提下，运用自己对空间造型、对材料肌理、对"人—环境—建筑"之间关系的理解进行设计。同时还要突出室内设计所具有的独立性，并利用空间环境的构成要素的差异性和统一性，通过造型、质地、色彩向人们展示形象，表达特定的情感；而且通过整体的空间形象向人们传达某种特定的信息，通过室内设计的空间造型、色彩基调、光线的变化以及空间尺度等的协调统一，借鉴建筑形式美的法则等艺术手段进行加工处理，完成传达特定的情感、吸引人们的注意力、实现空间行为的需要，并把小环境的环境艺术性得以充分的展现。

7.2 室内设计原理

室内设计是一门大众参与最为广泛的艺术活动，是设计内涵集中体现的地方。室内设计是人类创造更好的生存和生活环境条件的重要活动，它通过运用现代的设计原理进行适用、美观的设计，使空间更加符合人

们的生理和心理的需求，同时也促进了社会中审美意识的普遍提高，从而不仅对社会的物质文明建设有着重要的促进作用，对社会的精神文明建设也有潜移默化的积极作用。

7.2.1 室内设计的作用

一般情况下，室内设计具有以下的作用和意义。

1. 提高室内造型的艺术性，满足人们的审美需求

在拥挤、嘈杂、忙碌、紧张的现代社会生活中，人们对于城市的景观环境、居住环境以及居住周围的室内设计的设计质量越来越关注，特别是城市的景观环境以及与人难以割舍的室内设计。室内设计不仅关系城市的形象、城市的经济发展，而且还与城市的精神文明建设密不可分。

在时代发展、高技术、高情感的指导下，强化建筑及建筑空间的性格、意境和气氛，使不同类型的建筑及建筑外部空间更具性格特征、情感及艺术感染力，以此来满足不同人群室外活动的需要。同时，通过对空间造型、色彩基调、光线的变化以及空间尺度的艺术处理，来营造良好的、开阔的室外视觉审美空间。

因此，室内设计从舒适、美观入手，改善并提高人们的生活水平及生活质量，表现出空间造型的艺术性；同时，它还伴随着时间的流逝，运用创造性而凝铸在历史中的时空艺术。

2. 保护建筑主体结构的牢固性，延长建筑的使用寿命

室内设计可以弥补建筑空间的缺陷与不足，加强建筑的空间序列效果，增强构筑物、景观的物理性能，以及辅助设施的使用效果，提高室内空间的综合使用性能。

室内设计是综合性的设计，要求设计师不仅具备审美的艺术素质，同时还应具备环境保护学、园林学、绿化学、室内装修学、社会学、设计学等多门学科的综合知识体系，以增强建筑的物理性能和设备的使用效果，提高建筑的综合使用性能。因此，家具、绿化、雕塑、水体、基面、小品等的设计可以弥补由建筑而造成的空间缺陷与不足，加强室内设计空间的序列效果，深化对室内设计中各构成要素进行艺术的处理，提高室外空间的综合使用性能。

如在室内设计中，雕塑、小品、构筑物的设置既可以改变空间的构成形式，提高空间的利用效果，也可以提升空间的审美功能，满足人们对室外空间的综合性能的使用需要。

3. 协调"建筑—人—空间"三者的关系

室内设计是以人为中心的设计，是空间环境的节点设计。室内设计是由建筑物围合而成的，且具有限定性的空间小环境。自室内设计产生，就展现出"建筑—人—空间"三者之间协调与制约的关系。室内设计的设计就是要将建筑的艺术风格、形成的限制性空间的强弱，使用者的个人特征、需要及所具有的社会属性，小环境空间的色彩、造型、肌理三者之间的关系按照设计者的思想，重新加以组合，并以满足使用者"舒适、美观、安全、实用"的需求，实践在空间环境中。

总之，室内设计的中心议题是如何通过对室外小空间进行艺术的、综合的、统一的设计，提升室外整体空间环境的形象，提升室内空间环境形象，满足人们的生理及心理需求，更好地为人类的生活、生产和活动服务，并创造出新的、现代的生活理念。

7.2.2 室内设计主体

人是室内设计的主体。人的活动决定了室内设计的目的和意义，人是室内环境的使用者和创造者。有了人，才区分出了室内和室外。

人的活动规律之一是动态和静态交替进行：动态—静态—动态—静态。

人的活动规律之二是个人活动与多人活动交叉进行。

人们在室内空间活动时，按照一般的活动规律，可将活动空间分为3种功能区，即静态功能区、动态功能区和静动双重功能区。

根据人们的具体活动行为，又将有更加详细的划分，如静态功能区又可划分为睡眠区、休息区和学习办

公区，如图 7-3 所示；动态功能区划分为运动区、大厅，如图 7-4 所示；静动双重功能区分为会客区、车站候车室、生产车间等，如图 7-5 所示。

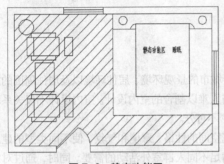

图 7-3 静态功能区

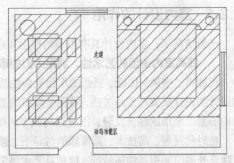

图 7-4 动态功能区

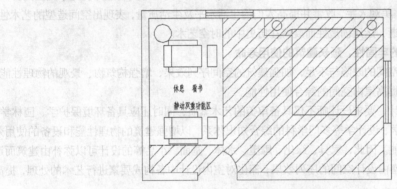

图 7-5 静动双重功能区

同时，要明确使用空间的性质。其性质通常是由其使用功能决定的。虽然许多空间中设置了其他使用功能的设施，但要明确其主要的使用功能。如在起居室内设置酒吧台、视听区等，但其主要功能仍然是起居室的性质。

空间流线分析是室内设计中的重要步骤，其目的如下：

（1）明确空间主体——人的活动规律和使用功能的参数，如数量、体积、常用位置等。

（2）明确设备、物品的运行规律、摆放位置、数量、体积等。

（3）分析各种活动因素的平行、互动、交叉关系。

（4）经过以上 3 部分分析，提出初步设计思路和设想。

空间流线分析从构成情况上分为水平流线和垂直流线；从使用状况分为单人流线和多人流线；从流线性质上可分为单一功能流线和多功能流线；流线交叉形成的枢纽室内空间厅、场。

如某单人流线平面图如图 7-6 所示，大厅多人流线平面图如图 7-7 所示。

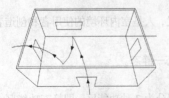

图 7-6 单人组成水平流线图

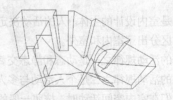

图 7-7 多人组成水平流线图

功能流线组合形式分为中心型、自由型、对称型、簇型和线型等，如图 7-8 所示。

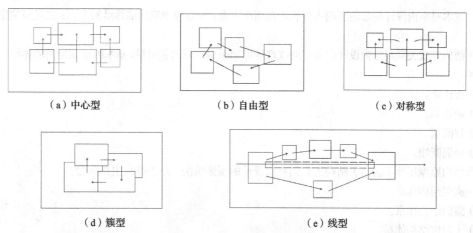

（a）中心型 （b）自由型 （c）对称型

（d）簇型 （e）线型

图 7-8　功能流线组合形式图例

7.2.3　室内设计构思

1. 初始阶段

室内设计的构思在设计的过程中起着举足轻重的作用。因此在设计初始阶段，就要进行一系列的构思设计，使后续工作能够有效、完美地进行。构思的初始阶段主要包括以下几个内容。

（1）空间性质及使用功能

室内设计是在建筑主体完成后的原型空间内进行的。因此，室内设计的首要工作就是要认定原型空间的使用功能，也就是原型空间的使用性质。

（2）水平流线组织

当原型空间认定之后，着手构思的第一步是做流线分析和组织，包括水平流线和垂直流线。流线功能按需要可能是单一流线，也可能是多种流线。

（3）功能分区图示化

空间流线组织之后，要进行功能分区图示化布置，进一步接近平面布局设计。

（4）图示选择

选择最佳图示布局作为平面设计的最终依据。

（5）平面初步组合

经过前面几个步骤操作，最后形成空间平面组合的形式，有待进一步深化。

2. 深化阶段

经过初始阶段的室内设计构成了最初构思方案后，要在此基础上进行构思深化阶段的设计。深化阶段的构思内容和步骤如图 7-9 所示。

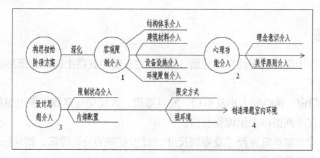

图 7-9　室内设计构思深化阶段的内容与步骤图解

结构技术对室内设计构思的影响主要表现在两个方面：一是原型空间墙体结构方式；二是原型空间屋顶结构方式。

墙体结构方式关系到室内设计内部空间改造的饰面采用的方法和材料。基本的原型空间墙体结构方式有以下 4 种：

（1）板柱墙。

（2）砌块墙。

（3）柱间墙。

（4）轻隔断墙。

屋盖结构原型屋顶（屋盖）结构关系到室内设计的顶棚做法。屋盖结构主要分为：

（1）构架结构体系。

（2）梁板结构体系。

（3）大跨度结构体系。

（4）异型结构体系。

另外，室内设计要考虑建筑所用材料对设计内涵和色彩、光影、情趣的影响；室内外露管道和布线的处理；通风条件、采光条件、噪声和空气清新、温度的影响等。

人们对室内要求越来越高，设计时要结合个人喜好，定好室内设计的基调。一般人们对室内的格调要求有 3 种类型：

（1）现代新潮观念。

（2）怀旧情调观念。

（3）随意舒适观念（折中型）。

7.2.4　创造理想室内空间

经过前面两个构思阶段的设计，已形成较完美的设计方案。创建室内空间的第一个标准就是要使其具备形态、体量、质量，即形、体、质 3 个方向的统一协调。而第二个标准是使用功能和精神功能的统一。如在住宅的书房中除了布置写字台、书柜外，还可布置绿化等装饰物，使室内空间在满足书房使用功能的同时，也活跃了气氛，净化了空气，满足人们的精神需要。

一个完美的室内设计作品，经过了初始构思阶段和深入构思阶段，最后又通过设计师对各种因素和功能的协调平衡创造出来的。要提高室内设计的水平，就要综合利用各个领域的知识和深入的构思设计。最终室内设计方案形成最基本的图纸方案，一般包括设计平面图、设计剖面图和室内透视图。

7.3　室内设计制图的内容

一套完整的室内设计图一般包括平面图、顶棚图、立面图、构造详图和透视图。下面简述各种图样的概念及内容。

7.3.1　室内平面图

室内平面图是以平行于地面的切面在距地面 1.5mm 左右的位置将上部切去而形成的正投影图。室内平面图中应表达的内容如下：

（1）墙体、隔断及门窗、各空间大小及布局、家具陈设、人流交通路线、室内绿化等。若不单独绘制地面材料平面图，则应该在平面图中表示地面材料。

（2）标注各房间尺寸、家具陈设尺寸及布局尺寸，对于复杂的公共建筑，则应标注轴线编号。

（3）注明地面材料名称及规格。

（4）注明房间名称、家具名称。

（5）注明室内地坪标高。

（6）注明详图索引符号、图例及立面内视符号。

（7）注明图名和比例。

（8）若需要辅助文字说明的平面图，还要注明文字说明、统计表格等。

7.3.2 室内顶棚图

室内顶棚图是根据顶棚在其下方假想的水平镜面上的正投影绘制而成的镜像投影图。顶棚图中应表达的内容如下：

（1）顶棚的造型及材料说明。

（2）顶棚灯具和电器的图例、名称规格等说明。

（3）顶棚造型尺寸标注、灯具、电器的安装位置标注。

（4）顶棚标高标注。

（5）顶棚细部做法的说明。

（6）详图索引符号、图名、比例等。

7.3.3 室内立面图

以平行于室内墙面的切面将前面部分切去后，剩余部分的正投影图即室内立面图。立面图的主要内容如下：

（1）墙面造型、材质及家具陈设在立面上的正投影图。

（2）门窗立面及其他装潢元素立面。

（3）立面各组成部分尺寸、地坪吊顶标高。

（4）材料名称及细部做法说明。

（5）详图索引符号、图名、比例等。

7.3.4 构造详图

为了放大个别设计内容和细部做法，多以剖面图的方式表达局部剖开后的情况，这就是构造详图。表达的内容如下：

（1）以剖面图的绘制方法绘制出各材料断面、构配件断面及其相互关系。

（2）用细线表示出剖视方向上看到的部位轮廓及相互关系。

（3）标出材料断面图例。

（4）用指引线标出构造层次的材料名称及做法。

（5）标出其他构造做法。

（6）标注各部分尺寸。

（7）标注详图编号和比例。

7.3.5 透视图

透视图是根据透视原理在平面上绘制出能够反映三维空间效果的图形，与人的视觉空间感受相似。室内设计常用的绘制方法有一点透视、两点透视（成角透视）和鸟瞰图 3 种。

透视图可以通过人工绘制，也可以应用计算机绘制，能直观表达设计思想和效果，故也称作效果图或表现图，是一个完整的设计方案不可缺少的部分。鉴于本书重点是介绍应用 AutoCAD 2016 绘制二维图形，因此书中不包含这部分内容。

7.4　室内设计制图的要求及规范

本节主要介绍室内制图中的图幅、图标及会签栏的尺寸、线型要求以及常用图示标志、材料符号和绘图比例。

7.4.1　图幅、图标及会签栏

1. 图幅

图幅即图面的大小，根据国家规范的规定，按图面的长和宽的大小确定图幅的等级。室内设计常用的图幅有 A0（也称 0 号图幅，其余类推）、A1、A2、A3 及 A4，每种图幅的长宽尺寸如表 7-1 所示，表中的尺寸代号意义如图 7-10 和图 7-11 所示。

表 7-1　图幅及图框标准 （单位：mm）

尺寸代号 ＼ 图幅代号	A0	A1	A2	A3	A4
b×l	841×1189	594×841	420×594	297×420	210×297
c	10			5	
a	25				

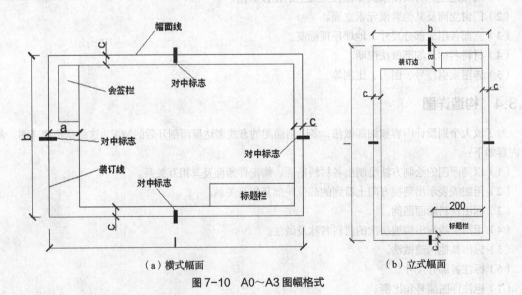

（a）横式幅面　　　　　　　　　　（b）立式幅面

图 7-10　A0～A3 图幅格式

2. 图标

图标即图纸的标题栏，包括设计单位名称、工程名称、签字区、图名区及图号区等内容。一般图标格式如图 7-12 所示，如今不少设计单位采用个性化的图标格式，但是仍必须包括这几项内容。

3. 会签栏

会签栏是为各工种负责人审核后签名用的表格，包括专业、姓名、日期等内容，具体内容可根据需要设置，如图 7-13 所示为其中一种格式。对于不需要会签的图样，可以不设此栏。

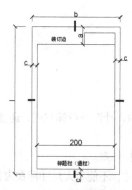

图 7-11　A4 立式图幅格式

图 7-12　图标格式

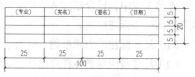

图 7-13　会签栏格式

7.4.2　线型要求

室内设计图主要由各种线条构成，不同的线型表示不同的对象和不同的部位，代表着不同的含义。为了图面能够清晰、准确、美观地表达设计思想，工程实践中采用了一套常用的线型，并规定了它们的使用范围，常用线型如表 7-2 所示。在 AutoCAD 2016 中，可以通过"图层"中"线型""线宽"的设置来选定所需线型。

表 7-2　常用线型

名称	线型		线宽	适用范围
实线	粗		b	1. 平、剖面图中被剖切的主要建筑构造（包括构配件）的轮廓线； 2. 建筑立面图或室内立面图的外轮廓线； 3. 建筑构造详图中被剖切的主要部分的廓线； 4. 建筑构配件详图中的外轮廓线； 5. 平、立、剖面的剖切符号
	中粗		0.7b	1. 平、剖面图中被剖切的次要建筑构造（包括构配件）的轮廓线； 2. 建筑平、立、剖面图中建筑构配件的轮廓线； 3. 建筑构造详图及建筑构配件详图中的一般轮廓线
	中		0.5b	小于 0.7b 的图形线、尺寸线、尺寸界限、索引符号、标高符号、详图材料做法引出线、粉刷线、保温层线、地面、墙面的高差分界线等
	细		0.25b	图例填充线、家具线、纹样线等
虚线	中粗		0.7b	1. 建筑构造详图及建筑构配件不可见的轮廓线； 2. 平面图中的梁式起重机（吊车）轮廓线； 3. 拟建、扩建建筑物轮廓线
	中		0.5b	投影线、小于 0.5b 的不可见轮廓线
	细		0.25b	图例填充线、家具线等
单点长划线	细		0.25b	轴线、构配件的中心线、对称线等
折断线	细		0.25b	画图样时的断开界限
波浪线	细		0.25b	构造层次的断开界线，有时也表示省略画出时的断开界限

说明 地平线宽度可用 1.4b。

7.4.3　尺寸标注

在第 3 章中，已介绍过 AutoCAD 的尺寸标注的设置问题，然而具体在对室内设计图进行标注时，还要注意下面一些标注原则。

（1）尺寸标注应力求准确、清晰、美观大方。同一张图样中，标注风格应保持一致。

（2）尺寸线应尽量标注在图样轮廓线以外，从内到外依次标注从小到大的尺寸，不能将大尺寸标在内，而小尺寸标在外，如图 7-14 所示。

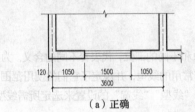

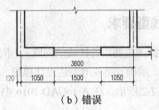

（a）正确　　　　　　　　　　　　　　　　（b）错误

图 7-14　尺寸标注正误对比

（3）最内一道尺寸线与图样轮廓线之间的距离不应小于 10mm，两道尺寸线之间的距离一般为 7～10mm。

（4）尺寸界线朝向图样的端头距图样轮廓的距离应大于等于 2mm，不宜直接与之相连。

（5）在图线拥挤的地方，应合理安排尺寸线的位置，但不宜与图线、文字及符号相交；可以考虑将轮廓线用作尺寸界线，但不能作为尺寸线。

（6）对于连续相同的尺寸，可以采用"均分"或"（EQ）"字样代替，如图 7-15 所示。

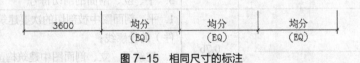

图 7-15　相同尺寸的标注

7.4.4　文字说明

在一幅完整的图样中，用图线方式表现得不充分和无法用图线表示的地方，就需要进行文字说明，如材料名称、构配件名称、构造做法、统计表及图名等。文字说明是图样内容的重要组成部分，制图规范对文字标注中的字体、字号及字体字号搭配等方面作了一些具体规定。

（1）一般原则：字体端正，排列整齐，清晰准确，美观大方，避免过于个性化的文字标注。

（2）字体：一般标注推荐采用仿宋字，标题可用楷体、隶书、黑体字等，下面给出几种参考。

仿宋：室内设计（小四）室内设计（四号）室内设计（二号）

黑体：**室内设计（四号）室内设计（小二）**

楷体：室内设计（四号）室内设计（二号）

隶书: **室内设计（三号）室内设计（一号）**

字母、数字及符号: 0123456789abcdefghijk% @ 或

0123456789abcdefghijk%@

（3）字号: 标注的文字高度要适中，同一类型的文字采用同一字号。较大的字用于较概括性的说明内容，较小的字用于较细致的说明内容。

（4）字体及字号的搭配应注意体现层次感。

7.4.5 常用图示标志

1. 详图索引符号及详图符号

室内平、立、剖面图中，在需要另设详图表示的部位标注一个索引符号，以表明该详图的位置，这个索引符号就是详图索引符号。详图索引符号采用细实线绘制，圆圈直径为10mm。当详图就在本张图样时，采用图7-16（a）的形式；详图不在本张图样时，采用图7-16（b）～图7-16（h）所示的形式；图7-16（d）～图7-16（g）所示形式用于索引剖面详图。

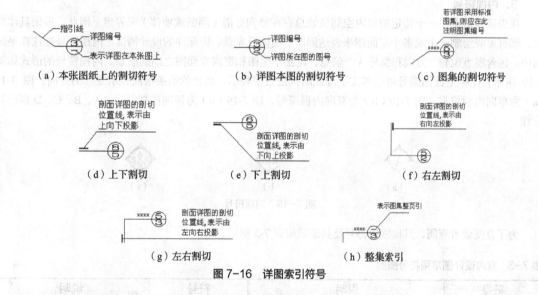

图 7-16　详图索引符号

详图符号即详图的编号，用粗实线绘制，圆圈直径为14mm，如图7-17所示。

（a）普通详图编号　　　　　　　　（b）带索引详图编号

图 7-17　详图符号

2. 引出线

由图样引出一条或多条线段指向文字说明，该线段就是引出线。引出线与水平方向的夹角一般采用0°、30°、45°、60°、90°，常见的引出线形式如图7-18所示。图7-18（a）～图7-18（d）为普通引出线，

图 7-18（e）～图 7-18（h）为多层构造引出线。使用多层构造引出线时，应注意构造分层的顺序要与文字说明的分层顺序一致。文字说明可以放在引出线的端头，如图 7-18（a）～图 7-18（h）所示，也可以放在引出线水平段之上，如图 7-18（i）所示。

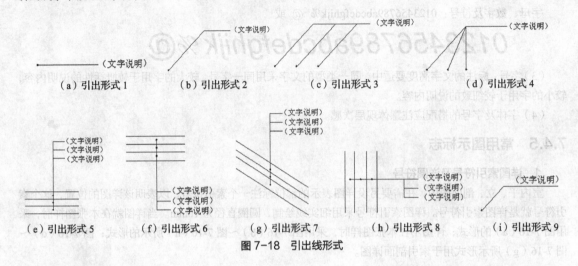

图 7-18　引出线形式

3．内视符号

在房屋建筑中，一个特定的室内空间领域总存在竖向分隔（隔断或墙体）来界定。因此，根据具体情况，就有可能绘制一个或多个立面图来表达隔断、墙体及家具、构配件的设计情况。内视符号标注在平面图中，包含视点位置、方向和编号 3 个信息，建立平面图和室内立面图之间的联系。内视符号的形式如图 7-19 所示。图中立面图编号可用英文字母或阿拉伯数字表示，黑色的箭头指向表示立面的方向，图 7-19（a）为单向内视符号，图 7-19（b）为双向内视符号，图 7-19（c）为四向内视符号，A、B、C、D 顺时针标注。

图 7-19　内视符号

为了方便读者查阅，其他常用符号及其说明如表 7-3 所示。

表 7-3　室内设计图常用符号图例

符号	说明	符号	说明
3.600 3.600	标高符号，线上数字为标高值，单位为 m； 下面一种在标注位置比较拥挤时采用	i=5%	表示坡度
1　　1	标注剖切位置的符号，标数字的方向为投影方向，"1"与剖面图的编号"3-1"对应	2　　2	标注绘制断面图的位置，标数字的方向为投影方向，"2"与断面图的编号"3-2"对应
	对称符号。在对称图形的中轴位置画此符号，可以省画另一半半图形		指北针

符号	说明	符号	说明
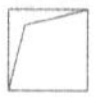	楼板开方孔		楼板开圆孔
@	表示重复出现的固定间隔,如"双向木格栅@500"	Ø	表示直径,如 Ø30
平面图 1:100	图名及比例	①1:5	索引详图名及比例
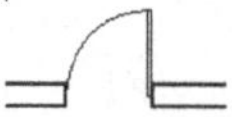	单扇平开门	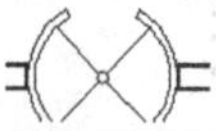	旋转门
	双扇平开门		卷帘门
	子母门		单扇推拉门
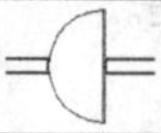	单扇弹簧门		双扇推拉门
	四扇推拉门		折叠门
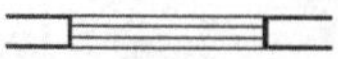	窗	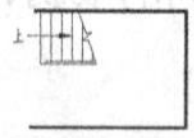	首层楼梯
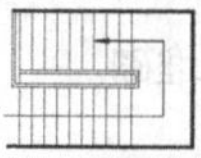	顶层楼梯	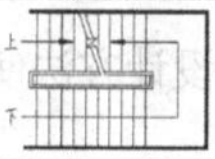	中间层楼梯

7.4.6　常用材料符号

室内设计图中经常应用材料图例来表示材料,在无法用图例表示的地方,也采用文字说明。常用的材料图例如表 7-4 所示。

表 7-4　常用材料图例

符号	说明	符号	说明
	自然土壤		夯实土壤
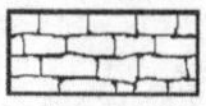	毛石砌体	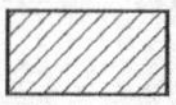	普通砖
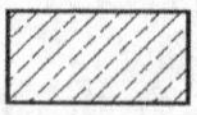	石材	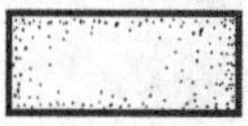	砂、灰土
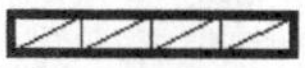	空心砖		松散材料
	混凝土		钢筋混凝土
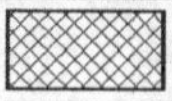	多孔材料		金属
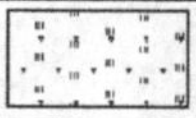	矿渣、炉渣	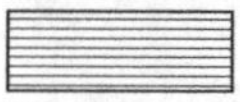	玻璃
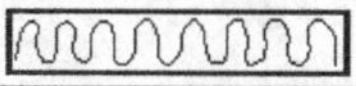	纤维材料		防水材料,上下两种根据绘图比例大小选用
	木材	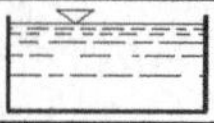	液体,须注明液体名称

7.4.7 常用绘图比例

下面列出常用的绘图比例，读者可根据实际情况灵活使用。

☑ 平面图：1∶50，1∶100 等。

☑ 立面图：1∶20，1∶30，1∶50，1∶100 等。

☑ 顶棚图：1∶50，1∶100 等。

☑ 构造详图：1∶1，1∶2，1∶5，1∶10，1∶20 等。

7.5 室内设计方法

本节主要介绍室内设计的各种方法。

室内设计要美化环境是无可置疑的，但如何达到美化的目的，有不同的方法，分别介绍如下。

1．现代室内设计方法

该方法即是在满足功能要求的情况下，利用材料、色彩、质感、光影等有序的布置创造美。

2．空间分割方法

组织和划分平面与空间，这是室内设计的一个主要方法。利用该设计方法，巧妙地布置平面和利用空间，有时可以突破原有的建筑平面、空间的限制，满足室内需要。在另一种情况下，设计又能使室内空间流通、平面灵活多变。

3．民族特色方法

在表达民族特色方面，应采用设计方法使室内充满民族韵味，而不是民族符号、语言的堆砌。

4．其他设计方法

如突出主题、人流导向、制造气氛等都是室内设计的方法。

室内设计人员往往首先拿到的是一个建筑的外壳，这个外壳或许是新建的，也或许是旧建筑，设计的魅力就在于在原有建筑的各种限制下制作出最理想的方案。

他山之石，可以攻玉。多看、多交流有助于提高设计水平和鉴赏能力。

第8章

办公楼平面图的绘制

■ 由于文化、行业和职业功能的不同，办公空间设计充分体现了社会的礼仪、伦理、等级和职业区别。家具的设计和布置讲究方整、规则、对称，使社会文化和室内环境相协调。办公空间和家具在设计风格上要做到统一。

■ 办公空间设计中要考虑和突出主题，公司接待厅的前台接待台、经理室的大班台……都成为人们的视觉中心和亮点。

■ 本章将以某公司办公楼室内平面图设计为例，详细讲述平面图的绘制过程。在讲述过程中，将逐步带领读者完成平面图的绘制，并讲述关于室内设计平面图绘制的相关理论知识和技巧，包括平面图绘制的知识要点、平面图的绘制步骤、装饰图块的绘制、尺寸文字标注等内容。

8.1 建筑平面图概述

建筑平面图就是假想使用一水平的剖切面沿门窗洞的位置将房屋剖切后，对剖切面以下部分所作的水平剖面图。建筑平面图简称平面图，主要反映房屋的平面形状、大小、房间的布置、墙柱的位置、厚度和材料、门窗类型和位置等。建筑平面图是建筑施工图中最为基本的图样之一，一个建筑平面图的示例如图8-1所示。

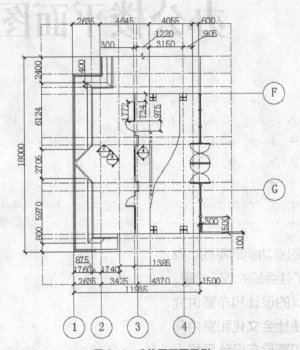

图 8-1　建筑平面图示例

8.1.1　建筑平面图内容

1. 建筑平面图的图示要点

（1）每个平面图对应一个建筑物楼层，并注有相应的图名。

（2）可以表示多层的一张平面图称为标准层平面图。标准层平面图各层的房间数量、大小和布置都必须一样。

（3）建筑物左右对称时，可以将两层平面图绘制在同一张图纸上，左右分别绘制各层的一半，同时中间要注上对称符号。

（4）如果建筑平面较大时，可以分段绘制。

2. 建筑平面图的图示内容

（1）标注出墙、柱、门、窗的位置和编号，房间名称或编号，轴线编号等。

（2）标注出室内外的有关尺寸及室内楼、地面的标高。建筑物的底层，标高为±0.000。

（3）标注出电梯、楼梯的位置以及楼梯的上下方向和主要尺寸。

（4）标注出阳台、雨篷、踏步等的具体位置以及大小尺寸。

（5）绘出卫生器具、水池、工作台以及其他重要的设备位置。

（6）绘出剖面图的剖切符号以及编号。根据绘图习惯，一般只在底层平面图绘制。

（7）标出有关部位上节点详图的索引符号。

（8）绘制出指北针。根据绘图习惯，一般只在底层平面图绘出指北针。

8.1.2 建筑平面图类型

1. 根据剖切位置不同分类

根据剖切位置不同，建筑平面图可分为地下层平面图、底层平面图、X 层平面图、标准层平面图、屋顶平面图、夹层平面图等。

2. 按不同的设计阶段分类

按不同的设计阶段，建筑平面图可分为方案平面图、初设平面图和施工平面图。不同阶段图纸表达深度不一样。

8.1.3 建筑平面图绘制的一般步骤

建筑平面图绘制一般分为以下 10 步：

（1）绘图环境设置。

（2）轴线绘制。

（3）墙线绘制。

（4）柱绘制。

（5）门窗绘制。

（6）阳台绘制。

（7）楼梯、台阶绘制。

（8）室内布置。

（9）室外周边景观（底层平面图）。

（10）尺寸、文字标注。

根据工程的复杂程度，上面绘图顺序有可能小范围调整，但总体顺序基本不变。

8.1.4 本案例建筑平面图设计思路

本案例设计的对象为一个小型企业三层办公楼。小型企业办公的基本特点是：功能齐全，简约集中。在一个办公楼内要集中办公、会客、招待、娱乐等功能，可谓"麻雀虽小、五脏俱全"。基本布局思路是：把核心办公区设置在二楼，既相对方便，又保持一定的独立和中心地位；把相对琐碎和不易往楼上搬运的单元安排在一楼；休息娱乐的单元则安排在相对最为独立的三楼。

基本布局是：一层平面图由客人餐厅、仓库、过道、餐厅、客厅、办公区、卫生间构成；二层平面图包括销售科、外销售科、总务室、财务室、过道、总经理办公室、样品间、休息间、董事长办公室；三层平面图包括 4 间客房、乒乓球活动室、台球活动室、小型会议室。

各层都留出相对充裕的过道，配置公共卫生间。由于楼层比较少，楼层之间通过步行楼梯连接。整个大楼布局显得简洁和谐，体现出小型企业小巧灵活、团结集约的内在气质。

8.2 一层平面图

一层的结构单元布置以方便办公或招待为主要宗旨。一层平面图由客人餐厅、仓库、过道、餐厅、客厅、办公区、卫生间构成，这些单元基本上以中央大厅为轴线分隔为左右对称的两个区域，左边为就餐区，分别布置员工餐厅和客人餐厅，并根据客观需要布置公共卫生间；右边为普通办公区域，包括企业一般事务办公区和仓库库房，为了便于单独办公，在右侧楼梯拐角处单独设置一个卫生间，供办公区域人员使用。

内部墙体的开合布局的设置则根据对象不同而不同，员工餐厅由于要容纳多人同时进出，所以设置为全开放空间。客人餐厅为了保证客人的私密性，用墙体和过道隔开。办公区则设置为半开放的玻璃墙体，既便于日常办公与外界交流，也保持一定的独立性。

为便于汽车能直达一层大厅门口，在门口设置了停车过道，大体布置如图 8-2 所示。

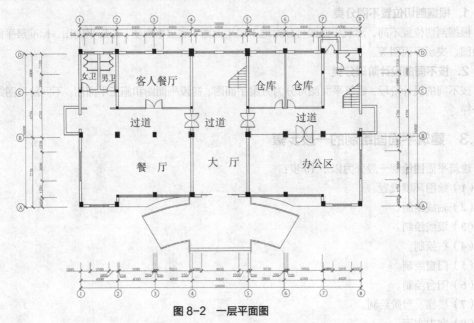

图 8-2　一层平面图

下面讲述一层平面图的绘制方法。

绘制步骤（光盘\配套视频\第 8 章\一层平面图.avi）：

8.2.1　绘图前准备与设置

要根据绘制图形决定绘制的比例，这里建议采用 1∶1 的比例绘制。

操作步骤如下：

（1）打开 AutoCAD 2016 应用程序，单击"快速访问"工具栏中的"新建"按钮 ，弹出"选择样板"对话框，选择"acadiso.dwt"为样板文件建立新文件，如图 8-3 所示。

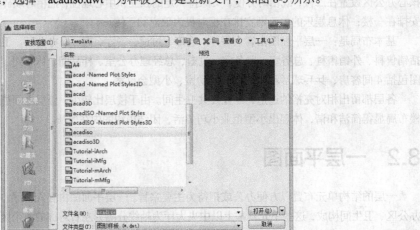

图 8-3　"选择样板"对话框

（2）设置单位。选择菜单栏中的"格式"→"单位"命令，打开"图形单位"对话框，如图 8-4 所示。设置长度"类型"为"小数"，"精度"为 0；设置角度"类型"为"十进制度数"，"精度"为 0；保持系统默认方向为逆时针，设置插入时的缩放单位为"mm"。

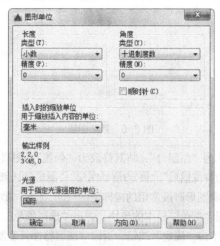

图 8-4 "图形单位"对话框

（3）在命令行中输入 LIMITS 命令，设置图幅为 420000mm×297000mm。

（4）新建图层。具体操作步骤如下。

① 单击"默认"选项卡"图层"面板中的"图层特性"按钮，弹出"图层特性管理器"选项板，如图 8-5 所示。

图 8-5 "图层特性管理器"选项板

② 单击"图层特性管理器"选项板中的"新建图层"按钮，新建一个图层，如图 8-6 所示。

要点提示

在绘图过程中，往往有不同的绘图内容，如轴线、墙线、装饰布置图块、地板、标注、文字等，如果将这些内容均放置在一起，绘图之后若要删除或编辑某一类型的图形，将带来选取的困难。因此 AutoCAD 提供了图层功能，为编辑带来了极大的方便。

在绘图初期可以建立不同的图层，将不同类型的图形绘制在不同的图层当中，编辑时可以利用图层的显示和隐藏功能、锁定功能来操作图层中的图形，十分利于编辑运用。

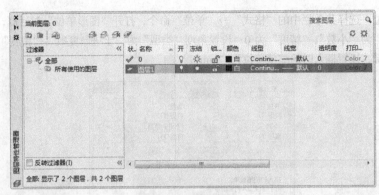

图8-6　新建图层

③ 新建图层的图层名称默认为"图层 1"，将其修改为"轴线"。图层名称后面的选项由左至右依次为"开/关图层""在所有视口中冻结/解冻图层""锁定/解锁图层""图层默认颜色""图层默认线型""图层默认线宽""打印样式"等。其中，编辑图形时最常用的操作是图层的开/关、锁定以及图层颜色、线型的设置等。

④ 单击新建的"轴线"图层"颜色"栏中的色块，弹出"选择颜色"对话框，如图8-7所示，选择红色为"轴线"图层的默认颜色。单击"确定"按钮，返回"图层特性管理器"选项板。

⑤ 单击"线型"栏中的选项，弹出"选择线型"对话框，如图8-8所示。轴线一般在绘图中应用点划线进行绘制，因此应将"轴线"图层的默认线型设为中心线。单击"加载"按钮，弹出"加载或重载线型"对话框，如图8-9所示。

图8-7　"选择颜色"对话框

图8-8　"选择线型"对话框

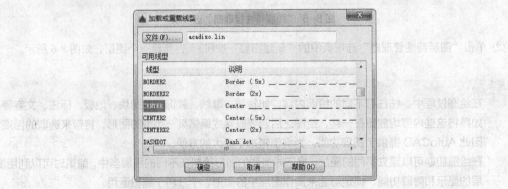

图8-9　"加载或重载线型"对话框

⑥ 在"可用线型"列表框中选择 CENTER 线型，单击"确定"按钮，返回"选择线型"对话框。选择刚刚加载的线型，如图 8-10 所示，单击"确定"按钮，"轴线"图层设置完毕。

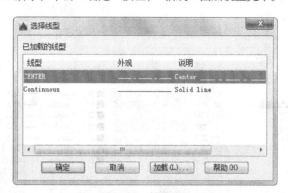

图 8-10　加载线型

重点提示

修改系统变量 DRAGMODE，推荐修改为 AUTO。系统变量为 ON 时，在选定要拖动的对象后，仅当在命令行中输入 DRAG 后才在拖动时显示对象的轮廓；系统变量为 OFF 时，在拖动时不显示对象的轮廓；系统变量为 AUTO 时，在拖动时总是显示对象的轮廓。

⑦ 采用相同的方法，按照以下说明，新建其他几个图层。

- "墙体"图层：颜色为白色，线型为实线，线宽为 0.3 mm。
- "门窗"图层：颜色为蓝色，线型为实线，线宽为默认。
- "轴线"图层：颜色为红色，线型为 CENTER，线宽为默认。
- "文字"图层：颜色为白色，线型为实线，线宽为默认。
- "尺寸"图层：颜色为 94，线型为实线，线宽为默认。
- "柱子"图层：颜色为白色，线型为实线，线宽为默认。

重点提示

如何删除顽固图层？

方法 1：将无用的图层关闭，然后全选，复制后粘贴至一个新文件中，那些无用的图层就不会粘贴过来。如果曾经在这个不需要的图层中定义过块，又在另一图层中插入了这个块，那么这个不要的图层是不能用这种方法删除的。

方法 2：选择需要留下的图形，然后选择"文件"/"输出"/"块文件"命令，这样的块文件就是选中部分的图形了，如果这些图形中没有指定的层，这些层也不会被保存在新的图块图形中。

方法 3：打开一个 CAD 文件，把要删除的层先关闭，在图面上只留下需要的可见图形，选择"文件"/"另存为"命令，在打开的对话框中设定文件名，在"文件类型"下拉列表框中选择"*.dxf"格式，在"图形另存为"对话框中的右上角处单击"工具"/"选项"命令，弹出"另存为选项"对话框，在 DXF 选项卡中，选中"选择对象"前的复选框，单击"确定"按钮，退出该对话框，接着单击"保存"按钮，即可选择保存对象，把可见或要用的图形选上就可以确定保存了，完成后退出这个刚保存的文件，再打开来看看，就会发现不想要的图层不见了。

方法 4：用命令 LAYTRANS 将需删除的图层设置为 0 图层即可，这个方法可以删除具有实体对象或被其他块嵌套定义的图层。

　　在绘制的平面图中，包括轴线、门窗、装饰、文字和尺寸标注几项内容，分别按照上面所介绍的方式设置图层。其中的颜色可以依照读者的绘图习惯自行设置，并没有具体的要求。设置完成后的"图层特性管理器"选项板如图 8-11 所示。

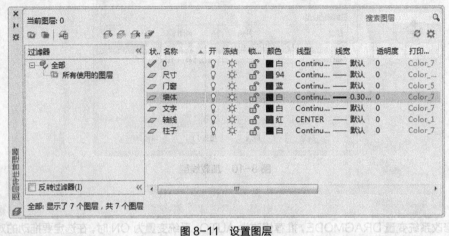

图 8-11　设置图层

8.2.2　绘制轴线

　　利用"直线"和"偏移"命令绘制轴线，通过"特性"选项板的运用调整比例因子。

　　操作步骤如下：

　　（1）单击"默认"选项卡"图层"面板中的"图层特性"下拉列表框处的"轴线"图层设置为当前图层，如图 8-12 所示。

图 8-12　设置当前图层

　　（2）单击"默认"选项卡"绘图"面板中的"直线"按钮 ，在图中空白区域任选一点为直线起点，绘制一条长度为 18500mm 的竖直轴线，如图 8-13 所示。

　　（3）单击"默认"选项卡"绘图"面板中的"直线"按钮 ，在上步绘制的竖直直线左侧任选一点为直线起点，向右绘制一条长度为 34678mm 的水平轴线，如图 8-14 所示。

图 8-13　绘制竖直轴线　　　　　　　　　　　图 8-14　绘制水平轴线

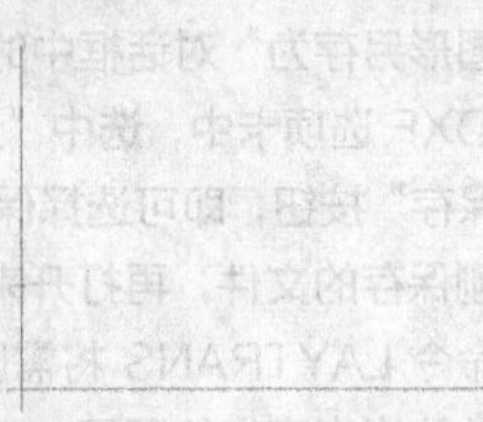

使用直线命令时，若为正交轴网，可单击"正交"按钮，根据正交方向提示，直接输入下一点的距离即可，而不需要输入@符号。若为斜线，则可单击"极轴"按钮，设置斜线角度，此时，图形即进入了自动捕捉所需角度的状态，其可大大提高制图时直线输入距离的速度。注意，两者不能同时使用。

（4）此时，轴线的线型虽然为中心线，但是由于比例太小，显示出来还是实线的形式。选择刚刚绘制的轴线并单击鼠标右键，在弹出的图 8-15 所示的快捷菜单中选择"特性"命令，弹出"特性"选项板，如图 8-16 所示。将"线型比例"设置为 30，轴线显示如图 8-17 所示。

图 8-15　快捷菜单

图 8-16　"特性"选项板

通过全局修改或单个修改每个对象的线型比例因子，可以以不同的比例使用同一个线型。默认情况下，全局线型和单个线型比例均设置为 4.0。比例越小，每个绘图单位中生成的重复图案就越多。例如，设置为 0.5 时，每一个图形单位在线型定义中显示重复两次的同一图案。不能显示完整线型图案的短线段显示为连续线。对于太短，甚至不能显示一个虚线小段的线段，可以使用更小的线型比例。

（5）单击"默认"选项卡"修改"面板中的"偏移"按钮 ，设置"偏移距离"为 4000mm，按 Enter 键确认后选择竖直直线为偏移对象，在直线右侧单击鼠标左键，将竖直轴线向右偏移 4000mm 的距离，结果如图 8-18 所示。

（6）单击"默认"选项卡"修改"面板中的"偏移"按钮 ，选择上步偏移后的轴线为起始轴线，连续向右偏移，偏移的距离为 4000mm、4000mm、6000mm、4000mm、4000mm、1500mm 和 2500mm，如图 8-19 所示。

图 8-17　修改轴线线型比例　　　　　　　　　　　　图 8-18　偏移竖直直线

（7）单击"默认"选项卡"修改"面板中的"偏移"按钮，设置"偏移距离"为 1000mm，按 Enter 键确认后选择水平直线为偏移对象，在直线上侧单击鼠标左键，将直线向上偏移 1000mm 的距离，结果如图 8-20 所示。

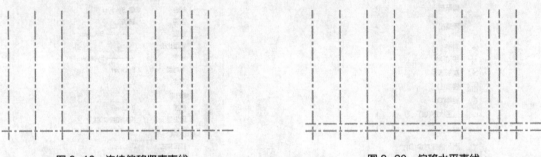

图 8-19　连续偏移竖直直线　　　　　　　　　　　　图 8-20　偏移水平直线

（8）单击"默认"选项卡"修改"面板中的"偏移"按钮，继续向上偏移，偏移距离为 6270mm、4730mm、4000mm，如图 8-21 所示。

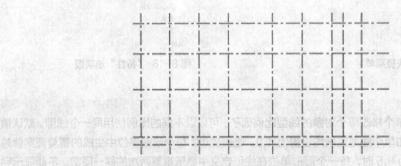

图 8-21　偏移水平直线

8.2.3　绘制及布置墙体柱子

利用二维绘图和修改命令绘制墙体柱子。

操作步骤如下：

（1）单击"默认"选项卡"图层"面板中的"图层特性"下拉列表框处的"柱子"图层设置为当前图层。

（2）单击"默认"选项卡"绘图"面板中的"矩形"按钮，在图形空白区域任选一点为矩形起点，绘制一个 400mm×500mm 的矩形，如图 8-22 所示。

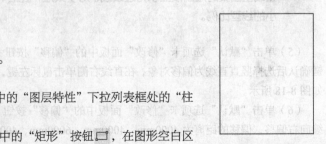

图 8-22　绘制矩形

（3）单击"默认"选项卡"绘图"面板中的"图案填充"按钮▨，系统打开"图案填充创建"选项卡，设置填充图案为 SOLID，如图 8-23 所示，选择上步绘制的矩形为填充区域，填充图形，效果如图 8-24 所示。

图 8-23　"图案填充创建"选项卡

（4）利用上述绘制柱子的方法绘制图形中剩余的 240mm×240mm、500mm×500mm、300mm×240mm 和 500mm×800mm 的柱子图形。

（5）单击"默认"选项卡"修改"面板中的"移动"按钮✛，选择前面绘制的 400mm×500mm 的柱子图形为移动对象，将其移动放置到图 8-25 所示的轴线位置。

图 8-24　填充图形

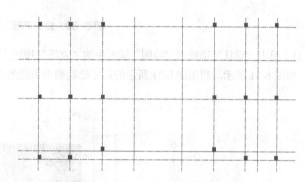

图 8-25　布置 400mm×500mm 的柱子

（6）单击"默认"选项卡"修改"面板中的"移动"按钮✛，选择前面绘制的 240mm×240mm 的柱子图形为移动对象，将其移动放置到图 8-26 所示的轴线位置。

（7）单击"默认"选项卡"修改"面板中的"移动"按钮✛，选择前面绘制的 300mm×240mm 的柱子图形为移动对象，将其移动放置到图 8-27 所示的轴线位置。

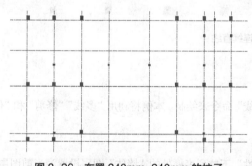

图 8-26　布置 240mm×240mm 的柱子

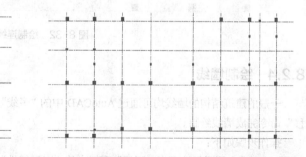

图 8-27　布置 300mm×240mm 的柱子

（8）单击"默认"选项卡"修改"面板中的"移动"按钮✛，选择前面绘制的 500mm×800mm 的柱子图形为移动对象，将其移动放置到图 8-28 所示的轴线位置，最终完成图形中所有柱子图形的布置。

（9）单击"默认"选项卡"绘图"面板中的"矩形"按钮▭，在图形中 400mm×500mm 的柱子周围绘制一个 480mm×600mm 的矩形，如图 8-29 所示。

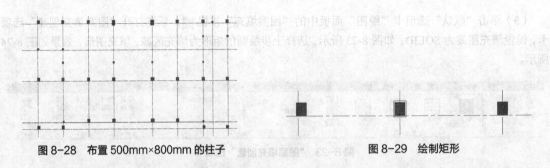

图 8-28 布置 500mm×800mm 的柱子 　　　　　 图 8-29 绘制矩形

（10）单击"默认"选项卡"修改"面板中的"复制"按钮 ，选择上步绘制的矩形为复制对象并进行复制，将其放置到剩余 400mm×500mm 的矩形周边，如图 8-30 所示。

图 8-30 复制矩形

（11）单击"默认"选项卡"绘图"面板中的"直线"按钮 　或"矩形"按钮 ，在柱子周边绘制连续直线，如图 8-31 所示。利用图 8-31 所示的尺寸绘制剩余相同的连续直线，如图 8-32 所示。

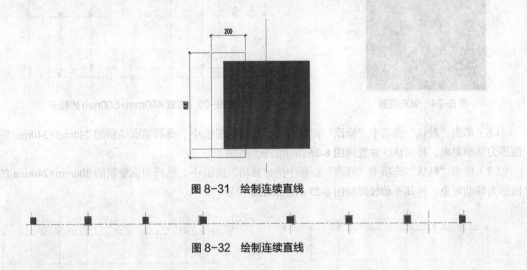

图 8-31 绘制连续直线

图 8-32 绘制连续直线

8.2.4 绘制墙线

一般的建筑结构的墙线均可通过 AutoCAD 中的"多线"命令来绘制。本例将利用"多线""修剪"和"偏移"命令完成墙线绘制。

操作步骤如下：

（1）单击"默认"选项卡"图层"面板中的"图层特性"下拉列表框处的"墙体"图层设置为当前图层。

（2）设置多线样式。具体操作步骤如下。

① 选择"格式"→"多线样式"命令，打开"多线样式"对话框，如图 8-33 所示。

② 在"多线样式"对话框中，"样式"列表框中只有系统自带的 STANDARD 样式，单击右侧的"新建"按钮，打开"创建新的多线样式"对话框，如图 8-34 所示。在"新样式名"文本框中输入"240"，作为多线的名称。单击"继续"按钮，打开"新建多线样式：240"对话框，如图 8-35 所示。

图 8-33　"多线样式"对话框

图 8-34　新建多线样式

图 8-35　编辑新建多线样式

③ 外墙的宽度为 "240"，因此将偏移分别修改为 "120" 和 "-120"，单击 "确定" 按钮回到 "多线样式" 对话框，单击 "置为当前" 按钮，将创建的多线样式设为当前多线样式，单击 "确定" 按钮，回到绘图状态。

（3）绘制墙线。具体操作步骤如下。

① 选择 "绘图" → "多线" 命令，绘制一层平面图中的 240 厚的墙体。设置多线样式为 "240"，对正模式为无，输入多线比例为 1，在命令行提示 "指定起点或[对正（J）/比例（S）/样式（ST）]:" 后选择竖直轴线下端点向上绘制墙线，如图 8-36 所示。

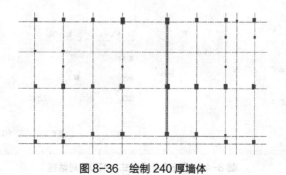

图 8-36　绘制 240 厚墙体

② 利用上述方法完成平面图中剩余 240 厚墙体的绘制，如图 8-37 所示。

（4）设置多线样式。具体操作步骤如下。

在建筑结构中，包括承载受力的承重结构和用来分割空间、美化环境的非承重墙。

① 选择"格式"→"多线样式"命令，打开"多线样式"对话框，如图 8-38 所示。

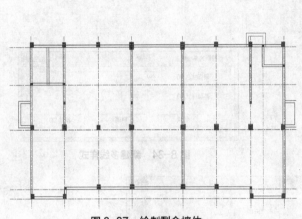

图 8-37　绘制剩余墙体

图 8-38　"多线样式"对话框

② 在"多线样式"对话框中，单击右侧的"新建"按钮，打开"创建新的多线样式"对话框，如图 8-39 所示。在"新样式名"文本框中输入"120"，作为多线的名称。单击"继续"按钮，打开"新建多线样式：120"对话框，如图 8-40 所示。

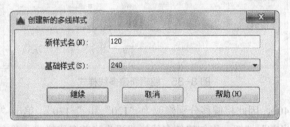

图 8-39　"创建新的多线样式"对话框

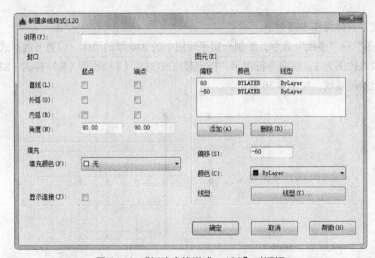

图 8-40　"新建多线样式：120"对话框

③ 墙体的宽度为"120"，因此将偏移分别设置为"60"和"-60"，单击"确定"按钮回到"多线样式"对话框，单击"置为当前"按钮，将创建的多线样式设为当前多线样式，单击"确定"按钮，回到绘图状态。

④ 选择"绘图"→"多线"命令，完成平面图中 120 厚墙体的绘制，如图 8-41 所示。

（5）绘制 40 厚的墙体。具体操作步骤如下。

① 选择"格式"→"多线样式"命令，打开"多线样式"对话框，如图 8-42 所示。

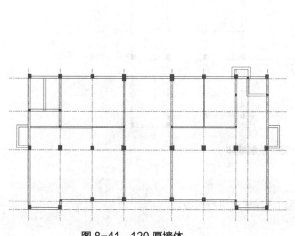

图 8-41　120 厚墙体

图 8-42　"多线样式"对话框

② 在"多线样式"对话框中，单击右侧的"新建"按钮，打开"创建新的多线样式"对话框，如图 8-43 所示。在"新样式名"文本框中输入"40"，作为多线的名称。单击"继续"按钮，打开"新建多线样式：40"对话框，如图 8-44 所示。

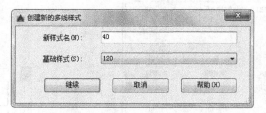

图 8-43　"创建新的多线样式"对话框

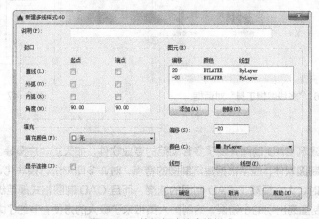

图 8-44　编辑新建的多线样式

③ "墙"为绘制外墙时应用的多线样式，由于外墙的宽度为"40"，所以按照图 8-45 所示，将偏移分别修改为"20"和"-20"，单击"确定"按钮回到"多线样式"对话框，单击"置为当前"按钮，将创建的多线样式设为当前多线样式，单击"确定"按钮，回到绘图状态。

④ 选择"绘图"→"多线"命令，绘制平面图中 40 厚的墙体，如图 8-45 所示。

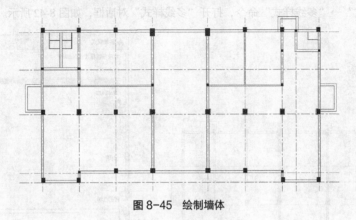

图 8-45　绘制墙体

 在绘制墙体时需要注意墙体厚度不同，要对多线样式进行修改。

（6）编辑墙线。具体操作步骤如下。

① 选择"修改"→"对象"→"多线"命令，弹出"多线编辑工具"对话框，如图 8-46 所示。

② 单击"T 形打开"选项，选取多线进行操作，使两段墙体贯穿，完成多线修剪，如图 8-47 所示。

图 8-46　"多线编辑工具"对话框

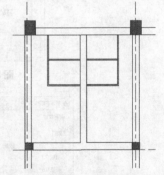

图 8-47　T 形打开

目前，国内对建筑 CAD 制图开发了多套规范的专业软件，如天正、广厦等。这些以 AutoCAD 为平台开发的制图软件，通常根据建筑制图的特点，对许多图形进行模块化、参数化，故在使用这些专业软件时，大大提高了 CAD 制图的速度，而且 CAD 制图格式规范统一，大大降低了一些单靠 CAD 制图易出现的小错误，给制图人员带来了极大的方便，节约了大量的制图时间，感兴趣的读者也可试一试相关软件。

③ 利用上述方法结合其他多线编辑命令，完成图形墙线的编辑，如图 8-48 所示。

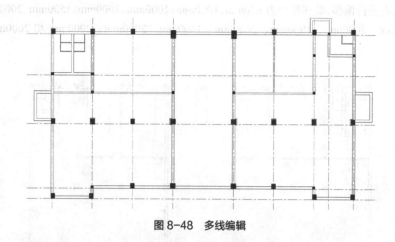

图 8-48　多线编辑

要点提示

有一些多线并不适合利用多线编辑命令修改，我们可以先将多线分解，直接利用"修剪"命令进行修改。

（7）整理墙线。具体操作步骤如下。

① 关闭"轴线"图层，单击"默认"选项卡"修改"面板中的"分解"按钮 🗗，选择上步绘制的所有墙线为分解对象，按 Enter 键确认对其进行分解。

② 单击"默认"选项卡"修改"面板中的"偏移"按钮 ⚒，选择图 8-49 所示的墙线为偏移对象并向内进行偏移，偏移距离为 120mm。

③ 单击"默认"选项卡"修改"面板中的"删除"按钮 ✍，选择原偏移对象为删除对象，将其删除，如图 8-50 所示。

④ 单击"默认"选项卡"修改"面板中的"修剪"按钮 ⊁，将选择删除线段后保留的底部水平边作为修剪对象并对其进行修剪，如图 8-51 所示。

图 8-49　偏移线段　　　　图 8-50　删除线段　　　　图 8-51　修剪线段

8.2.5　绘制门窗

首先利用二维绘图和修改命令绘制出门窗洞口，然后将绘制好的单扇门和双扇门定义为块插入到图中，最后绘制窗线和推拉门。

操作步骤如下：

（1）修剪窗洞。具体操作步骤如下。

① 关闭"轴线"图层，单击"默认"选项卡"修改"面板中的"偏移"按钮 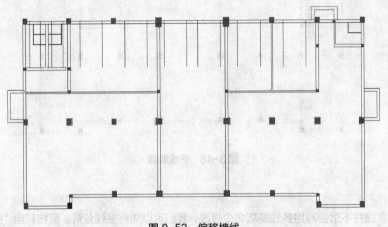，选择左侧竖直墙线为偏移对象并向右进行偏移，偏移距离为 620mm、1000mm、1000mm、1000mm、1500mm、2000mm、2000mm、2000mm、1500mm、2000mm、1000mm、2000mm、1500mm、2000mm、2000mm 和 2000mm，如图 8-52 所示。

图 8-52　偏移墙线

② 单击"默认"选项卡"修改"面板中的"修剪"按钮 ，选择上步偏移的线段间的墙体为修剪对象并对其进行修剪，然后打开关闭的"轴线"图层，如图 8-53 所示。

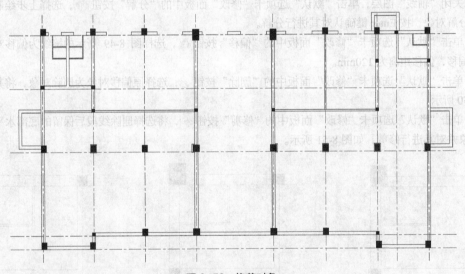

图 8-53　修剪对象

③ 利用上述方法完成平面图中剩余窗线的创建，如图 8-54 所示。

（2）单击"默认"选项卡"图层"面板中的"图层特性"下拉列表框处的"门窗"图层设置为当前图层。

（3）设置多线样式。具体操作步骤如下。

① 选择"格式"→"多线样式"命令，打开"多线样式"对话框，如图 8-55 所示。

② 在"多线样式"对话框中，单击右侧的"新建"按钮，打开"创建新的多线样式"对话框，如图 8-56 所示。在"新样式名"文本框中输入"窗"，作为多线的名称。单击"继续"按钮，打开"新建多线样式：窗"对话框，如图 8-57 所示。

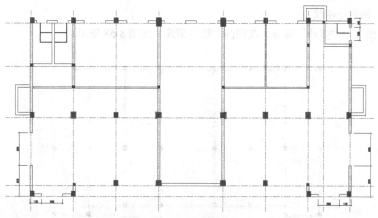

图 8-54 绘制窗线

图 8-55 "多线样式"对话框

图 8-56 "创建新的多线样式"对话框

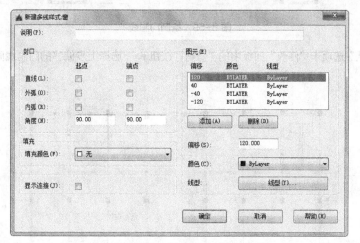

图 8-57 "新建多线样式：窗"对话框

③ 窗户所在墙体宽度为 240mm，因此将偏移分别修改为 120mm 和-120mm，40mm 和-40mm，单击"确定"按钮。回到"多线样式"对话框中，单击"置为当前"按钮，将创建的多线样式设为当前多线样式，单

击"确定"按钮，回到绘图状态。

④ 选择"绘图"→"多线"命令，在窗洞内绘制窗线，如图 8-58 所示。

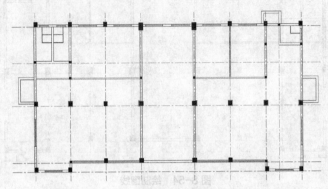

图 8-58　绘制窗线

（4）绘制门洞。具体操作步骤如下。

① 单击"默认"选项卡"修改"面板中的"偏移"按钮，选择左边外侧竖直墙线为偏移对象并向内进行偏移，偏移距离为 840mm、320mm、1840mm、360mm、540mm、3281mm、1800mm、12038mm、800mm、520mm 和 800mm，如图 8-59 所示。

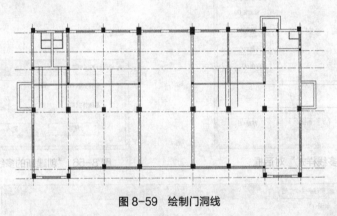

图 8-59　绘制门洞线

② 单击"默认"选项卡"修改"面板中的"修剪"按钮，选择上步偏移的门洞线间的墙体进行修剪，如图 8-60 所示。

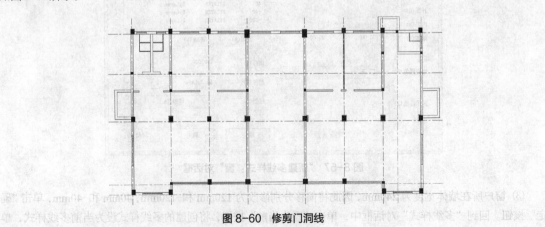

图 8-60　修剪门洞线

③ 利用上述门洞线的绘制方法完成图形中剩余门洞线的绘制，如图 8-61 所示。

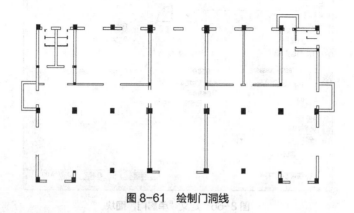

图 8-61　绘制门洞线

（5）绘制门。具体操作步骤如下。

① 单击"默认"选项卡"绘图"面板中的"矩形"按钮 □，在图形适当位置绘制一个 40mm×900mm 的矩形，如图 8-62 所示。

② 单击"默认"选项卡"绘图"面板中的"直线"按钮 ∕，以上步绘制的矩形的右下角点为直线起点 向右绘制一条长为 860mm 的直线，如图 8-63 所示。

③ 单击"默认"选项卡"绘图"面板中的"圆弧"按钮 ∕，以"起点、端点、角度"方式绘制圆弧，如图 8-64 所示。

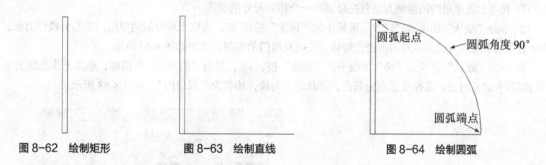

图 8-62　绘制矩形　　　　　图 8-63　绘制直线　　　　　图 8-64　绘制圆弧

④ 单击"默认"选项卡"块"面板中的"创建"按钮 🖾，弹出"块定义"对话框，如图 8-65 所示。选择 上步绘制的单扇门图形为定义对象，选择任意点为基点，将其定义为块，块名为"单扇门"，如图 8-66 所示。

图 8-65　"块定义"对话框

图 8-66 定义"单扇门"图块

绘制圆弧时，注意指定合适的端点或圆心，指定端点的时针方向即绘制圆弧的方向。例如要绘制图示的下半圆弧，则起始端点应在左侧，终止端点应在右侧，此时端点的时针方向为逆时针，即得到相应的逆时针圆弧。

（6）绘制双扇门。具体操作步骤如下。

① 利用上述单扇门的绘制方法首先绘制出一个相同尺寸的图形。

② 单击"默认"选项卡"修改"面板中的"镜像"按钮▲，选取上步绘制的单扇门图形为镜像对象，选择竖直上下两点为镜像点对图形进行镜像，完成双扇门的绘制，结果如图 8-67 所示。

③ 单击"默认"选项卡"块"面板中的"创建"按钮 ，弹出"块定义"对话框，选择上步绘制的双扇门图形为定义对象，选择任意点为基点，将其定义为块，块名为"双扇门"，如图 8-68 所示。

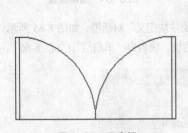

图 8-67 双扇门

图 8-68 定义"双扇门"图块

（7）绘制入室门。具体操作步骤如下。

① 单击"默认"选项卡"绘图"面板中的"矩形"按钮 口，在图形空白区域任选一点为起点绘制一个 40mm×750mm 的矩形，如图 8-69 所示。

② 利用前面讲述的绘制单扇门的方法，绘制一个适当大小的单扇门图形，如图 8-70 所示。

③ 单击"默认"选项卡"修改"面板中的"镜像"按钮▲，选择上步绘制的单扇门图形为镜像对象，对其进行竖直镜像，如图 8-71 所示。

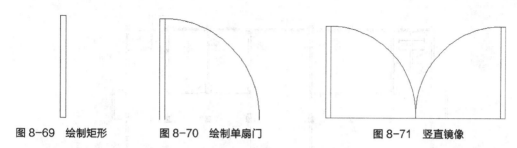

图 8-69　绘制矩形　　　　图 8-70　绘制单扇门　　　　　图 8-71　竖直镜像

④ 单击"默认"选项卡"修改"面板中的"镜像"按钮 ⚠，选择上步绘制的图形为镜像对象，对其进行水平镜像，如图 8-72 所示。

⑤ 单击"默认"选项卡"块"面板中的"创建"按钮 🔲，弹出"块定义"对话框，选择上步绘制的对开门图形为定义对象，选择任意点为基点，将其定义为块，块名为"对开门"，如图 8-73 所示。

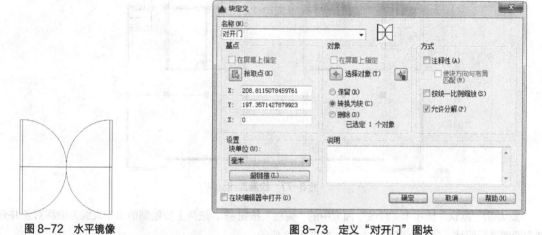

图 8-72　水平镜像　　　　　　　图 8-73　定义"对开门"图块

（8）利用上述方法绘制一个不同尺寸的对开门图形，如图 8-74 所示。

（9）利用上述方法完成卫生间门图形及阳台门图形的绘制，如图 8-75 所示。

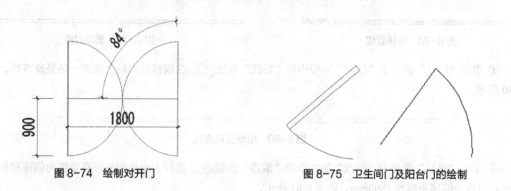

图 8-74　绘制对开门　　　　　　　图 8-75　卫生间门及阳台门的绘制

（10）单击"默认"选项卡"修改"面板中的"复制"按钮 🔾，选择前面定义为块的单扇门图形为复制对象，对其进行复制，结合所学修改命令完成图形中所有单扇门的绘制，如图 8-76 所示。

（11）绘制窗线。具体操作步骤如下。

① 单击"默认"选项卡"绘图"面板中的"直线"按钮 ✏，在图形中间适当位置绘制一条水平直线，如图 8-77 所示。

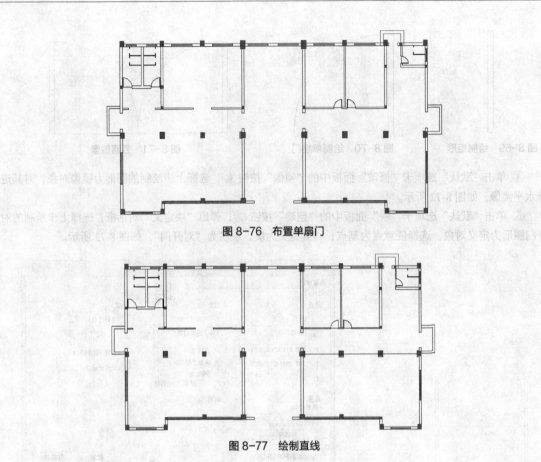

图 8-76 布置单扇门

图 8-77 绘制直线

② 单击"默认"选项卡"修改"面板中的"偏移"按钮，选择上步绘制的水平直线为偏移对象并分别向两侧进行偏移，偏移距离均为 6mm，如图 8-78 所示。

③ 单击"默认"选项卡"修改"面板中的"删除"按钮，选择中间原始线段为删除对象并将其删除，如图 8-79 所示。

图 8-78 偏移直线

图 8-79 删除对象

④ 单击"默认"选项卡"绘图"面板中的"直线"按钮，在偏移的线段上绘制一条竖直直线，如图 8-80 所示。

图 8-80 绘制竖直直线

⑤ 单击"默认"选项卡"修改"面板中的"偏移"按钮，选择上步绘制的竖直直线为偏移对象并向右进行偏移，偏移距离为 1800mm，如图 8-81 所示。

图 8-81 偏移竖直直线

⑥ 单击"默认"选项卡"修改"面板中的"修剪"按钮，选择偏移的竖直直线间的线段为修剪对象，如图 8-82 所示。

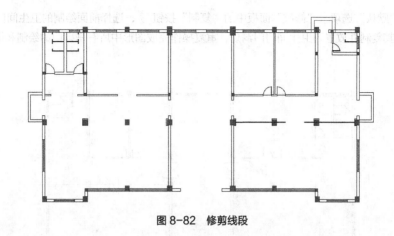

图 8-82　修剪线段

（12）单击"默认"选项卡"修改"面板中的"复制"按钮，选择前面绘制的 1800mm 宽的对开门为复制对象，将其放置到修剪的门洞内，同理，将双扇门插入到图中合适的位置处，如图 8-83 所示。

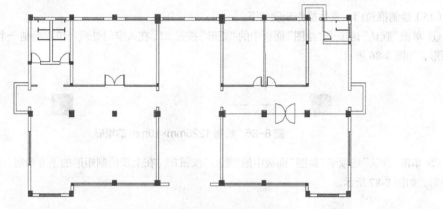

图 8-83　复制门图形至修剪的门洞内

（13）单击"默认"选项卡"修改"面板中的"复制"按钮，选择前面定义为块的对开门为复制对象，将其复制并放置到对开门门洞处，如图 8-84 所示。

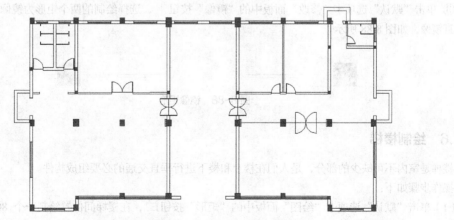

图 8-84　复制对开门图形至对开门门洞处

（14）单击"默认"选项卡"修改"面板中的"复制"按钮 🖧，选择前面绘制的卫生间门为复制对象，结合修改命令将其复制并放置到卫生间门门洞处，重复操作完成图形中所有基础门的绘制和阳台门的放置，如图 8-85 所示。

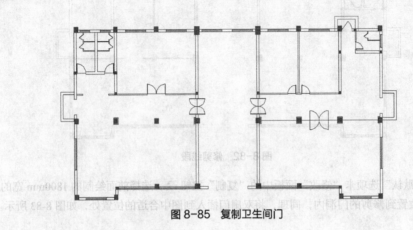

图 8-85 复制卫生间门

（15）绘制推拉门。具体操作步骤如下。

① 单击"默认"选项卡"绘图"面板中的"矩形"按钮 ▭，在入室门处适当位置绘制一个 1225mm×10mm 的矩形，如图 8-86 所示。

图 8-86 绘制 1225mm×10mm 的矩形

② 单击"默认"选项卡"绘图"面板中的"矩形"按钮 ▭，在上步绘制矩形的下方绘制一个 725mm×10mm 的矩形，如图 8-87 所示。

图 8-87 绘制 725mm×10mm 的矩形

③ 单击"默认"选项卡"修改"面板中的"镜像"按钮 ⚮，选择绘制的两个矩形为镜像对象，对其进行竖直镜像，如图 8-88 所示。

图 8-88 镜像矩形

8.2.6 绘制楼梯

楼梯是室内不可缺少的部分，是人们在楼上和楼下进行垂直交通的必要组成构件。

操作步骤如下：

（1）单击"默认"选项卡"绘图"面板中的"矩形"按钮 ▭，在楼梯间位置绘制一个 80mm×2400mm 的矩形，如图 8-89 所示。

（2）单击"默认"选项卡"绘图"面板中的"直线"按钮 ，在上步绘制的矩形上选取一点为直线起点，向右绘制一条长为 1815mm 的水平直线，如图 8-90 所示。

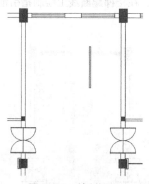

图 8-89　绘制矩形

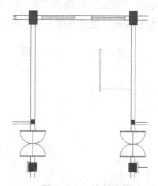

图 8-90　绘制直线

（3）单击"默认"选项卡"修改"面板中的"偏移"按钮 ，选择上步绘制的水平直线为偏移对象并向上进行偏移，偏移距离为 280mm，偏移 8 次，如图 8-91 所示。

（4）单击"默认"选项卡"绘图"面板中的"直线"按钮 ，在上步偏移的线段上绘制一条斜向直线，如图 8-92 所示。

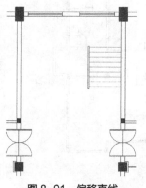

图 8-91　偏移直线

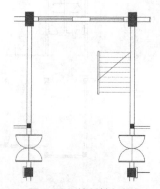

图 8-92　绘制斜向直线

（5）单击"默认"选项卡"修改"面板中的"修剪"按钮 ，对上步图形进行修剪，如图 8-93 所示。

（6）单击"默认"选项卡"绘图"面板中的"直线"按钮 ，在绘制的斜线上绘制连续直线，如图 8-94所示。

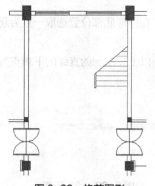

图 8-93　修剪图形

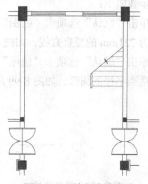

图 8-94　绘制连续直线

（7）单击"默认"选项卡"修改"面板中的"修剪"按钮 ⁻/⁻，对上步绘制的线段进行修剪，如图 8-95 所示。

（8）单击"默认"选项卡"绘图"面板中的"多段线"按钮 ⊃，在楼梯踢断线上绘制指引箭头，设置起点宽度为 50mm，端点宽度为 0，如图 8-96 所示。

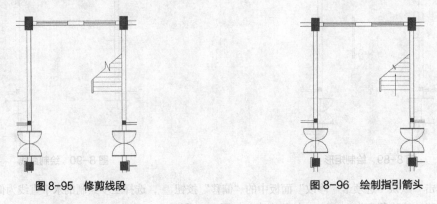

图 8-95　修剪线段　　　　　　　　　　　　　　　　图 8-96　绘制指引箭头

（9）其他楼梯的绘制方法基本相同，在此不做详细阐述，结果如图 8-97 所示。

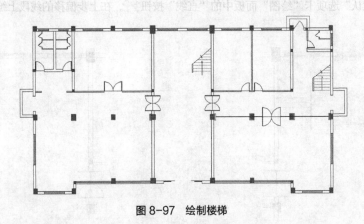

图 8-97　绘制楼梯

8.2.7　绘制停车过道

利用二维绘图和修改命令绘制停车过道，在绘制过程中，由于左右两侧的图形对称，所以我们可以采用镜像的方法，将绘制好的一侧图形镜像到另外一侧。

操作步骤如下：

（1）单击"默认"选项卡"绘图"面板中的"直线"按钮 ✏，在图形底部位置选取一点为起点，绘制一条长度为 721mm 的竖直直线，如图 8-98 所示。

（2）单击"默认"选项卡"绘图"面板中的"圆弧"按钮 ⌒，以上步绘制的直线的下端点为圆弧起点绘制一段适当半径的圆弧，如图 8-99 所示。

图 8-98　绘制直线　　　　　　　　　　　　　　图 8-99　绘制圆弧

（3）单击"默认"选项卡"修改"面板中的"偏移"按钮 ⊆ ，选择上步绘制的竖直直线和圆弧为偏移对象并分别向外偏移，偏移距离为100mm。单击"默认"选项卡"修改"面板中的"修剪"按钮 +-- ，选择偏移线段为修剪对象并对其进行修剪，如图8-100所示。

（4）单击"默认"选项卡"修改"面板中的"镜像"按钮 ⚎ ，选择上步的修剪线段为镜像对象，对其向右进行镜像，然后单击"默认"选项卡"修改"面板中的"复制"按钮 ⅋ 和"修剪"按钮 +-- ，完成下侧圆弧和直线的绘制，最后整理图形，结果如图8-101所示。

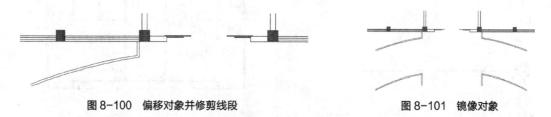

图 8-100 偏移对象并修剪线段　　　　　　　　　图 8-101 镜像对象

（5）单击"默认"选项卡"绘图"面板中的"直线"按钮 ╱ ，在图形适当位置绘制两条斜向线段，如图8-102所示。

（6）单击"默认"选项卡"修改"面板中的"修剪"按钮 +-- ，对上步图形中多余的线段进行修剪，如图8-103所示。

图 8-102 绘制斜线段　　　　　　　　　　　图 8-103 修剪多余线段

（7）单击"默认"选项卡"绘图"面板中的"直线"按钮 ╱ ，在图形适当位置绘制一条水平直线，如图8-104所示。

（8）单击"默认"选项卡"修改"面板中的"偏移"按钮 ⊆ ，选择上步绘制的水平直线为偏移对象并向下进行偏移，偏移距离为280mm，如图8-105所示。

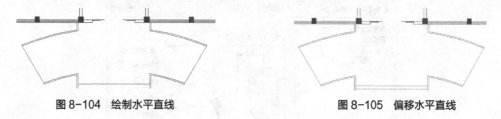

图 8-104 绘制水平直线　　　　　　　　　　　图 8-105 偏移水平直线

（9）单击"默认"选项卡"绘图"面板中的"直线"按钮 ╱ ，在图形底部位置绘制一条长为2961mm的水平直线，如图8-106所示。

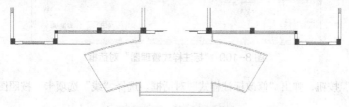

图 8-106 绘制水平直线

（10）单击"默认"选项卡"绘图"面板中的"圆弧"按钮 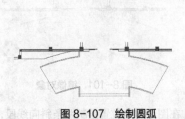，以上步绘制的直线右端点为圆弧起点绘制一段适当半径的圆弧，如图 8-107 所示。

（11）单击"默认"选项卡"修改"面板中的"镜像"按钮 ，选择左侧已有图形为镜像对象并向右侧进行竖直镜像，如图 8-108 所示。

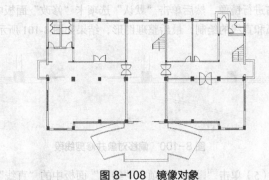

图 8-107 绘制圆弧　　　　　　　　　　　　　　　**图 8-108 镜像对象**

> **要点提示**
>
> 如果不事先设置线型，除了基本的 Continuous 线型外，其他的线型不会显示在"线型"选项后面的下拉列表框中。

8.2.8 尺寸标注

首先设置标注样式，然后利用"线性"和"连续"标注命令标注图形。

操作步骤如下：

（1）单击"默认"选项卡"图层"面板中的"图层特性"下拉列表框处的"尺寸"图层设置为当前图层。

（2）设置标注样式。具体操作步骤如下。

① 单击"默认"选项卡"注释"面板中的"标注样式"按钮 ，弹出"标注样式管理器"对话框，如图 8-109 所示。

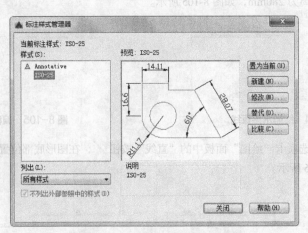

图 8-109 "标注样式管理器"对话框

② 单击"修改"按钮，弹出"修改标注样式"对话框。选择"线"选项卡，按照图 8-110 所示修改标注样式。

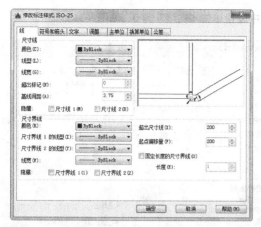

图 8-110 "线"选项卡

③ 选择"符号和箭头"选项卡，按照图 8-111 所示的设置进行修改，箭头样式选择为"建筑标记"，"箭头大小"修改为 200mm，其他设置保持默认。

图 8-111 "符号和箭头"选项卡

④ 在"文字"选项卡中设置"文字高度"为 300mm，其他设置保持默认，如图 8-112 所示。

图 8-112 "文字"选项卡

⑤ 在"主单位"选项卡中设置单位"精度"为 0，如图 8-113 所示。

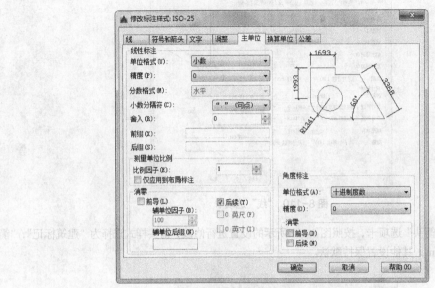

图 8-113 "主单位"选项卡

（3）单击"默认"选项卡"注释"面板中的"线性"按钮 和"连续"按钮 ，为图形添加第一道尺寸标注，如图 8-114 所示。

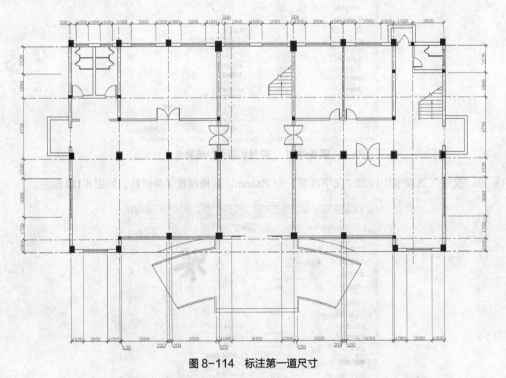

图 8-114 标注第一道尺寸

（4）单击"默认"选项卡"绘图"面板中的"直线"按钮 ，在下侧尺寸线处绘制直线，然后将尺寸线分解，单击"默认"选项卡"修改"面板中的"修剪"按钮 ，修剪掉多余的尺寸线，使尺寸对齐，结果如图 8-115 所示。

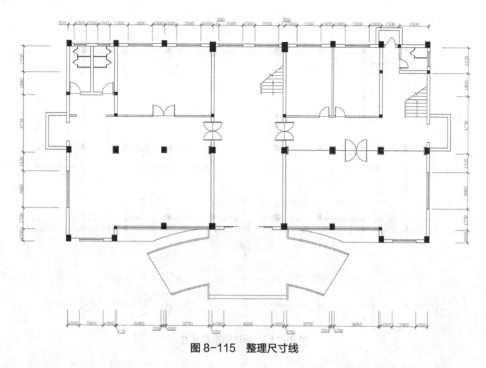

图 8-115 整理尺寸线

（5）单击"默认"选项卡"注释"面板中的"线性"按钮├┤和"连续"按钮┼┼，为图形添加第二道尺寸标注，如图 8-116 所示。

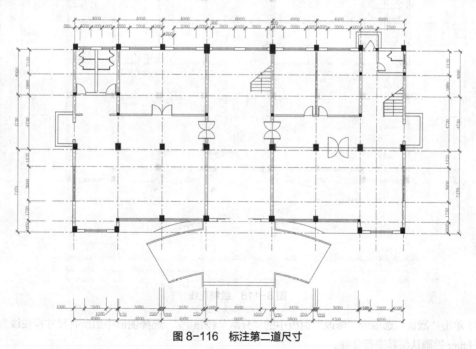

图 8-116 标注第二道尺寸

（6）单击"默认"选项卡"注释"面板中的"线性"按钮├┤，为图形添加总尺寸标注，如图 8-117 所示。

（7）单击"默认"选项卡"绘图"面板中的"直线"按钮╱，分别在标注的尺寸线上方绘制直线，如图 8-118 所示。

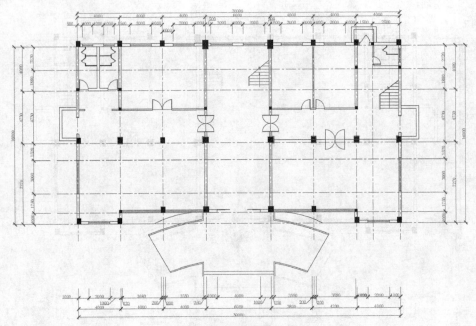

图 8-117　标注图形总尺寸

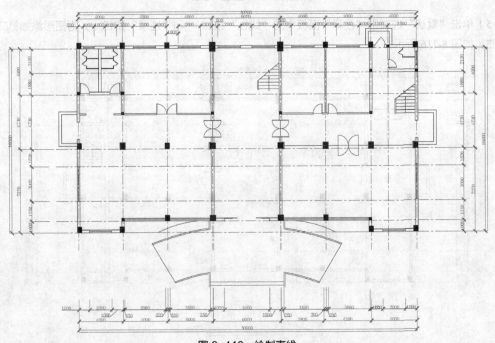

图 8-118　绘制直线

（8）单击"默认"选项卡"修改"面板中的"分解"按钮，选择图形中的所有尺寸标注线为分解对象，按 Enter 键确认将其进行分解。

（9）单击"默认"选项卡"修改"面板中的"延伸"按钮，选择分解后的竖直尺寸标注线为延伸对象并向上延伸至绘制的直线处，如图 8-119 所示。

（10）单击"默认"选项卡"修改"面板中的"删除"按钮，选择尺寸线上方绘制的线段为删除对象并将其删除，如图 8-120 所示。

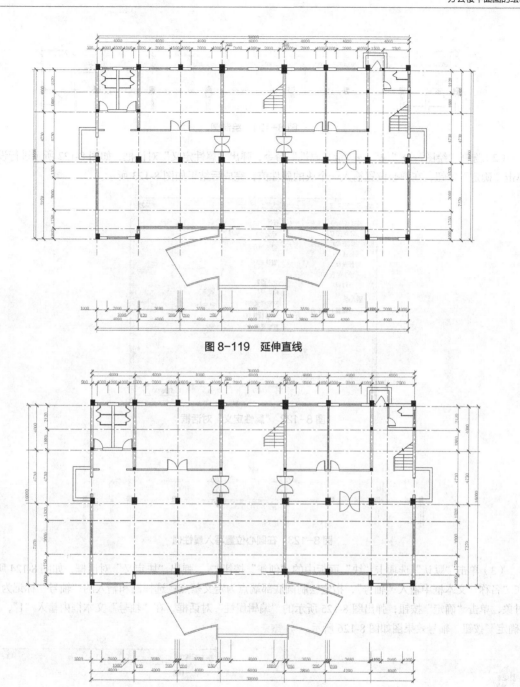

图 8-119 延伸直线

图 8-120 删除直线

8.2.9 添加轴号

为图形添加轴号有两种方法，可以利用"圆"和"多行文字"命令进行绘制，也可以利用"定义属性"的方法创建成块，插入到图中。

操作步骤如下：

（1）单击"默认"选项卡"绘图"面板中的"圆"按钮⊘，绘制一个半径为 400mm 的圆，如图 8-121
所示。

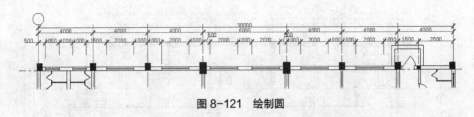

图 8-121 绘制圆

（2）选择"绘图"→"块"→"定义属性"命令，弹出"属性定义"对话框，如图 8-122 所示进行设置，单击"确定"按钮，在圆心位置输入一个块的属性值，完成后结果如图 8-123 所示。

图 8-122 "属性定义"对话框

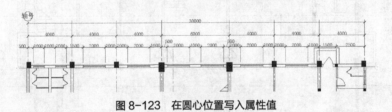

图 8-123 在圆心位置写入属性值

（3）单击"默认"选项卡"块"面板中的"创建"按钮，弹出"块定义"对话框，如图 8-124 所示。在"名称"文本框中输入"轴号"，指定绘制圆底部端点为定义基点；选择圆和输入的"轴号"标记为定义对象，单击"确定"按钮，弹出图 8-125 所示的"编辑属性"对话框，在"轴号"文本框内输入"1"，单击"确定"按钮，轴号效果图如图 8-126 所示。

图 8-124 "块定义"对话框

图 8-125 "编辑属性"对话框

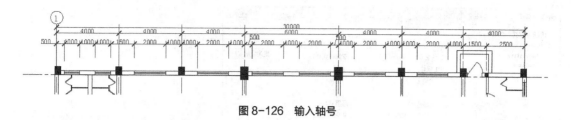

图 8-126 　输入轴号

（4）单击"默认"选项卡"块"面板中的"插入"按钮，弹出"插入"对话框，将"轴号"图块依次插入到轴线上并修改图块属性，最终完成图形中所有轴号的插入，其效果如图 8-127 所示。

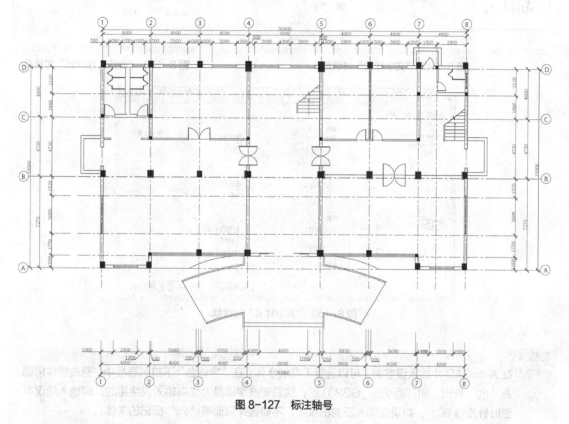

图 8-127 　标注轴号

8.2.10　文字标注

首先设置文字样式，然后利用"多行文字"命令标注一层平面图。

操作步骤如下：

（1）单击"默认"选项卡"图层"面板中的"图层特性"下拉列表框处的"文字"图层设置为当前图层，然后关闭"轴线"图层。

（2）设置文字样式。具体操作步骤如下。

① 单击"默认"选项卡"注释"面板中的"文字样式"按钮，弹出"文字样式"对话框，如图 8-128所示。

② 单击"新建"按钮，弹出"新建文字样式"对话框，将文字样式命名为"说明"，如图 8-129 所示。

③ 单击"确定"按钮，在"文字样式"对话框中取消选中"使用大字体"复选框，然后在"字体名"下拉列表框中选择"宋体"，将"高度"设置为 600，如图 8-130 所示。

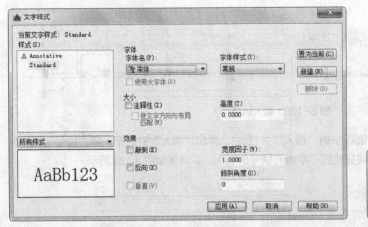

图 8-128 "文字样式"对话框

图 8-129 "新建文字样式"对话框

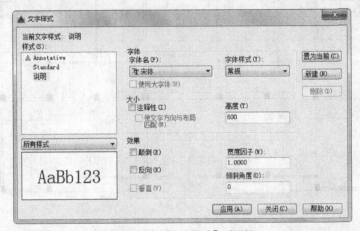

图 8-130 "文字样式"对话框

> **要点提示**
> 在 AutoCAD 中输入汉字时，可以选择不同的字体。在"字体名"下拉列表框中，有些字体前面有"@"标记，如"@仿宋_GB2312"，这说明该字体是为横向输入汉字用的，即输入的汉字逆时针旋转 90°，如果要输入正向的汉字，不能选择前面带"@"标记的字体。

（3）单击"默认"选项卡"注释"面板中的"多行文字"按钮 A，为图形添加文字说明，最终完成图形中文字的标注，如图 8-2 所示。

8.3 二层平面图

如图 8-131 所示，二层为企业的核心办公区，包括销售科、外销售科、总务室、财务室、过道、总经理办公室、样品间、休息间、董事长办公室。样品间主要作为展示企业产品样品的陈列室，一般不常有人出入，所以布置在位置相对差一点的楼梯口对面位置。其他结构布局基本以样品间为轴对称布置，左边为负责日常生产经营的管理层办公区域，包括总经理办公室和附属的销售科和外销售科办公室；右边为负责资本运行的管理层办公区域，包括董事长办公室以及附属的总务室和财务室。由于董事长的最高领导地位关系，在董事长办公室再附设休息室。公共卫生间和楼梯分别布置在楼层的两侧。

二层弧形外墙整个设置成玻璃幕墙，这样可使整个楼层显得明亮通透、光线充足。整个二层建筑结构布局既保持相对独立的对称，又不失紧凑和谐。

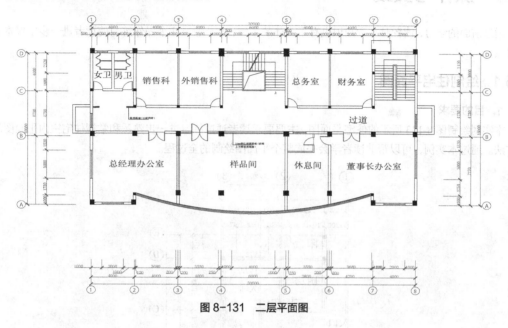

图 8-131　二层平面图

8.4　三层平面图

如图 8-132 所示，三层为休息娱乐功能区，这部分区域相对私密和次要，所以安排在员工涉足相对少的三楼，包括 4 间客房、乒乓球活动室、台球活动室、小型会议室。以过道为界，背面为 4 间客房包间，以中间楼梯为轴左右对称布置，客房相对封闭安静，有利于客人休息。过道正面分别为台球活动室、乒乓球活动室以及会议室，属于企业员工和客人休闲娱乐以及召开会议的地方。

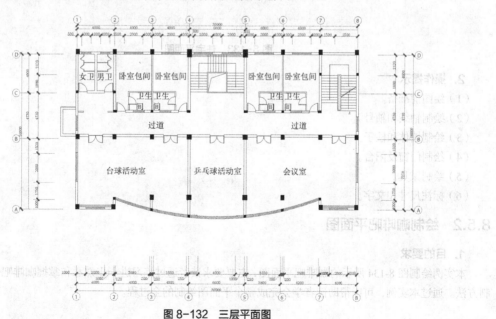

图 8-132　三层平面图

8.5 操作与实践

通过前面的学习，读者对本章知识也有了大体的了解，本节通过几个操作练习使读者进一步掌握本章知识要点。

8.5.1 绘制住宅平面图

1. 目的要求

本实例绘制图 8-133 所示的住宅平面图，主要要求读者通过练习进一步熟悉和掌握住宅室内平面图的绘制方法。通过本实例，可以帮助读者学会完成整个平面图绘制的全过程。

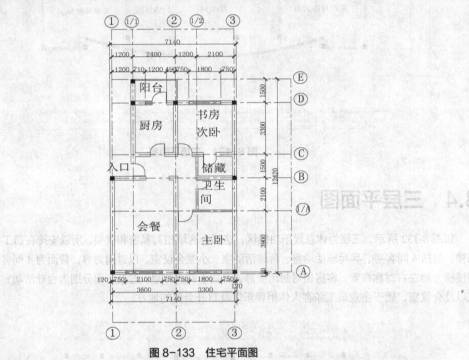

图 8-133 住宅平面图

2. 操作提示

（1）绘图前准备。

（2）绘制轴线和轴号。

（3）绘制墙体和柱子。

（4）绘制门窗及阳台。

（5）绘制家具。

（6）标注尺寸和文字。

8.5.2 绘制咖啡吧平面图

1. 目的要求

本实例绘制图 8-134 所示的咖啡吧平面图，主要要求读者通过练习进一步熟悉和掌握咖啡吧平面图的绘制方法。通过本实例，可以帮助读者学会完成整个平面图绘制的全过程。

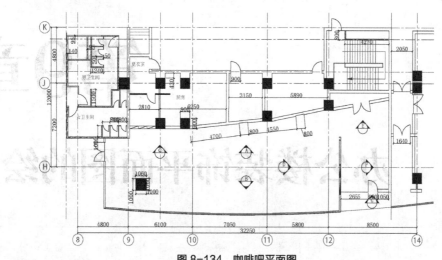

图 8-134　咖啡吧平面图

2．操作提示

（1）绘图前准备。

（2）绘制定位辅助线。

（3）绘制柱子。

（4）绘制墙线、门窗、洞口。

（5）绘制楼梯及台阶。

（6）绘制装饰凹槽。

（7）标注尺寸。

（8）标注文字。

第9章

办公楼装饰平面图的绘制

■ 装饰平面图是在建筑平面图基础上的深化和细化。办公空间装饰平面设计需要考虑几个问题：对各功能的使用空间在平面上作合理的布局；对各功能区进行合理安排；对分配好的空间进行平面形式的设计；设定地面材料和设计地面图案。其中空间的平面分配是最重要的任务，指的是决定与划分普通工作人员、各级干部、领导和各功用空间的平面使用面积，这是一个统筹的问题。通常，客户在给我们提设计要求时，往往会指定需要多少个部门和公用空间（如门厅、接待室、会议室、电脑室等），还有领导需要多少面积和多少设施等。装饰是室内设计的精髓所在，是对局部细节的布置和雕琢，下面主要讲解装饰平面图的绘制方法。

9.1　一层装饰平面图

一层装饰平面图主要表现一层各个建筑结构单元的家具和办公设备陈设的布置情况。

左边的餐厅部分，根据就餐对象不同，员工餐厅整齐有序地摆放 12 张方餐桌；客人餐厅摆放两张圆餐桌，中间布置活动屏风，可根据需要，随时将两张餐桌分开或合并。

右边部分的办公区则根据功能需要有序地摆放 5 张电脑办公桌，同时在最右侧摆放客人休息组合沙发茶几，便于来办事的外单位或科室人员临时就座。

中间的大厅布置简单的沙发茶几供外单位拜访人员临时就座，以过道为界，前厅要求敞亮，所以只在一侧贴墙摆放 4 张单人沙发，不影响人员进出；后厅则摆放组合沙发茶几，可以供较多的客人停歇而不至于影响人员进出。

在进门处或有可能有客人停留的沙发休息区摆设盆景，以使人心情愉悦，休息放松。整个一层的室内布局既严谨有序，又整洁漂亮，在满足办公交流实际需要的同时也营造出一种祥和的氛围，如图 9-1 所示。

下面讲述一层装饰平面图的绘制。

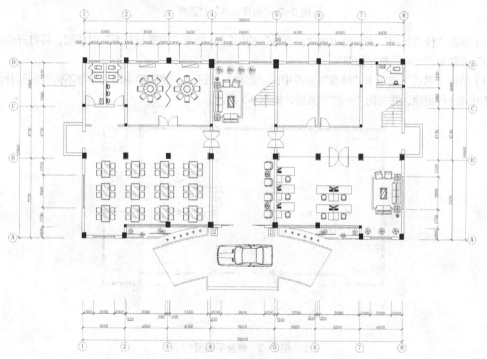

图 9-1　一层装饰平面图

绘制步骤（光盘\配套视频\第 9 章\一层装饰平面图.avi）：

9.1.1　绘图准备

本节主要是为绘制装饰平面图做的基础，只需将第 6 章绘制的一层平面图打开进行整理即可。

一层装饰平面图

操作步骤如下：

（1）单击"快速访问"工具栏中的"打开"按钮 📂，弹出"选择文件"对话框，如图 9-2 所示。选择"源文件\第 6 章\一层平面图"文件，单击"打开"按钮，打开绘制的一层平面图。

图 9-2 "选择文件"对话框

（2）单击"快速访问"工具栏中的"另存为"按钮，弹出"图形另存为"对话框，将打开的"一层平面图"另存为"一层装饰平面图"。

（3）单击"默认"选项卡"修改"面板中的"删除"按钮，将图形中的文字等不需要的部分作为删除对象对其进行删除，并关闭"标注"图层，如图 9-3 所示。

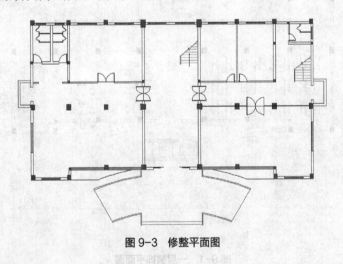

图 9-3 修整平面图

9.1.2 绘制家具图块

利用二维绘图和修改命令绘制家具图形，然后将其创建成块，以便后面家具的布置。

操作步骤如下：

1. 绘制八人餐桌

（1）单击"默认"选项卡"绘图"面板中的"圆"按钮，在图形空白区域任选一点为圆心，绘制一个半径为 600mm 的圆，如图 9-4 所示。

（2）单击"默认"选项卡"修改"面板中的"偏移"按钮，选择上步绘制的圆形为偏移对象并向内进行偏移，偏移距离为 273mm、39mm，如图 9-5 所示。

（3）单击"默认"选项卡"绘图"面板中的"直线"按钮 ✎，在绘制的初始圆上绘制一条斜向直线，如图9-6所示。

图9-4　绘制圆　　　　　　图9-5　偏移圆　　　　　　图9-6　绘制斜向直线

（4）单击"默认"选项卡"修改"面板中的"镜像"按钮 ⚖，选择上步绘制的斜向直线为镜像图形，对其进行竖直镜像，如图9-7所示。

（5）单击"默认"选项卡"修改"面板中的"环形阵列"按钮 ⚙，选择上步绘制的两条线段为阵列对象，对其进行环形阵列，设置阵列数目为11，如图9-8所示。

（6）单击"默认"选项卡"绘图"面板中的"直线"按钮 ✎，在图形空白区域绘制4条不相等的线段，如图9-9所示。

图9-7　镜像线段　　　　　　图9-8　阵列图形　　　　　　图9-9　绘制直线

（7）单击"默认"选项卡"修改"面板中的"圆角"按钮 ⬜，选择绘制的4条直线为圆角对象对其进行圆角处理，圆角半径为95mm，结果如图9-10所示。

（8）单击"默认"选项卡"绘图"面板中的"直线"按钮 ✎，在上步绘制的图形上选取一点作为直线起点向上绘制一条长为37mm的竖直直线，如图9-11所示。

（9）单击"默认"选项卡"修改"面板中的"偏移"按钮 ⬜，选择上步绘制的竖直直线为偏移对象并向右进行偏移，偏移距离为80mm，如图9-12所示。

图9-10　圆角处理　　　　　　图9-11　绘制直线　　　　　　图9-12　偏移直线

（10）单击"默认"选项卡"绘图"面板中的"圆弧"按钮 ，在上步图形上方绘制一段适当半径的圆弧，如图 9-13 所示。

（11）单击"默认"选项卡"修改"面板中的"偏移"按钮 ，选择上步绘制的圆弧为偏移对象并向上进行偏移，偏移距离为 50mm，如图 9-14 所示。

图 9-13　绘制圆弧

图 9-14　偏移圆弧

（12）单击"默认"选项卡"绘图"面板中的"圆弧"按钮 ，绘制两段圆弧封闭上步绘制的两段圆弧的端口，如图 9-15 所示。

（13）单击"默认"选项卡"修改"面板中的"移动"按钮 ，选择绘制的椅子图形为移动对象并将其移动放置到桌子图形处，如图 9-16 所示。

（14）单击"默认"选项卡"修改"面板中的"环形阵列"按钮 ，选择上步移动的椅子图形为阵列对象，设置圆形桌子圆心为阵列中心，阵列个数为 8，完成图形的绘制，如图 9-17 所示。

图 9-15　绘制圆弧

图 9-16　移动椅子

图 9-17　环形阵列椅子

（15）单击"默认"选项卡"块"面板中的"创建"按钮 ，弹出"块定义"对话框，如图 9-18 所示，选择上步图形为定义对象，选择任意点为基点，将其定义为块，块名为"八人餐桌"。

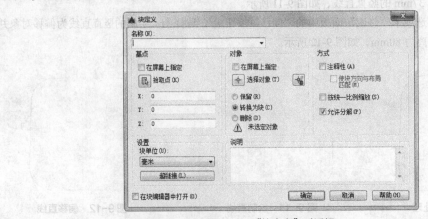

图 9-18　"块定义"对话框

2. 绘制四人餐桌

（1）单击"默认"选项卡"绘图"面板中的"矩形"按钮□，在图形空白区域绘制一个800mm×1500mm的矩形，如图9-19所示。

（2）单击"默认"选项卡"修改"面板中的"偏移"按钮⚌，选择上步绘制的矩形为偏移对象并向内进行偏移，偏移距离为40mm，如图9-20所示。

（3）单击"默认"选项卡"绘图"面板中的"直线"按钮／，绘制4条斜向直线，如图9-21所示。

图9-19　绘制矩形　　　　　　图9-20　偏移矩形　　　　　　图9-21　绘制直线

（4）单击"默认"选项卡"绘图"面板中的"直线"按钮／，在矩形图形内绘制多条斜向直线，如图9-22所示。

（5）单击"默认"选项卡"绘图"面板中的"矩形"按钮□，在图形空白区域绘制一个400mm×500mm的矩形，如图9-23所示。

（6）单击"默认"选项卡"修改"面板中的"倒角"按钮／，选择上步绘制矩形的4条边为倒角对象并对其进行倒角处理，倒角距离为81mm，如图9-24所示。

图9-22　绘制直线　　　　　　图9-23　绘制矩形　　　　　　图9-24　倒角处理

（7）单击"默认"选项卡"绘图"面板中的"矩形"按钮□，在上步倒角后的矩形下端绘制一个22mm×32mm的矩形，如图9-25所示。

（8）单击"默认"选项卡"绘图"面板中的"直线"按钮／，在上步绘制的矩形内绘制一条竖直直线，如图9-26所示。

（9）单击"默认"选项卡"修改"面板中的"复制"按钮⅏，选择上步绘制的图形为复制对象并向上进行复制，如图9-27所示。

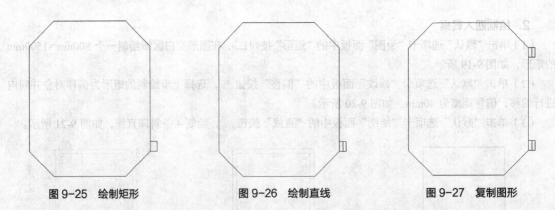

图 9-25　绘制矩形　　　　　　　　　图 9-26　绘制直线　　　　　　　　图 9-27　复制图形

（10）单击"默认"选项卡"绘图"面板中的"矩形"按钮□，在绘制的大矩形左端绘制一个 38mm×510mm 的矩形，如图 9-28 所示。

（11）单击"默认"选项卡"修改"面板中的"圆角"按钮□，选择上步绘制的矩形为圆角对象并对其进行圆角处理，圆角半径为 15mm，如图 9-29 所示。

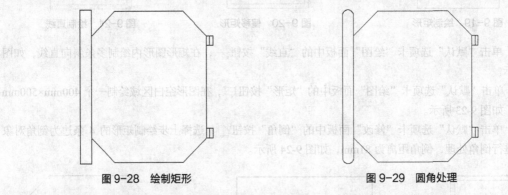

图 9-28　绘制矩形　　　　　　　　　　　　　　　　图 9-29　圆角处理

（12）单击"默认"选项卡"绘图"面板中的"矩形"按钮□，在上步绘制的矩形左侧绘制一个 18mm×32mm 的矩形，如图 9-30 所示。

（13）单击"默认"选项卡"修改"面板中的"复制"按钮□，选择上步绘制的矩形为复制对象并向上进行复制，完成图形的绘制，如图 9-31 所示。

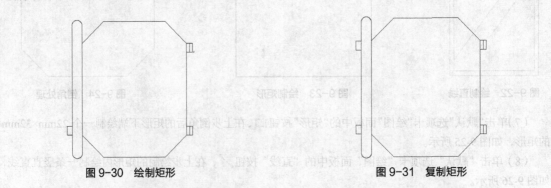

图 9-30　绘制矩形　　　　　　　　　　　　　　　图 9-31　复制矩形

（14）单击"默认"选项卡"修改"面板中的"移动"按钮✛，选择上步绘制完成的椅子图形为移动对象，将其移动放置到餐桌处，如图 9-32 所示。

（15）单击"默认"选项卡"修改"面板中的"复制"按钮□，选择上步移动的椅子图形为复制对象并向下复制一个椅子图形。

（16）单击"默认"选项卡"修改"面板中的"镜像"按钮 ⚖，选择上步绘制的两个椅子图形为镜像对象，将其向右侧进行镜像，如图9-33所示。

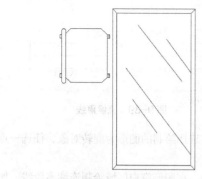

图9-32 移动椅子

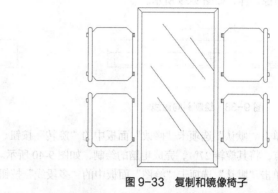

图9-33 复制和镜像椅子

（17）单击"默认"选项卡"块"面板中的"创建"按钮 🔲，弹出"块定义"对话框，选择上步图形为定义对象，选择任意点为基点，将其定义为块，块名为"四人餐桌"。

3. 绘制办公桌

（1）单击"默认"选项卡"绘图"面板中的"矩形"按钮 ▭，在图形空白区域绘制一个1650mm×750mm的矩形，如图9-34所示。

（2）单击"默认"选项卡"绘图"面板中的"矩形"按钮 ▭，在上步绘制矩形的下端绘制一个450mm×643mm的矩形，如图9-35所示。

图9-34 绘制1650mm×750mm的矩形

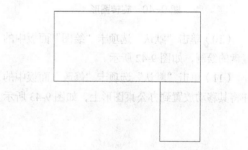

图9-35 绘制450mm×643mm的矩形

（3）单击"默认"选项卡"绘图"面板中的"矩形"按钮 ▭，在图形空白区域绘制 450mm×28mm、450mm×32mm、420mm×28mm和339mm×42mm的矩形。

（4）单击"默认"选项卡"修改"面板中的"移动"按钮 ✥，选择上步绘制的矩形进行移动，将矩形位置进行调整，如图9-36所示。

（5）单击"默认"选项卡"绘图"面板中的"直线"按钮 ╱，在上步绘制的图形上方绘制连续直线，如图9-37所示。

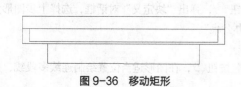

图9-36 移动矩形

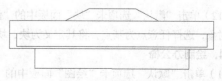

图9-37 绘制连续直线

（6）单击"默认"选项卡"绘图"面板中的"直线"按钮 ╱，在底部矩形内绘制一条斜向直线，如图 9-38 所示。

（7）单击"默认"选项卡"修改"面板中的"镜像"按钮 ⚖，选择上步绘制的斜向直线为镜像对象并对其进行镜像操作，如图 9-39 所示。

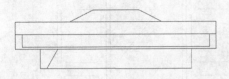

图 9-38　绘制斜向直线

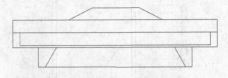

图 9-39　镜像直线

（8）单击"默认"选项卡"修改"面板中的"旋转"按钮 ◌，选择绘制的图形为旋转对象，任选一点为旋转基点，将其旋转 27°，完成电脑的绘制，如图 9-40 所示。

（9）单击"默认"选项卡"绘图"面板中的"多段线"按钮 ⌁，在图形空白区域绘制连续多段线，如图 9-41 所示。

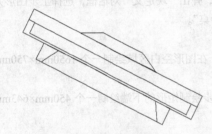

图 9-40　旋转图形

图 9-41　绘制图形

（10）单击"默认"选项卡"绘图"面板中的"矩形"按钮 ▭，在上步图形内绘制多个矩形，完成电脑键盘的绘制，如图 9-42 所示。

（11）单击"默认"选项卡"修改"面板中的"移动"按钮 ✛，选择绘制的电脑及电脑键盘为移动对象并将其移动放置到办公桌图形上，如图 9-43 所示。

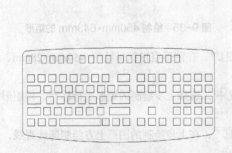

图 9-42　绘制矩形

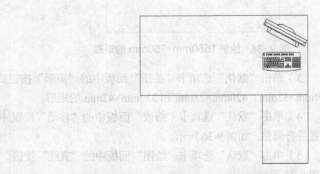

图 9-43　移动图形

（12）单击"默认"选项卡"块"面板中的"创建"按钮 ▱，弹出"块定义"对话框，选择上步图形为定义对象，选择任意点为基点，将其定义为块，块名为"办公桌"。

4．绘制办公椅

（1）单击"默认"选项卡"绘图"面板中的"多段线"按钮 ⌁，在图形适当位置绘制连续多段线，如图 9-44 所示。

（2）单击"默认"选项卡"绘图"面板中的"圆弧"按钮 ，在图形适当位置绘制圆弧，完成椅背的绘制，如图 9-45 所示。

图 9-44 绘制连续多段线

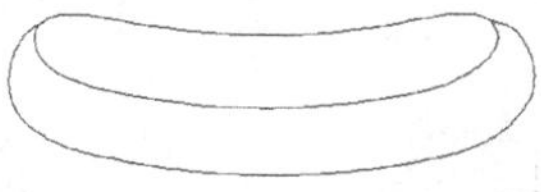

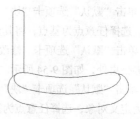

图 9-45 绘制圆弧

（3）单击"默认"选项卡"绘图"面板中的"直线"按钮 ，在图形适当位置绘制两条竖直直线，如图 9-46 所示。

（4）单击"默认"选项卡"绘图"面板中的"圆弧"按钮 ，绘制圆弧封闭两竖直直线端口，如图 9-47 所示。

图 9-46 绘制竖直直线

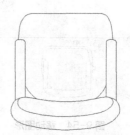

图 9-47 绘制圆弧

（5）单击"默认"选项卡"修改"面板中的"镜像"按钮 ，选择上步绘制的图形为镜像对象，将其进行镜像，完成扶手的绘制，如图 9-48 所示。

（6）单击"默认"选项卡"绘图"面板中的"直线"按钮 和"圆弧"按钮 ，完成椅面的绘制，如图 9-49 所示。

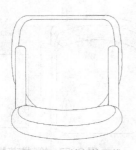

图 9-48 镜像图形

图 9-49 绘制椅面

（7）单击"默认"选项卡"绘图"面板中的"直线"按钮 和"圆弧"按钮 ，完成剩余椅面的绘制，如图 9-50 所示。

（8）单击"默认"选项卡"绘图"面板中的"圆弧"按钮 ，在图形底部绘制一段圆弧，如图 9-51 所示。

图 9-50 绘制外围线

图 9-51 绘制圆弧

（9）单击"默认"选项卡"绘图"面板中的"直线"按钮 ，在上步绘制的圆弧上选取一点为起点绘制连续直线，如图9-52所示。利用上述方法完成椅子剩余图形的绘制，如图9-53所示。

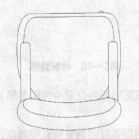

图9-52 绘制连续直线

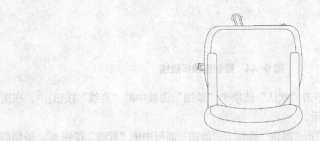

图9-53 绘制剩余图形

（10）单击"默认"选项卡"块"面板中的"创建"按钮 ，弹出"块定义"对话框，选择上步图形为定义对象，选择任意点为基点，将其定义为块，块名为"椅子"。

（11）单击"默认"选项卡"修改"面板中的"移动"按钮 ，选择上步定义为块的椅子图形并将其移动放置到办公桌处，如图9-54所示。

（12）单击"默认"选项卡"块"面板中的"创建"按钮 ，弹出"块定义"对话框，选择绘制的办公桌和椅子为定义对象，选择任意点为基点，将其定义为块，块名为"办公桌椅"。

5．绘制会客桌椅

（1）利用上述绘制椅子的方法绘制会客椅图形，如图9-55所示。

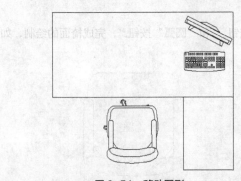

图9-54 移动图形

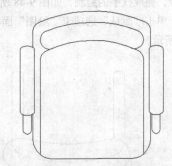

图9-55 绘制会客椅

（2）单击"默认"选项卡"绘图"面板中的"矩形"按钮 ，在上步绘制的图形右侧绘制一个500mm×500mm的矩形，如图9-56所示。

（3）单击"默认"选项卡"块"面板中的"插入"按钮 ，将"装饰物"图块插入到图中，如图9-57所示。

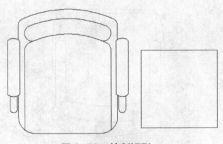

图9-56 绘制矩形

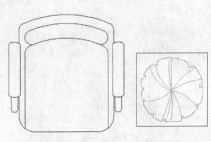

图9-57 绘制装饰物

（4）单击"默认"选项卡"修改"面板中的"镜像"按钮 ⚊，选择会客椅图形为镜像对象并向右进行竖直镜像，如图 9-58 所示。

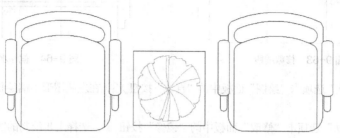

图 9-58　镜像图形

（5）单击"默认"选项卡"块"面板中的"创建"按钮 ，弹出"块定义"对话框，选择上步图形为定义对象，选择任意点为基点，将其定义为块，块名为"会客桌椅"。

6. 绘制沙发和茶几

（1）单击"默认"选项卡"绘图"面板中的"多段线"按钮 ，在图形空白区域绘制连续直线，如图 9-59 所示。

（2）单击"默认"选项卡"绘图"面板中的"直线"按钮 ，在上步图形内适当位置绘制两条竖直直线，如图 9-60 所示。

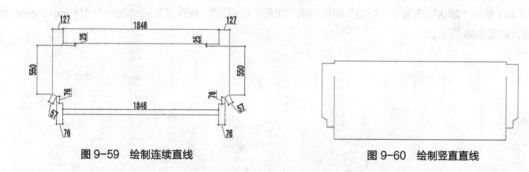

图 9-59　绘制连续直线　　　　　　　　　　　图 9-60　绘制竖直直线

（3）单击"默认"选项卡"绘图"面板中的"直线"按钮 ，连接上步绘制的两条竖直直线绘制一条水平直线，如图 9-61 所示。

（4）单击"默认"选项卡"修改"面板中的"偏移"按钮 ，选择步骤（2）绘制的左侧竖直直线为偏移对象并向右进行偏移，偏移距离为 610mm 和 627mm，如图 9-62 所示。

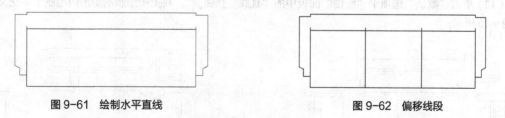

图 9-61　绘制水平直线　　　　　　　　　　　图 9-62　偏移线段

（5）单击"默认"选项卡"修改"面板中的"修剪"按钮 ，对竖直直线超出水平直线部分进行修剪，如图 9-63 所示。

（6）单击"默认"选项卡"修改"面板中的"偏移"按钮 ，选择前面绘制的水平直线为偏移对象并向下进行偏移，偏移距离为 178mm、51mm 和 51mm，如图 9-64 所示。

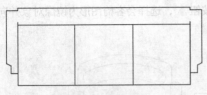

图 9-63　修剪线段

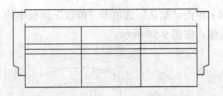

图 9-64　偏移水平直线

（7）单击"默认"选项卡"绘图"面板中的"直线"按钮 ，在左侧图形下端绘制连续直线，如图 9-65 所示。

（8）单击"默认"选项卡"修改"面板中的"镜像"按钮 ，选择上步绘制的图形为镜像图形并将其向右侧进行镜像，如图 9-66 所示。

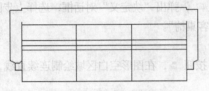

图 9-65　绘制连续直线

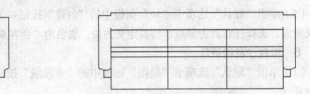

图 9-66　镜像图形

（9）剩余沙发图形的绘制方法基本相同，这里不再详细阐述，结果如图 9-67 所示。

（10）单击"默认"选项卡"绘图"面板中的"矩形"按钮 ，在沙发左侧绘制一个 558mm×568mm 的矩形，如图 9-68 所示。

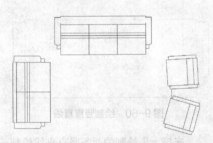

图 9-67　绘制剩余图形

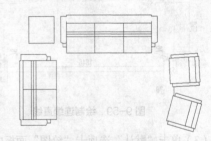

图 9-68　绘制矩形

（11）单击"默认"选项卡"修改"面板中的"偏移"按钮 ，选择上步绘制的矩形为偏移对象并向内进行偏移，偏移距离为 60mm，如图 9-69 所示。

（12）单击"默认"选项卡"绘图"面板中的"直线"按钮 ，在上步绘制的矩形内绘制十字交叉线，如图 9-70 所示。

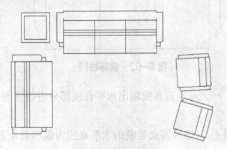

图 9-69　偏移矩形

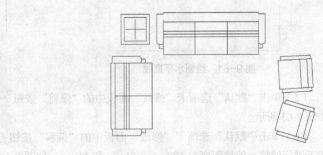

图 9-70　绘制直线

（13）单击"默认"选项卡"绘图"面板中的"圆"按钮⊙，以上步绘制的十字线交点为圆心绘制一个半径为 129mm 的圆，如图 9-71 所示。

（14）单击"默认"选项卡"绘图"面板中的"直线"按钮╱，绘制茶几与沙发之间的连接线，如图 9-72 所示。

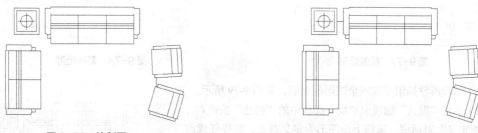

图 9-71　绘制圆　　　　　　　　　　　　　　图 9-72　绘制连接线

（15）单击"默认"选项卡"修改"面板中的"镜像"按钮⚎，选择绘制的茶几及茶几与沙发之间的连接线为镜像对象并将其向右侧进行镜像，如图 9-73 所示。

（16）单击"默认"选项卡"绘图"面板中的"矩形"按钮▭，在沙发中间位置绘制一个 2910mm×2436mm 的矩形，如图 9-74 所示。

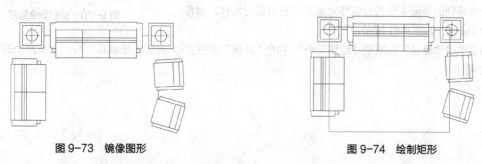

图 9-73　镜像图形　　　　　　　　　　　　　　图 9-74　绘制矩形

（17）单击"默认"选项卡"修改"面板中的"偏移"按钮⚌，选择上步绘制的矩形为偏移对象并向内进行偏移，偏移距离为 119mm，如图 9-75 所示。

（18）单击"默认"选项卡"修改"面板中的"修剪"按钮╱，对上步绘制的两个矩形进行修剪处理，如图 9-76 所示。

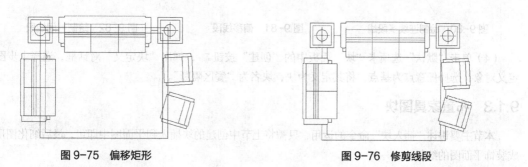

图 9-75　偏移矩形　　　　　　　　　　　　　　图 9-76　修剪线段

（19）单击"默认"选项卡"绘图"面板中的"矩形"按钮▭，在上步绘制的图形内绘制一个 1059mm×616mm 的矩形，如图 9-77 所示。

（20）单击"默认"选项卡"修改"面板中的"偏移"按钮⚌，选择上步绘制的矩形为偏移对象并向内进行偏移，偏移距离为 80mm 和 20mm，如图 9-78 所示。

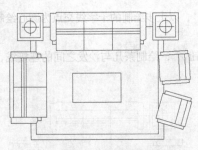

图 9-77 绘制矩形

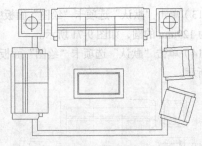

图 9-78 偏移矩形

（21）结合所学知识完成剩余图形的绘制，如图 9-79 所示。

（22）单击"默认"选项卡"块"面板中的"创建"按钮 ，
弹出"块定义"对话框，选择上步图形为定义对象，选择任意点
为基点，将其定义为块，块名为"沙发和茶几"。

7．绘制餐区隔断

（1）单击"默认"选项卡"绘图"面板中的"多段线"按钮 ，
在图形适当位置绘制连续多段线，如图 9-80 所示。

（2）单击"默认"选项卡"修改"面板中的"偏移"按钮 ，
选择上步绘制的连续多段线为偏移对象并向右侧进行偏移，偏移
距离为 36mm，如图 9-81 所示。

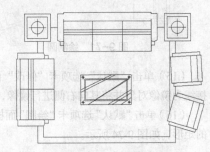

图 9-79 绘制剩余图形

（3）单击"默认"选项卡"绘图"面板中的"直线"按钮 ，封闭上步偏移线段的上下两个端口，如
图 9-82 所示。

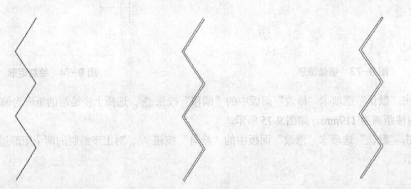

图 9-80 绘制连续多段线   图 9-81 偏移线段   图 9-82 绘制封闭线段

（4）单击"默认"选项卡"块"面板中的"创建"按钮 ，弹出"块定义"对话框，选择上步图形为
定义对象，选择任意点为基点，将其定义为块，块名为"餐区隔断"。

9.1.3 布置家具图块

本节主要讲述"插入块"命令的运用，只需将上节中创建的块插入到平面图中即可，最后细化图形，完
成装饰平面图的绘制。

操作步骤如下：

（1）单击"默认"选项卡"块"面板中的"插入"按钮 ，弹出"插入"对话框，选择"餐区隔断"
图块插入到图中，单击"确定"按钮，完成图块插入，如图 9-83 所示。

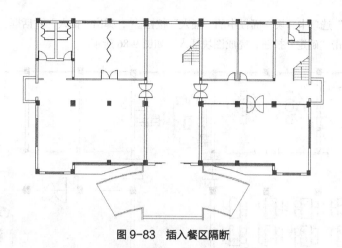

图 9-83　插入餐区隔断

（2）单击"默认"选项卡"块"面板中的"插入"按钮，弹出"插入"对话框，选择"八人餐桌"图块插入到图中，单击"确定"按钮，完成图块插入，如图 9-84 所示。

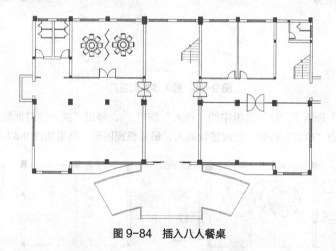

图 9-84　插入八人餐桌

（3）单击"默认"选项卡"块"面板中的"插入"按钮，弹出"插入"对话框，选择"四人餐桌"图块插入到图中，单击"确定"按钮，完成图块插入，如图 9-85 所示。

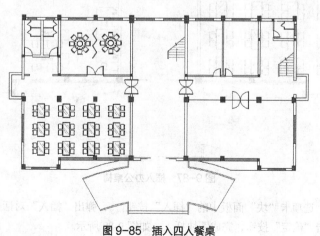

图 9-85　插入四人餐桌

（4）单击"默认"选项卡"块"面板中的"插入"按钮 ⬚，弹出"插入"对话框，选择"沙发和茶几"图块插入到图中，单击"确定"按钮，完成图块插入，如图9-86所示。

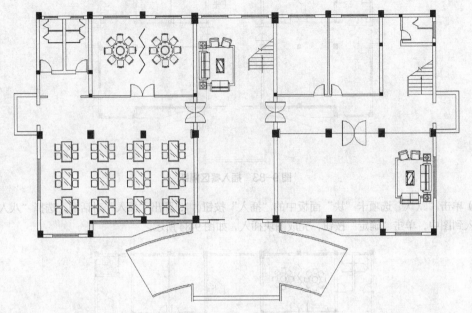

图9-86　插入沙发和茶几

（5）单击"默认"选项卡"块"面板中的"插入"按钮 ⬚，弹出"插入"对话框，选择"办公桌椅"图块插入到图中，单击"确定"按钮，完成图块插入，最后整理图形，结果如图9-87所示。

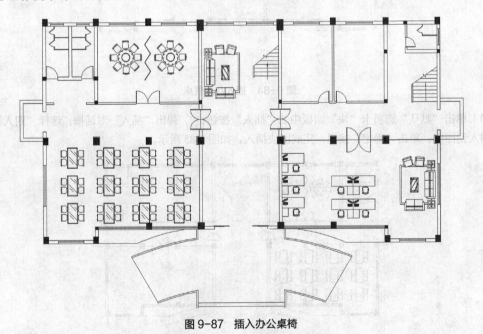

图9-87　插入办公桌椅

（6）单击"默认"选项卡"块"面板中的"插入"按钮 ⬚，弹出"插入"对话框，选择"会客桌椅"图块插入到图中，单击"确定"按钮，完成图块插入，如图9-88所示。

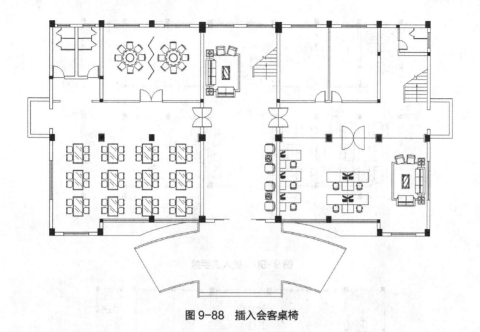

图9-88　插入会客桌椅

（7）单击"默认"选项卡"块"面板中的"插入"按钮，弹出"插入"对话框。单击"浏览"按钮，弹出"选择图形文件"对话框，选择"源文件\第7章\图块\蹲便器"图块，单击"打开"按钮，回到"插入"对话框，单击"确定"按钮，完成图块插入，如图9-89所示。

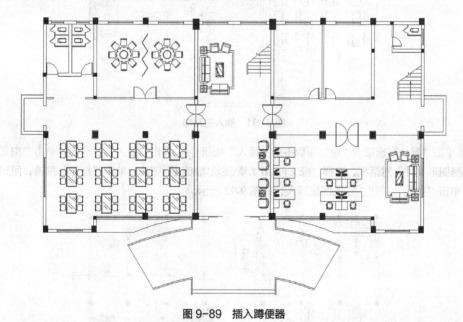

图9-89　插入蹲便器

（8）单击"默认"选项卡"块"面板中的"插入"按钮，弹出"插入"对话框。单击"浏览"按钮，弹出"选择图形文件"对话框，选择"源文件\第7章\图块\洗手盆"图块，单击"打开"按钮，回到"插入"对话框，单击"确定"按钮，完成图块插入，如图9-90所示。

（9）单击"默认"选项卡"块"面板中的"插入"按钮，弹出"插入"对话框。单击"浏览"按钮，弹出"选择图形文件"对话框，选择"源文件\第7章\图块\装饰物"图块，单击"打开"按钮，回到"插入"对话框，单击"确定"按钮，完成图块插入，最后调整插入图块的比例，结果如图9-91所示。

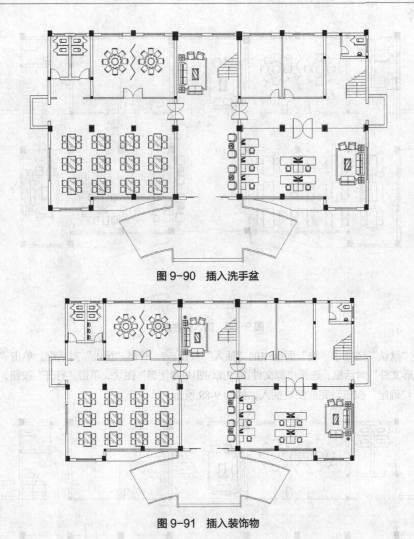

图 9-90　插入洗手盆

图 9-91　插入装饰物

（10）单击"默认"选项卡"块"面板中的"插入"按钮 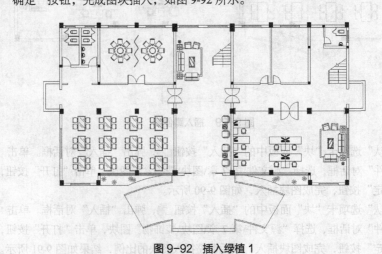，弹出"插入"对话框。单击"浏览"按钮，弹出"选择图形文件"对话框，选择"源文件\第 7 章\图块\绿植 1"图块，单击"打开"按钮，回到"插入"对话框，单击"确定"按钮，完成图块插入，如图 9-92 所示。

图 9-92　插入绿植 1

（11）单击"默认"选项卡"块"面板中的"插入"按钮 ，弹出"插入"对话框。单击"浏览"按钮，弹出"选择图形文件"对话框，选择"源文件\第 7 章\图块\绿植 2"图块，单击"打开"按钮，回到"插入"对话框，单击"确定"按钮，完成图块插入，如图 9-93 所示。

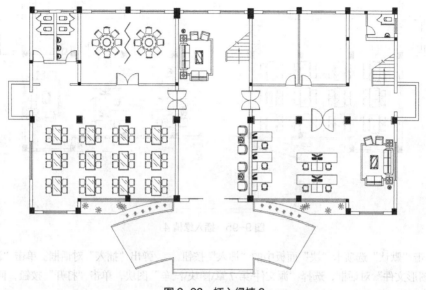

图 9-93　插入绿植 2

（12）单击"默认"选项卡"块"面板中的"插入"按钮 ，弹出"插入"对话框。单击"浏览"按钮，弹出"选择图形文件"对话框，选择"源文件\第 7 章\图块\绿植 3"图块，单击"打开"按钮，回到"插入"对话框，单击"确定"按钮，完成图块插入，如图 9-94 所示。

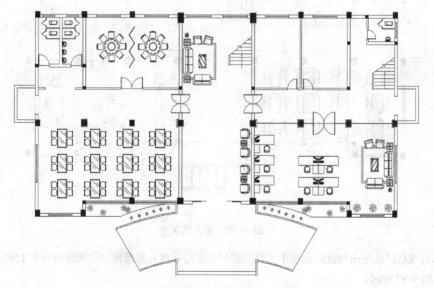

图 9-94　插入绿植 3

（13）单击"默认"选项卡"块"面板中的"插入"按钮 ，弹出"插入"对话框。单击"浏览"按钮，弹出"选择图形文件"对话框，选择"源文件\第 7 章\图块\绿植 4"图块，单击"打开"按钮，回到"插入"对话框，单击"确定"按钮，完成图块插入，如图 9-95 所示。

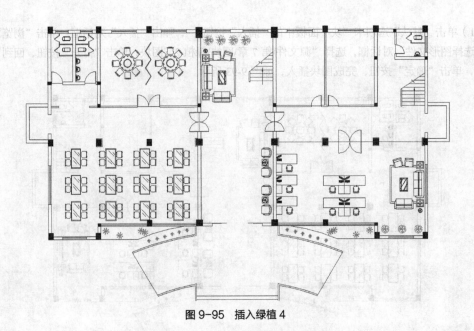

图 9-95　插入绿植 4

（14）单击"默认"选项卡"块"面板中的"插入"按钮，弹出"插入"对话框。单击"浏览"按钮，弹出"选择图形文件"对话框，选择"源文件\第 7 章\图块\汽车"图块，单击"打开"按钮，回到"插入"对话框，单击"确定"按钮，完成图块插入，如图 9-96 所示。

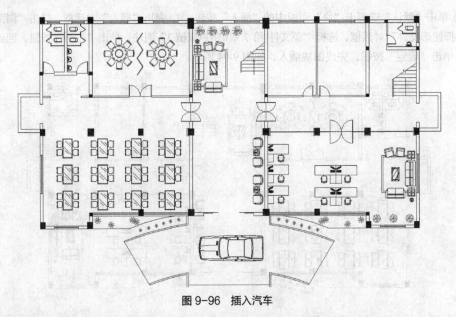

图 9-96　插入汽车

（15）单击"默认"选项卡"绘图"面板中的"矩形"按钮 □，在客人餐厅窗户位置绘制一个 1500mm×350mm 的矩形，如图 9-97 所示。

（16）单击"默认"选项卡"绘图"面板中的"直线"按钮 ✐，在上步绘制的矩形内绘制一条斜向直线，如图 9-98 所示。

（17）单击"默认"选项卡"修改"面板中的"复制"按钮 ⌗，选择上步绘制的图形为复制对象，将其向右进行复制，如图 9-99 所示。

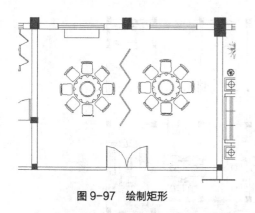

图 9-97　绘制矩形

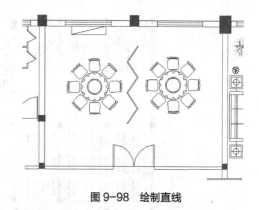

图 9-98　绘制直线

（18）单击"默认"选项卡"绘图"面板中的"矩形"按钮口，在图形适当位置绘制一个 350mm×500mm 的矩形，如图 9-100 所示。

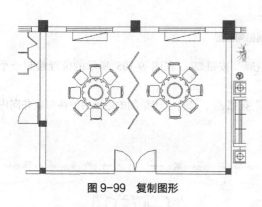

图 9-99　复制图形

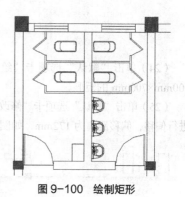

图 9-100　绘制矩形

（19）单击"默认"选项卡"修改"面板中的"偏移"按钮，选择上步绘制的矩形为偏移对象并向内进行偏移，偏移距离为 20mm，如图 9-101 所示。

（20）单击"默认"选项卡"绘图"面板中的"圆"按钮，在上步偏移矩形内绘制一个半径为 15mm 的圆，如图 9-102 所示。

（21）单击"默认"选项卡"绘图"面板中的"直线"按钮，绘制内部矩形的对角线。

（22）单击"默认"选项卡"修改"面板中的"修剪"按钮，修剪圆内的对角线，如图 9-103 所示。

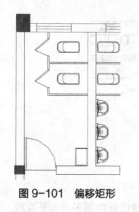

图 9-101　偏移矩形

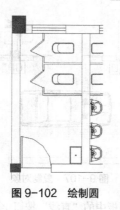

图 9-102　绘制圆

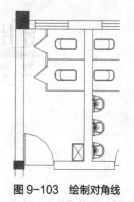

图 9-103　绘制对角线

（23）利用上述方法完成相同图形的绘制，如图 9-104 所示。

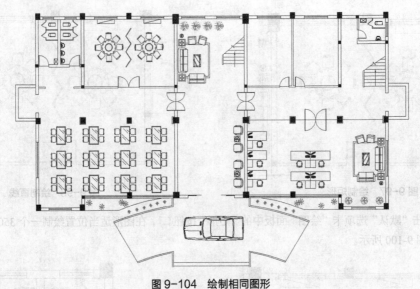

图 9-104　绘制相同图形

（24）单击"默认"选项卡"绘图"面板中的"矩形"按钮 □，在图 9-105 所示的位置绘制一个
600mm×700mm 的矩形。

（25）单击"默认"选项卡"修改"面板中的"偏移"按钮 ⬠，选择上步绘制的矩形为偏移对象并向内
进行偏移，偏移距离为 172mm，如图 9-106 所示。

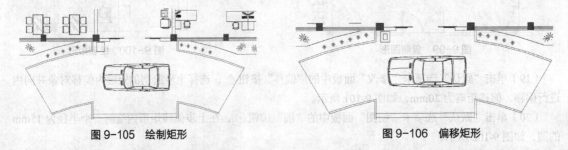

图 9-105　绘制矩形　　　　　　　　　　　　　　　　　图 9-106　偏移矩形

（26）单击"默认"选项卡"修改"面板中的"复制"按钮 ⬚⬚，选择上步绘制的图形为复制对象并向右
进行复制，如图 9-107 所示。

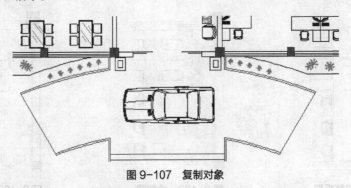

图 9-107　复制对象

（27）单击"默认"选项卡"绘图"面板中的"直线"按钮 ╱，在底部图形处绘制多条水平直线，如图
9-108 所示。

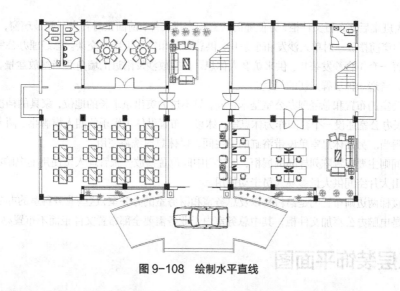

图 9-108 　绘制水平直线

（28）单击关闭的"标注"图层，将其打开，最终完成一层装饰平面图的绘制，如图 9-1 所示。

9.2 二层装饰平面图

如图 9-109 所示，二层装饰平面图主要展现二层各个建筑结构单元的家具和办公设备陈设的布置情况。

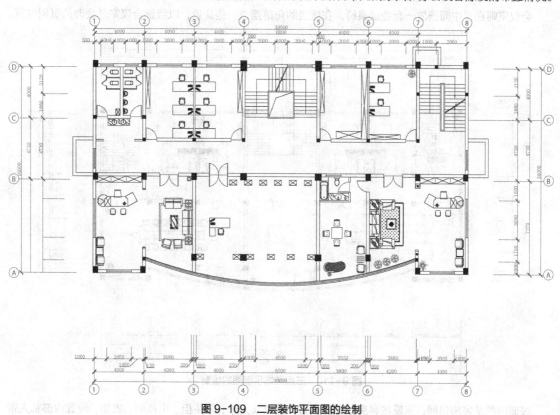

图 9-109 　二层装饰平面图的绘制

过道外是总经理办公室、董事长办公室以及位于中间的样品间。总经理办公室进门右侧设置总经理办公用的大班桌，大班桌后面布置文件柜，方便随时放置和查找文件，前面正对着大开间玻璃窗，显得阳光充足，视野开阔。玻璃窗前摆放一对单人沙发和小茶几，供总经理和客人近距离交谈。总经理办公室正门前方比较开阔的地方布置一套组合沙发茶几，供来访客人休息。在摆放沙发附近的墙角适当摆放盆景，使客人目光所及处充满生机，营造一种温馨亲切的气氛。

董事长办公室的布置和总经理办公室基本相同，只不过为突出董事长的地位，家具的档次可以更高档一些。另外董事长办公室还设一个套间作为休息室，休息室布置供休闲娱乐的四人棋牌桌、两人棋牌桌以及躺椅，位置摆放得当。另外休息室单设带浴缸的卫生间，供休息时洗浴使用。

中间样品间则主要布置陈列样品的展柜，正对门中间位置摆放一张管理人员使用的电脑办公桌。样品室摆设简单，留出大片空间供大量参观人员走动使用。

过道内侧楼梯两边则布置的是销售科以及总务室和财务室的办公室，这些业务科室的办公室布置比较程序化，无非就是电脑办公桌加文件柜，其中总务室由于业务需要全部布置文件柜而不布置办公桌。

9.3　三层装饰平面图

如图 9-110 所示，三层装饰平面图主要展现三层各个建筑结构单元的家具和办公设备陈设的布置情况。

过道外边是活动室和会议室。中间的小活动室摆放一张乒乓球桌和一组双人沙发茶几，右边大活动室摆放 4 张台球桌。这里陈设看似简单，实则考究，乒乓球运动会影响相邻的单元，所以，将乒乓球桌单独布置在一个活动室，而台球则可以几张桌子摆放在同一个活动室。乒乓球相比台球而言，运动量大，需要休息或两组人员轮流休息，所以设置沙发和茶几，台球活动室则不需要。

会议室则在正中间摆放一套会议桌椅，在适当的角落摆放一些盆景，以缓解会议室开会时的沉闷气氛。

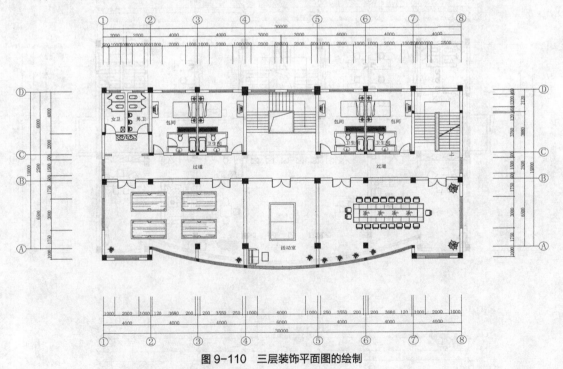

图 9-110　三层装饰平面图的绘制

过道内侧是客房包间，陈设按客房的通用布置，摆放双人床、床头柜、电视柜、衣柜，设置内部私人带淋浴卫生间。

9.4 操作与实践

通过前面的学习，读者对本章知识也有了大体的了解，本节通过几个操作练习使读者进一步掌握本章知识要点。

9.4.1 绘制住宅装饰平面图

1. 目的要求

本实例如图 9-111 所示的住宅装饰平面图，主要要求读者通过练习进一步熟悉和掌握住宅装饰平面图的绘制方法。通过本实例，可以帮助读者学会完成整个装饰平面图绘制的全过程。

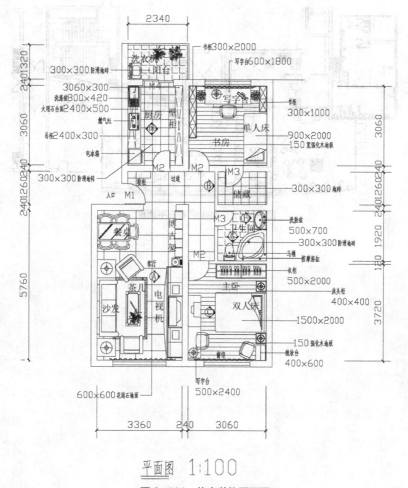

平面图 1:100

图 9-111　住宅装饰平面图

2. 操作提示

（1）打开住宅平面图。

（2）布置家具家电。

（3）装饰元素及细部处理。

（4）绘制地面材料。

（5）标注尺寸、文字及符号。

9.4.2 绘制咖啡吧装饰平面图

1. 目的要求

本实例如图 9-112 所示的咖啡吧装饰平面图，主要要求读者通过练习进一步熟悉和掌握咖啡吧装饰平面图的绘制方法。通过本实例，可以帮助读者学会完成整个装饰平面图绘制的全过程。

2. 操作提示

（1）打开咖啡吧平面图。

（2）绘制所需图块。

（3）布置咖啡吧。

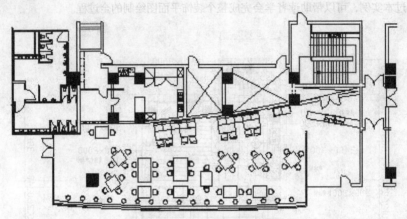

图 9-112　咖啡吧装饰平面图

第10章

办公楼地坪图的绘制

■ 地坪图是用于表达室内地面造型、纹饰图案布置的水平镜像投影图。办公室地坪常用材料与室内其他空间的设计总体方向上是一致的，只是由于毕竟是工作场所，不宜过于花俏和豪华。办公室是个需要安静的空间，应慎用一些过于坚硬或撞击声较响的地面材料。另外，当某些资料室和设备室需要防潮、防静电时，地面材料则首先要符合要求。常用材料有：石材、耐磨砖和釉面砖、木材、地毯、塑胶地板、聚醚合成橡胶地板等。

■ 本章将以某办公楼地坪室内设计为例，详细讲述地坪图的绘制过程。在讲述过程中，将逐步带领读者完成绘制，并掌握地坪图绘制的相关知识和技巧。

10.1　一层地坪平面图

　　针对一层人流量较大、地板容易污湿的客观情况，地坪主体采用 800mm×800mm 大方格地砖，卫生间采用 300mm×300mm 小方格地砖。地砖结实耐用，防水，容易清洁维护。小方格地砖相比大方格地砖而言，可以防滑，所以卫生间、厨房等容易溅水的地方一般采用小方格地砖。在整体一致的基础上，过道处点缀几块黑金砂大理石，显得灵动又富有生机，也是对过道范围和走向的一种含蓄的标示，如图 10-1 所示。

　　下面讲述一层地坪图的绘制过程。

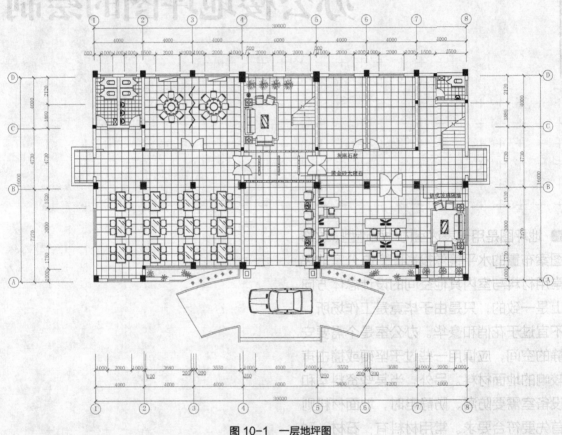

图 10-1　一层地坪图

　　绘制步骤（光盘\配套视频\第 10 章\一层地坪平面图.avi）：

10.1.1　绘图准备

　　本节主要是为绘制地坪平面图做的基础，只需将第七章绘制的一层装饰平面图打开
另存即可。

一层地坪平面图

　　操作步骤如下：

　　（1）单击"快速访问"工具栏中的"打开"按钮 📂，弹出"选择文件"对话框，如图 10-2 所示，选择"源文件\第 7 章\一层装饰平面图"文件，单击"打开"按钮，打开绘制的一层装饰平面图，关闭"标注"图层。

　　（2）单击"快速访问"工具栏中的"另存为"按钮 💾，弹出"图形另存为"对话框。将打开的平面图另存为"一层地坪平面图"。

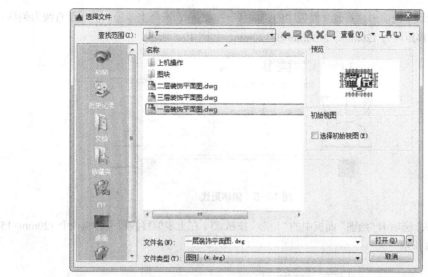

图 10-2 "选择文件"对话框

10.1.2 绘制地坪图

地坪图主要讲述的是地面的铺装效果，我们利用二维绘图命令绘制填充区域，然后利用"图案填充"命令填充图形即可。

操作步骤如下：

（1）关闭"标注"图层，单击"默认"选项卡"图层"面板中的"图层特性"按钮🖼，打开"图层特性管理器"对话框，新建"地坪"图层，并将其设置为当前图层，如图 10-3 所示。

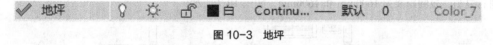

图 10-3 地坪

（2）单击"默认"选项卡"绘图"面板中的"直线"按钮／，在图形过道位置处绘制一条水平直线，如图 10-4 所示。

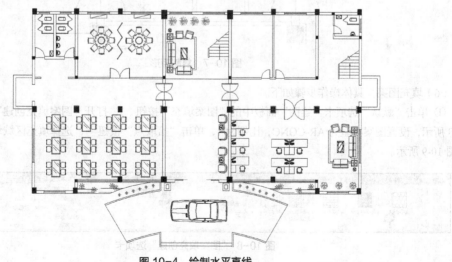

图 10-4 绘制水平直线

（3）单击"默认"选项卡"修改"面板中的"偏移"按钮 ，选择上步绘制的水平直线为偏移对象并向下进行偏移，偏移距离为 120mm、2230mm 和 120mm，如图 10-5 所示。

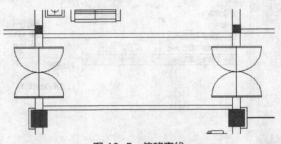

图 10-5　偏移直线

（4）单击"默认"选项卡"绘图"面板中的"矩形"按钮 ，在上步偏移线段间绘制一个 120mm×1500mm 的矩形，如图 10-6 所示。

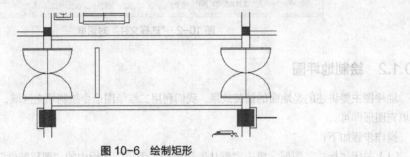

图 10-6　绘制矩形

（5）单击"默认"选项卡"修改"面板中的"复制"按钮 ，选择上步绘制的矩形为复制对象并将其向右进行复制，复制距离为 1600mm 和 1600mm，如图 10-7 所示。

图 10-7　复制矩形

（6）填充图案。具体操作步骤如下。

① 单击"默认"选项卡"绘图"面板中的"图案填充"按钮 ，打开"图案填充创建"选项卡，如图 10-8 所示，设置图案类型为 AR-CONC，比例为 1，单击"拾取点"按钮 ，选择填充区域填充图形，结果如图 10-9 所示。

图 10-8　"图案填充创建"选项卡

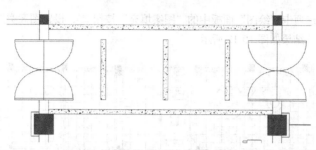

图 10-9　填充图形

② 同理，单击"默认"选项卡"绘图"面板中的"图案填充"按钮，设置图案类型为 NET，选择填充区域填充图形，结果如图 10-10 所示。

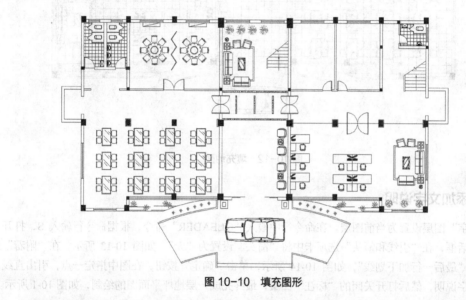

图 10-10　填充图形

（7）单击"默认"选项卡"绘图"面板中的"直线"按钮，绘制一条水平直线封闭底部图形绘图区域，如图 10-11 所示。

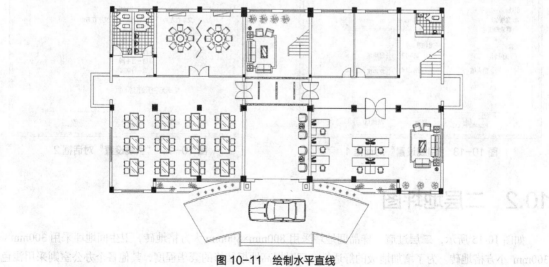

图 10-11　绘制水平直线

（8）单击"默认"选项卡"绘图"面板中的"图案填充"按钮 ▨，设置图案类型为 NET，比例为 180，选择填充区域填充图形，结果如图 10-12 所示。

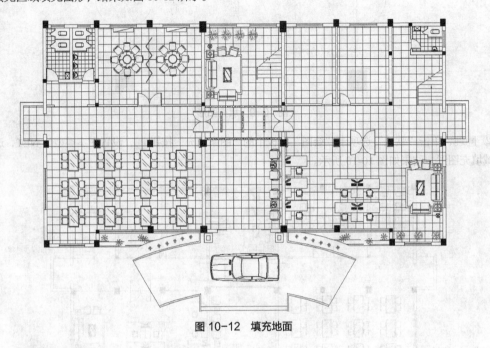

图 10-12　填充地面

10.1.3　添加文字说明

将"文字"图层设置为当前图层。在命令行中输入"QLEADER"命令，根据命令行输入 S，打开"引线设置"对话框，在"引线和箭头"选项卡中将"箭头"设置为"无"，如图 10-13 所示，在"附着"选项卡中，勾选"最后一行加下划线"，如图 10-14 所示，单击"确定"按钮，在图中指定一点，引出直线，为图形添加文字说明，然后打开关闭的"标注"图层，最终完成一层地坪平面图的绘制，如图 10-1 所示。

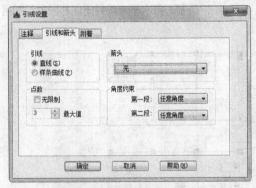

图 10-13　"引线设置"对话框 1

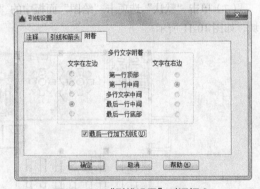

图 10-14　"引线设置"对话框 2

10.2　二层地坪图

如图 10-15 所示，二层过道、样品间地坪采用 800mm×800mm 大方格地砖，卫生间地坪采用 300mm×300mm 小方格地砖。为了增加地板的舒适性，同时提高地板装修的豪华程度，其他各个办公室则采用浅色复合地板。相对深色而言，浅色突出一种活力与生机，营造出一种欣欣向荣的氛围，这一点对企业有很鲜明的寓意。

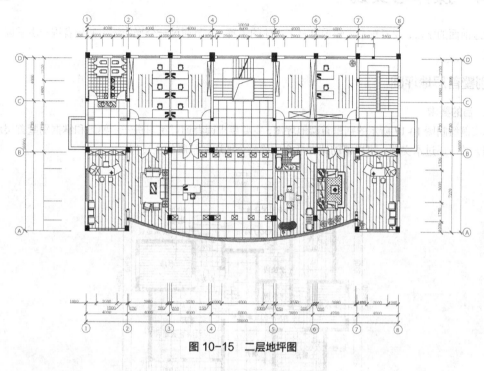

图 10-15　二层地坪图

10.3　三层地坪图

如图 10-16 所示，三层地坪装饰和二层类似，过道地坪采用 800mm×800mm 大方格地砖，卫生间地坪采用 300mm×300mm 小方格地砖。客房、活动室、会议室采用浅色复合地板。

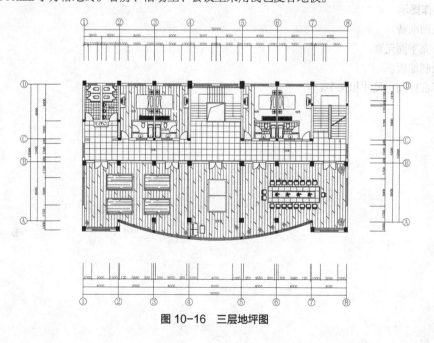

图 10-16　三层地坪图

10.4 操作与实践

通过前面的学习，读者对本章知识也有了大体的了解，本节通过一个操作练习使读者进一步掌握本章知识要点。

绘制别墅首层地坪图

1. 目的要求

本实例绘制图 10-17 所示的别墅首层地坪图，主要要求读者通过练习进一步熟悉和掌握别墅首层地坪图的绘制方法。通过本实例，可以帮助读者学会完成整个地坪图绘制的全过程。

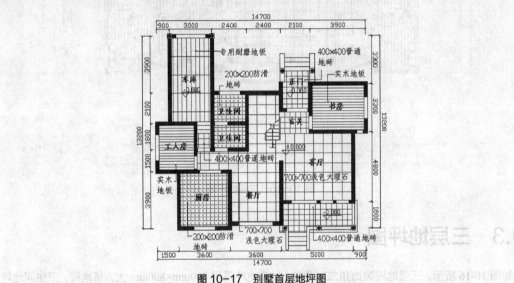

图 10-17 别墅首层地坪图

2. 操作提示

（1）绘图准备。

（2）补充平面元素。

（3）绘制地板。

（4）标注标高、尺寸和文字。

第11章

办公楼顶棚图的绘制

■ 顶棚图是室内设计中特有的图样，是用于表达室内顶棚造型、灯具及相关电器布置的顶棚水平镜像投影图。顶棚设计也称吊顶设计，就是用一些美观的材质和灯饰把单一的天花板"包"起来。吊顶一般有平板吊顶、异型吊顶、局部吊顶、格栅式吊顶、藻井式吊顶等五大类型。平板吊顶一般是以 PVC 板、铝扣板、石膏板、矿棉吸音板、玻璃纤维板、玻璃等为材料，照明灯一般置于顶部平面之内或吸于顶上。

■ 本章将以某办公楼顶棚室内设计为例，详细讲述顶棚图的绘制过程。在讲述过程中，将逐步带领读者完成绘制，并讲述顶棚图绘制的相关知识和技巧。

11.1 一层顶棚平面图

为了突出宽敞明亮的总体氛围，一层顶棚主要采用轻钢龙骨、纸面石膏板吊顶，白色乳胶漆刷涂，墙线采用 25×15 木线条刷色，既轻巧又明亮。卫生间为防止溅水，采用防水纸面石膏板吊顶。

细节方面，大厅前厅安装 4 个顶灯，弥补由于吊顶过高造成的光线不足，采用米色铝塑板方形吊顶，在大厅过道与地坪黑金砂大理石地板对应位置设置内装日光灯的有机灯片。客人餐厅为了营造一种温馨柔和的氛围，设置两个内填银箔纸的圆形造型灯，在两个圆形造型灯中间再设置两组 4 个射灯，营造一种光影旖旎的感觉。

顶棚装饰根据各个建筑单元的不同需要，其高度也不会相同，总体原则是保持在 3000mm 左右的高度，如果太低，显得很压抑，太高则灯光照射的强度又会有问题。一般大厅顶棚装饰高度要相对高一些，显得整个建筑高大敞亮。卫生间由于有管道和通风设施，顶棚装饰一般相对较低，如图 11-1 所示。

本节主要讲述一层顶棚平面图的绘制过程。

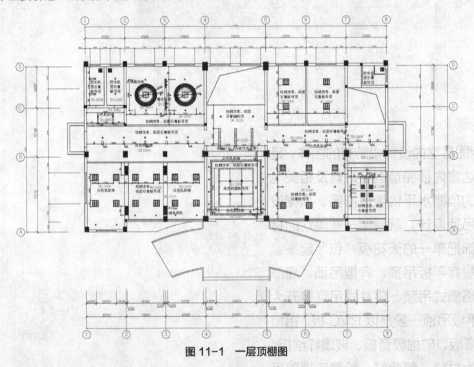

图 11-1 一层顶棚图

绘制步骤（光盘\配套视频\第 11 章\一层顶棚平面图.avi）：

11.1.1 绘图准备

本节主要是为绘制顶棚平面图做的基础，只需将第 6 章绘制的一层平面图打开进行整理即可。

操作步骤如下：

（1）单击"快速访问"工具栏中的"打开"按钮 ，弹出"选择文件"对话框，选择"源文件\第 6 章\一层平面图"文件，单击"打开"按钮，打开绘制的一层平面图。

（2）单击"快速访问"工具栏中的"另存为"按钮 ，将打开的"一层平面图"另存为"一层顶棚平面图"。

一层顶棚平面图

（3）单击"默认"选项卡"修改"面板中的"删除"按钮 ✐，删除平面图内的多余图形，并结合所学命令对图形进行整理，最后关闭"标注"图层，如图 11-2 所示。

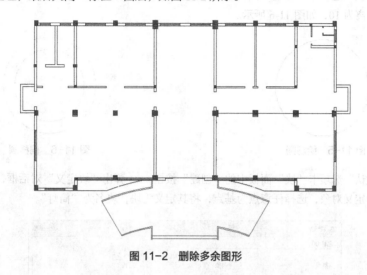

图 11-2　删除多余图形

（4）单击"默认"选项卡"绘图"面板中的"直线"按钮 ✎，封闭打开的一层平面图的门洞区域，以方便后面填充，如图 11-3 所示。

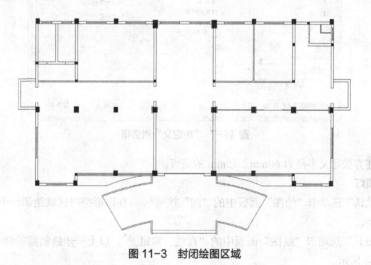

图 11-3　封闭绘图区域

11.1.2　绘制灯具

利用二维绘图和修改命令绘制灯具图形，然后将其创建成块，以便后面灯具的布置。

操作步骤如下：

首先新建"顶棚"图层，并将其设置为当前图层，如图 11-4 所示。然后在当前图层绘制以下灯具。

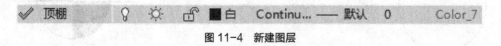

图 11-4　新建图层

1．绘制筒灯

（1）单击"默认"选项卡"绘图"面板中的"圆"按钮 ⊙，在图形空白区域绘制一个半径为 40mm 的圆，如图 11-5 所示。

（2）单击"默认"选项卡"修改"面板中的"偏移"按钮 🖴，选择上一步绘制的圆为偏移对象并向内进行偏移，偏移距离为 10，如图 11-6 所示。

图 11-5 绘制圆

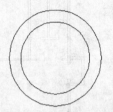

图 11-6 偏移圆

（3）单击"默认"选项卡"块"面板中的"创建"按钮 🖼，弹出"块定义"对话框，如图 11-7 所示。选择上一步图形为定义对象，选择任意点为基点，将其定义为块，块名为"筒灯"。

图 11-7 "块定义"对话框

（4）利用上述方法定义半径为 60mm、75mm 的筒灯。

2. 绘制吸顶灯

（1）单击"默认"选项卡"绘图"面板中的"圆"按钮 ⊘，在图形空白区域绘制一个半径为 100mm 的圆，如图 11-8 所示。

（2）单击"默认"选项卡"绘图"面板中的"直线"按钮 ╱，以上一步绘制圆的圆心为中心绘制十字交叉线，如图 11-9 所示。

（3）单击"默认"选项卡"绘图"面板中的"图案填充"按钮 ▨，打开"图案填充创建"选项卡，设置图案类型为 SOLID，比例为 1，选择填充区域填充图形，结果如图 11-10 所示。

图 11-8 绘制圆 　　　　图 11-9 绘制十字交叉线 　　　　图 11-10 填充图形

（4）单击"默认"选项卡"块"面板中的"创建"按钮 🔄，弹出"块定义"对话框，选择上一步图形为定义对象，选择任意点为基点，将其定义为块，块名为"吸顶灯"。

3. 绘制排气扇

（1）单击"默认"选项卡"绘图"面板中的"矩形"按钮 🔲，在图形空白区域绘制一个 350mm×350mm 的矩形，如图 11-11 所示。

（2）单击"默认"选项卡"修改"面板中的"偏移"按钮 🔯，选择上一步绘制的矩形为偏移对象并向内进行偏移，偏移距离为 28mm、42mm、42mm，如图 11-12 所示。

（3）单击"默认"选项卡"绘图"面板中的"直线"按钮 ✏️，绘制矩形对角线，如图 11-13 所示。

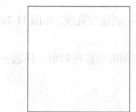

图 11-11　绘制矩形

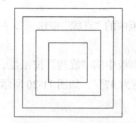

图 11-12　偏移矩形

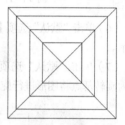

图 11-13　绘制对角线

（4）单击"默认"选项卡"块"面板中的"创建"按钮 🔄，弹出"块定义"对话框，选择上一步图形为定义对象，选择任意点为基点，将其定义为块，块名为"排气扇"。

4. 绘制壁灯

（1）单击"默认"选项卡"绘图"面板中的"矩形"按钮 🔲，在图形空白区域绘制一个 160mm×3000mm 的矩形，如图 11-14 所示。

（2）单击"默认"选项卡"绘图"面板中的"矩形"按钮 🔲，在上一步绘制的矩形内绘制一个 50mm×856mm 的矩形，如图 11-15 所示。

（3）单击"默认"选项卡"修改"面板中的"复制"按钮 🔏，选择上一步绘制的矩形为复制对象，将其进行复制，如图 11-16 所示。

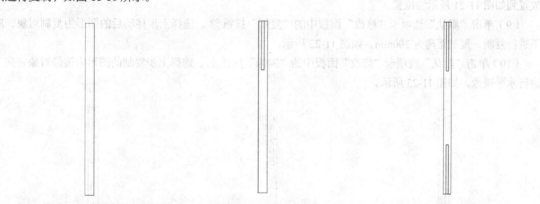

图 11-14　绘制矩形　　　　　　　　图 11-15　绘制矩形　　　　　　　　图 11-16　复制矩形

（4）单击"默认"选项卡"绘图"面板中的"直线"按钮 ✏️，在图形适当位置绘制连续直线，如图 11-17 所示。

（5）单击"默认"选项卡"绘图"面板中的"直线"按钮 ✏️，在上步图形内绘制一条水平直线，如图 11-18 所示。

图 11-17　绘制直线

图 11-18　绘制水平直线

（6）单击"默认"选项卡"绘图"面板中的"直线"按钮 ╱ ，在上步图形底部绘制连续直线，如图 11-19 所示。

（7）单击"默认"选项卡"修改"面板中的"旋转"按钮 ○ ，选择上步绘制图形为旋转对象，任选一点为旋转基点将图形进行旋转，旋转角度为 47°，如图 11-20 所示。

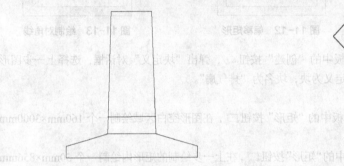

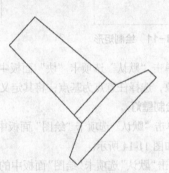

图 11-19　绘制连续直线

图 11-20　旋转图形

（8）单击"默认"选项卡"修改"面板中的"移动"按钮 ✛ ，选择上步绘制的图形为移动对象并将其放置到如图 11-21 所示的位置。

（9）单击"默认"选项卡"修改"面板中的"复制"按钮 ⊙⊙ ，选择上步移动后的图形为复制对象，向下进行复制，复制距离为 300mm，如图 11-22 所示。

（10）单击"默认"选项卡"修改"面板中的"镜像"按钮 ⚖ ，选择上步复制的图形为镜像对象并向下进行水平镜像，如图 11-23 所示。

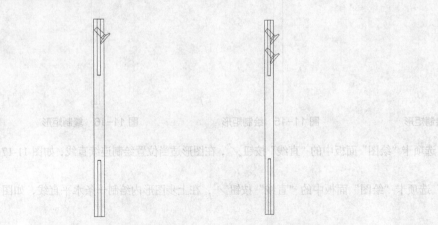

图 11-21　移动图形

图 11-22　复制图形

图 11-23　镜像图形

（11）单击"默认"选项卡"块"面板中的"创建"按钮，弹出"块定义"对话框，选择上步图形为定义对象，选择任意点为基点，将其定义为块，块名为"壁灯"。

11.1.3 绘制顶面图案

利用二维绘图和修改命令绘制顶面图案，然后利用"插入块"命令，将上节绘制的灯具图块插入到图中并细化图形。

操作步骤如下：

1. 绘制客人餐厅吊顶

（1）单击"默认"选项卡"绘图"面板中的"圆"按钮，在图形适当位置任选一点为圆心绘制一个半径为1100mm的圆，如图11-24所示。

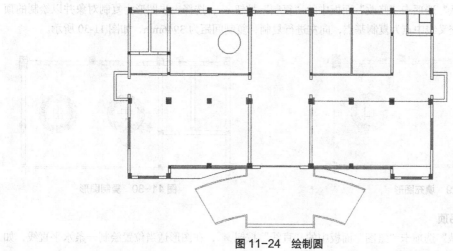

图11-24 绘制圆

（2）单击"默认"选项卡"修改"面板中的"偏移"按钮，选择上步绘制的圆为偏移对象并向内进行偏移，偏移距离为320mm、80mm，如图11-25所示。

（3）单击"默认"选项卡"绘图"面板中的"矩形"按钮，在上步偏移的圆内绘制一个550mm×550mm的矩形，如图11-26所示。

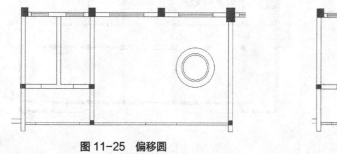

图11-25 偏移圆

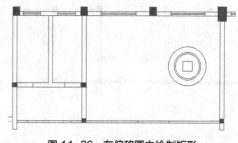

图11-26 在偏移圆内绘制矩形

（4）单击"默认"选项卡"修改"面板中的"偏移"按钮，选择上步绘制的矩形为偏移对象并向内进行偏移，偏移距离为15mm，如图11-27所示。

（5）单击"默认"选项卡"绘图"面板中的"直线"按钮，过矩形各边中点绘制十字交叉线，如图11-28所示。

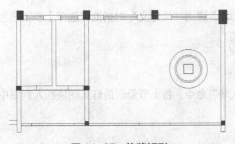

图 11-27 偏移矩形

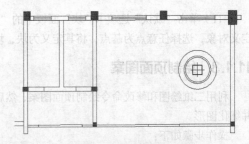

图 11-28 绘制十字交叉线

（6）单击"默认"选项卡"绘图"面板中的"图案填充"按钮，打开"图案填充创建"选项卡，设置图案类型为 AR-PAPQ1，角度为 45°，比例为 1，选择填充区域填充图形，结果如图 11-29 所示。

（7）单击"默认"选项卡"修改"面板中的"复制"按钮，选择上步图形为复制对象并以绘制的顶棚图形中间的十字交叉线中点为复制基点，向左进行复制，复制间距为 3946mm，如图 11-30 所示。

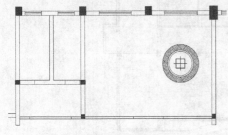

图 11-29 填充图形

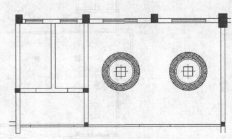

图 11-30 复制图形

2. 绘制大厅吊顶

（1）单击"默认"选项卡"绘图"面板中的"直线"按钮，在图形适当位置绘制一条水平直线，如图 11-31 所示。

（2）单击"默认"选项卡"修改"面板中的"偏移"按钮，选择上步绘制的直线为偏移对象并向下进行偏移，偏移距离为 500mm，如图 11-32 所示。

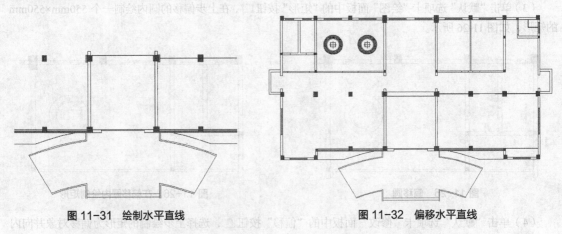

图 11-31 绘制水平直线   图 11-32 偏移水平直线

（3）单击"默认"选项卡"绘图"面板中的"矩形"按钮，在上步偏移线段下方绘制一个矩形，如图 11-33 所示。

（4）单击"默认"选项卡"修改"面板中的"偏移"按钮，选择上步绘制的矩形为偏移对象并向内进行偏移，偏移距离为 100mm、50mm、650mm 和 100mm，如图 11-34 所示。

图 11-33 绘制矩形

图 11-34 偏移矩形

（5）选择最外侧矩形和最内侧矩形，将其设置线型为 ACAD_IS002W100，单击鼠标右键，在弹出的快捷菜单中选择"特性"命令，如图 11-35 所示，弹出如图 11-36 所示的"特性"选项板，将其"线型比例"修改为 37，结果如图 11-37 所示。

图 11-35 选择"特性"选项

图 11-36 "特性"选项板

（6）单击"默认"选项卡"绘图"面板中的"直线"按钮，在内部矩形内绘制等分直线，如图 11-38 所示。

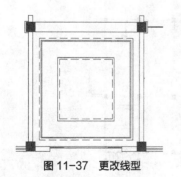

图 11-37 更改线型

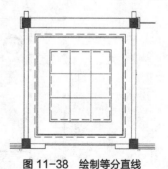

图 11-38 绘制等分直线

3. 绘制办公区吊顶

（1）单击"默认"选项卡"绘图"面板中的"直线"按钮，在图形适当位置绘制一条竖直直线，如

图 11-39 所示。

（2）单击"默认"选项卡"绘图"面板中的"直线"按钮 ，在图形适当位置绘制一条水平直线，如图 11-40 所示。

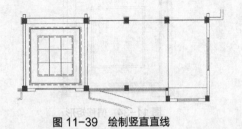

图 11-39　绘制竖直直线

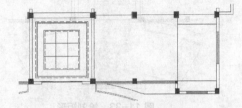

图 11-40　绘制水平直线

（3）单击"默认"选项卡"修改"面板中的"偏移"按钮 ，选择上步绘制的水平直线并向下进行偏移，偏移距离为 80mm、400mm、2237mm、10mm、2237mm、400mm 和 80mm，如图 11-41 所示。

（4）单击"默认"选项卡"修改"面板中的"偏移"按钮 ，选择左侧竖直直线为偏移对象并向右进行偏移，偏移距离为 1875mm、10mm，如图 11-42 所示。

（5）单击"默认"选项卡"修改"面板中的"修剪"按钮 ，以上步偏移线段为修剪对象并对其进行修剪，如图 11-43 所示。

图 11-41　向下偏移直线　　　　　图 11-42　向右偏移直线　　　　　图 11-43　修剪线段

4．绘制顶棚装饰图

（1）单击"默认"选项卡"绘图"面板中的"直线"按钮 ，在楼梯间位置各绘制一条水平直线，如图 11-44 所示。

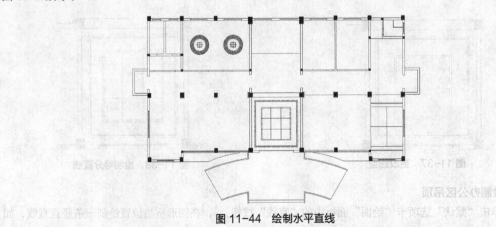

图 11-44　绘制水平直线

（2）单击"默认"选项卡"绘图"面板中的"直线"按钮，在图 11-45 所示位置绘制 4 条竖直直线，如图 11-45 所示。

（3）单击"默认"选项卡"绘图"面板中的"直线"按钮，在上步绘制线段上方绘制一条水平直线，如图 11-46 所示。

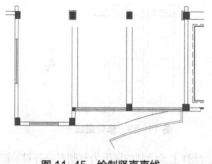

图 11-45　绘制竖直直线

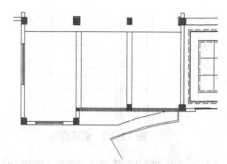

图 11-46　绘制水平直线

（4）单击"默认"选项卡"修改"面板中的"偏移"按钮，选择上步绘制的水平直线为偏移对象并向上进行偏移，偏移距离为 100mm，如图 11-47 所示。

（5）单击"默认"选项卡"绘图"面板中的"矩形"按钮，在上步图形内绘制一个 600mm×600mm 的矩形，如图 11-48 所示。

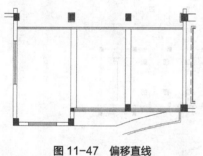

图 11-47　偏移直线

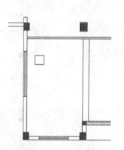

图 11-48　绘制矩形

（6）单击"默认"选项卡"修改"面板中的"偏移"按钮，选择上步绘制矩形为偏移对象并向内进行偏移，偏移距离为 30mm，如图 11-49 所示。

（7）单击"默认"选项卡"修改"面板中的"分解"按钮，将矩形进行分解，如图 11-50 所示。

（8）单击"默认"选项卡"修改"面板中的"偏移"按钮，选择分解后矩形左侧竖直边为偏移对象并向右进行偏移，偏移距离为 150mm、24mm、192mm 和 24mm，如图 11-51 所示。

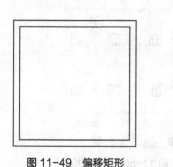

图 11-49　偏移矩形

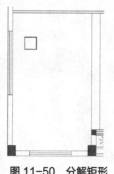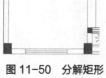

图 11-50　分解矩形

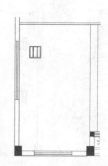

图 11-51　偏移直线

（9）单击"默认"选项卡"修改"面板中的"偏移"按钮 ，选择分解后矩形的水平直线为偏移对象，偏移距离为 32mm、120mm、120mm、120mm 和 120mm，如图 11-52 所示。

（10）单击"默认"选项卡"修改"面板中的"修剪"按钮 ，将以上偏移线段作为修剪对象并对其进行修剪，如图 11-53 所示。

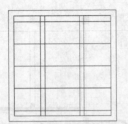

图 11-52　偏移直线

图 11-53　修剪直线

（11）单击"默认"选项卡"修改"面板中的"复制"按钮 ，选择上步绘制的图形为复制对象并对其进行连续复制，然后单击"默认"选项卡"绘图"面板中的"直线"按钮 ，在楼梯间绘制折线，如图 11-54 所示。

（12）单击"默认"选项卡"绘图"面板中的"直线"按钮 ，在图 11-45 所示竖直直线内绘制一条水平直线，如图 11-55 所示。

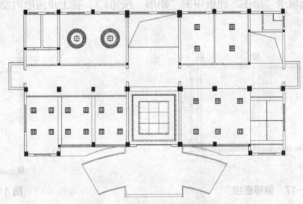

图 11-54　复制图形并绘制折线

（13）单击"默认"选项卡"修改"面板中的"偏移"按钮 ，选择上步绘制的水平直线为偏移对象并向下进行偏移，偏移距离为 25mm、35mm、25mm、35mm、25mm、35mm、25mm、35mm、25mm、35mm、25mm、35mm、25mm、35mm、25mm、35mm、25mm、35mm、25mm、35mm、25mm、35mm、25mm、35mm、25mm、35mm 和 25mm，如图 11-56 所示。

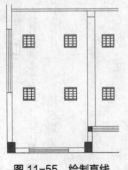

图 11-55　绘制直线

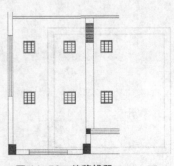

图 11-56　偏移线段

（14）单击"默认"选项卡"修改"面板中的"复制"按钮，选择上步偏移线段为复制对象并对其进行连续复制，如图 11-57 所示。

5．绘制细化办公区吊顶

（1）单击"默认"选项卡"绘图"面板中的"矩形"按钮，在图形空白区域绘制一个 400mm×400mm 的矩形，如图 11-58 所示。

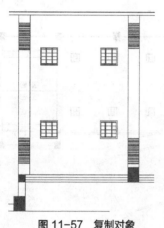

图 11-57　复制对象

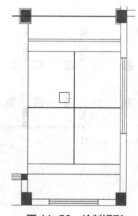

图 11-58　绘制矩形

（2）单击"默认"选项卡"绘图"面板中的"图案填充"按钮，系统打开"图案填充创建"选项卡，设置图案类型为 ANSI31，角度为 0°，比例为 20，选择填充区域填充图形，结果如图 11-59 所示。

（3）单击"默认"选项卡"修改"面板中的"复制"按钮，选择上步绘制图形为复制对象并对其进行复制，如图 11-60 所示。

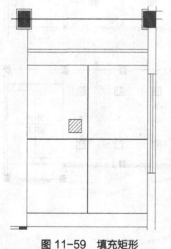

图 11-59　填充矩形

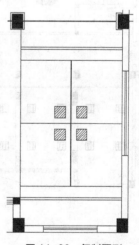

图 11-60　复制图形

6．布置灯饰

（1）单击"默认"选项卡"块"面板中的"插入"按钮，弹出"插入"对话框，选择"60 筒灯"图块插入到图中，单击"确定"按钮，完成图块插入。利用上述方法完成图形中剩余筒灯的插入，如图 11-61 所示。

（2）单击"默认"选项卡"块"面板中的"插入"按钮，弹出"插入"对话框，选择"吸顶灯"图块插入到图中，单击"确定"按钮，完成图块插入，如图 11-62 所示。

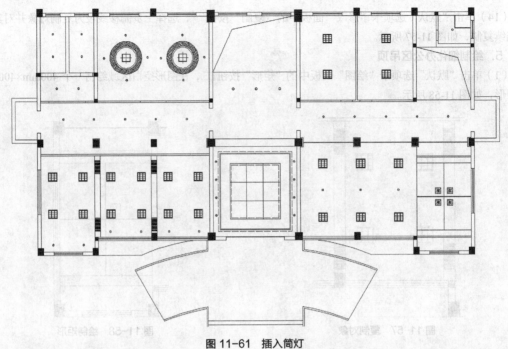

图 11-61 插入筒灯

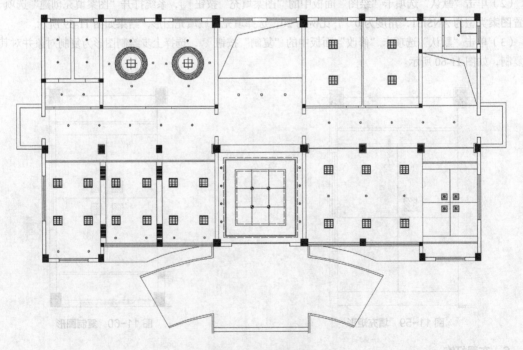

图 11-62 插入吸顶灯

（3）单击"默认"选项卡"块"面板中的"插入"按钮，弹出"插入"对话框，选择"排气扇"图块插入到图中，单击"确定"按钮，完成图块插入，如图 11-63 所示。

（4）单击"默认"选项卡"块"面板中的"插入"按钮，弹出"插入"对话框，选择"壁灯"图块插入到图中，单击"确定"按钮，完成图块插入，如图 11-64 所示。

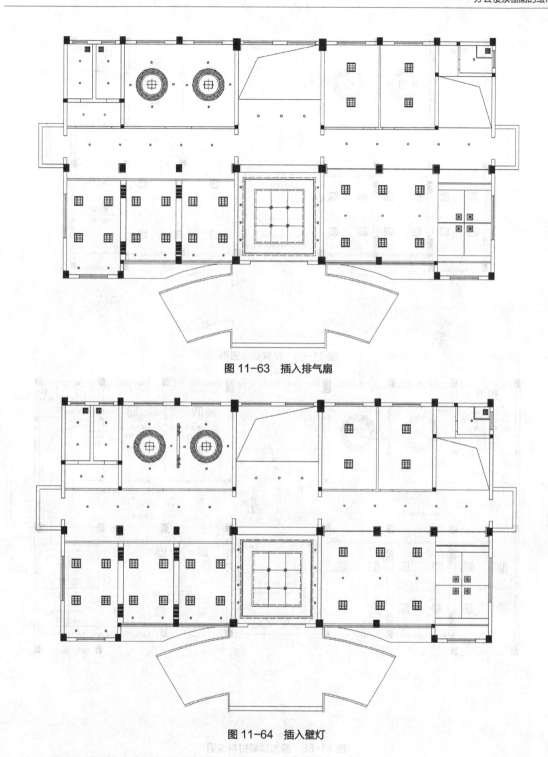

图 11-63　插入排气扇

图 11-64　插入壁灯

（5）利用二维绘图命令绘制剩余图形，结果如图 11-65 所示。

11.1.4　添加文字说明

将"文字"图层设置为当前图层，单击"默认"选项卡"注释"面板中的"多行文字"按钮**A**，为图形添加顶棚材料说明，如图 11-66 所示。

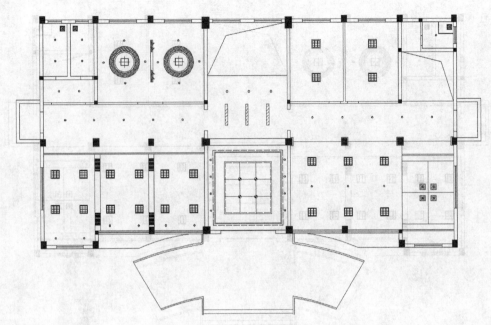

图 11-65　绘制剩余图形

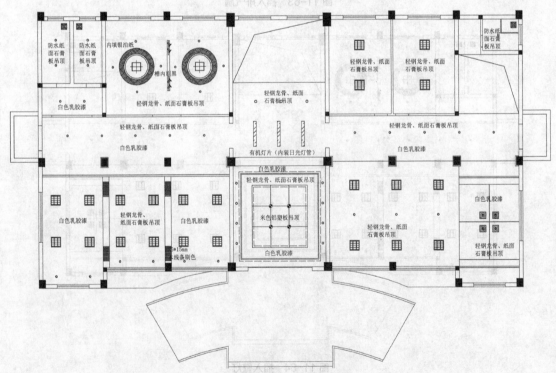

图 11-66　添加顶棚材料说明

11.1.5　添加细部标注

　　将 "0" 图层设置为当前图层，单击 "默认" 选项卡 "注释" 面板中的 "线性" 按钮 和 "连续" 按钮，添加顶棚灯具间的尺寸，如图 11-67 所示。

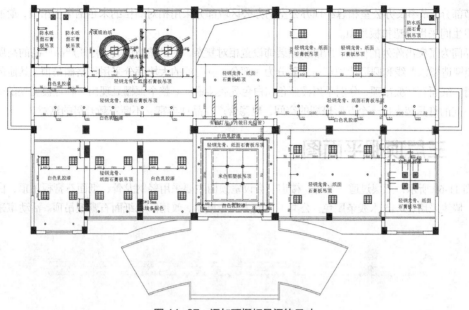

图 11-67 添加顶棚灯具间的尺寸

11.2 二层顶棚平面图

其他层顶棚平面图的绘制方法基本上与一层顶棚平面图的绘制方法相同，这里只简要介绍设计思想。

如图 11-68 所示，二层过道、董事长办公室、总经理办公室组合沙发区顶棚主要采用轻钢龙骨、纸面石膏板吊顶，白色乳胶漆刷涂，墙线采用 25×15 木线条刷色。公共卫生间为防止溅水，改用防水纸面石膏板吊顶。销售科办公室、总务室、财务室采用矿棉板吊顶。

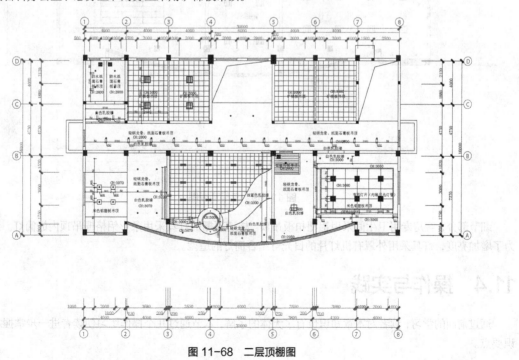

图 11-68 二层顶棚图

　　细节部分，董事长办公室和总经理办公室的办公区域部分采用相对高档的米色铝塑板吊顶，董事长休息室专用卫生间采用铝塑扣板吊顶。

　　样品间为了突出陈列的样品，所以顶棚装饰设置相对复杂，突出造型优美，衬托产品样品的高质量和高规格。顶棚造型以曲线和圆形造型灯为分隔分为 3 部分，进门处的大块部分采用铝格栅吊顶，其他部分采用轻钢龙骨、纸面石膏板吊顶，分别采用浅蓝色和白色乳胶漆刷涂。整个顶棚显现出一种过渡变换的美感，结合各种不同的灯具装点出一个五彩斑斓的空间，也隐含产品品种丰富、不断革新升级的寓意。

11.3　三层顶棚平面图

　　如图 11-69 所示，三层过道、客房、楼道、会议室顶棚主要采用轻钢龙骨、纸面石膏板吊顶，白色乳胶漆刷涂，墙线采用 25×15 木线条刷色。公共卫生间为防止溅水，改用防水纸面石膏板吊顶。活动室采用矿棉板吊顶。

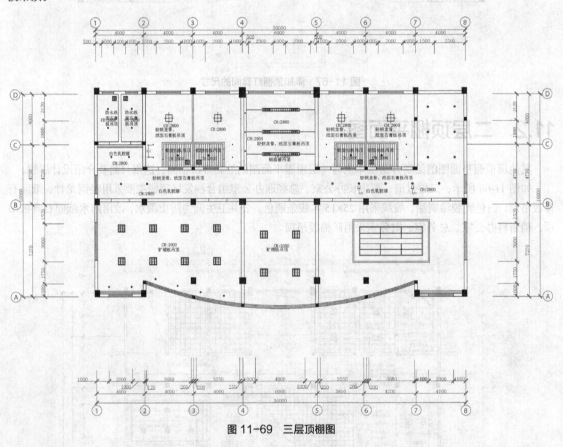

图 11-69　三层顶棚图

　　细节部分，客房专用卫生间采用铝塑扣板吊顶。楼道顶棚的灯具采用条形铝格栅吊顶内嵌筒灯。会议室为了增加亮度，灯具采用外罩有机灯片的日光灯结合筒灯的造型。

11.4　操作与实践

　　通过前面的学习，读者对本章知识也有了大体的了解，本节通过几个操作练习使读者进一步掌握本章知识要点。

绘制别墅首层顶棚图

1. 目的要求

本实例绘制图 11-70 所示的别墅首层顶棚图，主要要求读者通过练习进一步熟悉和掌握别墅首层顶棚图的绘制方法。通过本实例，可以帮助读者学会完成整个顶棚图绘制的全过程。

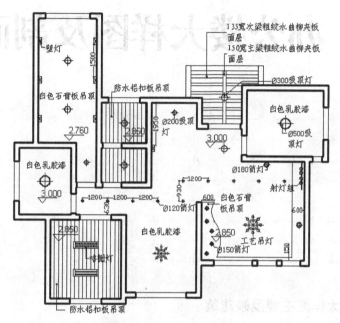

图 11-70　别墅首层顶棚图

2. 操作提示

（1）设置绘图环境。

（2）补绘平面轮廓。

（3）绘制吊顶。

（4）绘制入口雨篷顶棚。

（5）绘制灯具。

（6）标注标高和文字。

第12章

办公楼大样图及剖面图的绘制

■ 建筑剖面图和大样图主要反映建筑物的结构形式、垂直空间利用、各层构造做法和门窗洞口高度等。本章以某公司办公楼踏步大样图、大厅背景墙剖面图和卫生间台盆剖面图为例，详细论述建筑大样图及剖面图的设计思想、AutoCAD 绘制方法与相关技巧。

12.1　踏步大样图的绘制

　　踏步大样图表达了踏步构造形式、具体尺寸以及材料。楼梯踏步的尺寸设置要严格按照人体工程学原理，楼梯踏步宽度不应小于 0.26m，踏步高度不应大于 0.175m。扶手高度不宜小于 0.90m。楼梯水平段栏杆长度大于 0.50m 时，其扶手高度不应小于 1.05m。楼梯栏杆垂直杆件间净空不应大于 0.11m。楼梯梯段净宽不应小于 1.10m。六层及六层以下住宅，一边设有栏杆的梯段净宽不应小于 1m。楼梯井宽度大于 0.11m 时，必须采取防止儿童攀滑的措施。

　　本例中踏步由水泥砂浆浇筑，表面贴饰磨光的 20mm 厚金线米黄色大理石踏步板，如图 12-1 所示。

　　本节主要讲述踏步大样图的绘制过程。

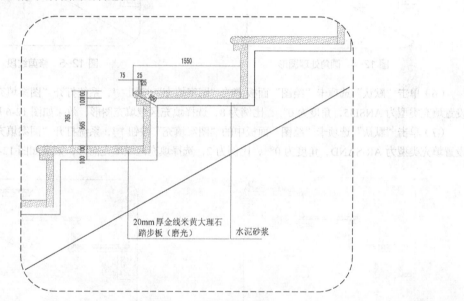

图 12-1　踏步大样图

　　操作步骤（光盘\动画演示\第 12 章\踏步大样图的绘制.avi）：

　　（1）单击"默认"选项卡"绘图"面板中的"直线"按钮 ✏，在图形适当位置绘制一条斜向直线，如图 12-2 所示。

　　（2）结合前面所学知识完成踏步大样图基本图形的绘制，如图 12-3 所示。

　　（3）单击"默认"选项卡"绘图"面板中的"矩形"按钮 ▭，在图形外部位置绘制一个适当大小的矩形。

踏步大样图的绘制

图 12-2　绘制斜向直线

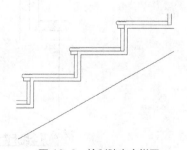

图 12-3　绘制踏步大样图

（4）单击"默认"选项卡"修改"面板中的"圆角"按钮□，对上步绘制矩形的 4 条边进行圆角处理，如图 12-4 所示。

（5）单击"默认"选项卡"修改"面板中的"修剪"按钮 ✂，选择圆角外的线段为修剪对象并对其进行修剪处理，如图 12-5 所示。

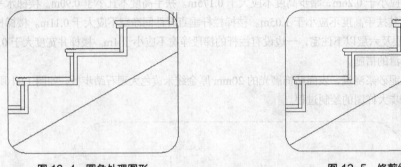

图 12-4　圆角处理图形　　　　　　　　　　　图 12-5　修剪线段

（6）单击"默认"选项卡"绘图"面板中的"图案填充"按钮 ▨，系统打开"图案填充创建"选项卡，设置填充类型为 ANSI35，角度为 0°，比例为 8，选择填充区域填充图形，效果如图 12-6 所示。

（7）单击"默认"选项卡"绘图"面板中的"图案填充"按钮 ▨，系统打开"图案填充创建"选项卡，设置填充类型为 AR-SAND，角度为 0°，比例为 2，选择填充区域填充图形，效果如图 12-7 所示。

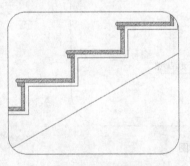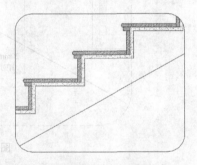

图 12-6　填充图形　　　　　　　　　　　图 12-7　填充图形

（8）在命令行中输入"QLEADER"命令，为图形添加文字说明，如图 12-8 所示。

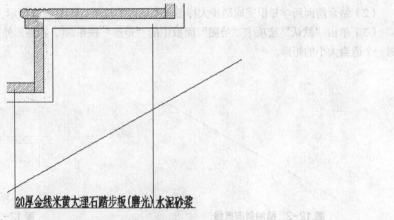

20厚金线米黄大理石踏步板(磨光)　水泥砂浆

图 12-8　添加文字说明

（9）单击"默认"选项卡"注释"面板中的"线性"按钮┣┥，为图形添加尺寸标注，最后整理图形，结果如图 12-1 所示。

12.2　大厅背景墙剖面图的绘制

大厅背景墙剖面图主要表达背景墙墙面装饰的具体做法以及尺寸。这里具体采用 8mm 厚磨砂玻璃做蒙面，内藏镁氖灯带提供照明，以木龙骨做支架，多层板作为字样基层，如图 12-9 所示。

本节主要讲述大厅背景墙剖面图的绘制过程。

图 12-9　大厅背景墙剖面

大厅背景墙剖面图的绘制

操作步骤（光盘\动画演示\第 12 章\大厅背景墙剖面图的绘制.avi）：

（1）单击"默认"选项卡"绘图"面板中的"多段线"按钮⤴，指定起点宽度为 30mm，端点宽度为 30mm，在图形空白区域任选一点为起点，向右绘制一条长度为 2387mm 的水平多段线，如图 12-10 所示。

图 12-10　绘制多段线

（2）单击"默认"选项卡"绘图"面板中的"直线"按钮╱，在距离多段线 3200mm 处绘制一条长为 3105mm 的水平直线，如图 12-11 所示。

（3）单击"默认"选项卡"绘图"面板中的"直线"按钮╱，以绘制多段线的中点为直线起点向上绘制一条竖直直线，如图 12-12 所示。

图 12-11　绘制水平直线　　　　　　　图 12-12　绘制竖直直线

（4）单击"默认"选项卡"修改"面板中的"偏移"按钮 ，选择上步绘制的竖直直线为偏移对象并向左进行偏移，偏移距离为15mm和260mm，如图12-13所示。

（5）单击"默认"选项卡"绘图"面板中的"矩形"按钮 ，在图形底部位置绘制一个 10mm×106mm 的矩形，如图12-14所示。

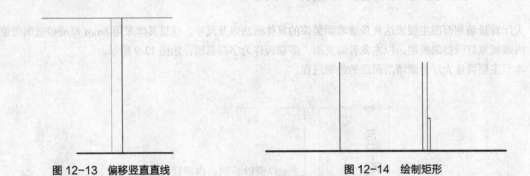

图 12-13　偏移竖直直线　　　　　图 12-14　绘制矩形

（6）单击"默认"选项卡"绘图"面板中的"直线"按钮 ，在矩形内绘制图形，如图12-15所示。

（7）绘制龙骨支架。具体操作步骤如下。

① 单击"默认"选项卡"绘图"面板中的"矩形"按钮 ，在图形底部位置绘制一个 100mm×20mm 的矩形，如图12-16所示。

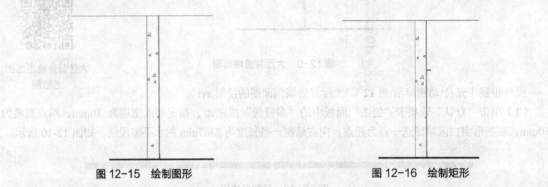

图 12-15　绘制图形　　　　　图 12-16　绘制矩形

② 单击"默认"选项卡"修改"面板中的"复制"按钮 ，选择上步绘制的矩形为复制对象并向下进行复制，如图12-17所示。

③ 单击"默认"选项卡"绘图"面板中的"直线"按钮 ，在图形适当位置绘制一条竖直直线，如图12-18所示。单击"默认"选项卡"绘图"面板中的"直线"按钮 ，在图形内绘制交叉线，如图12-19所示。

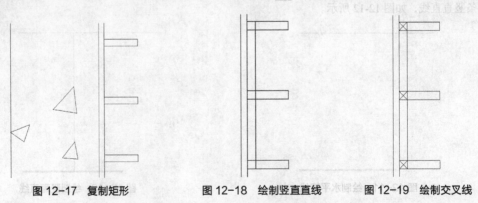

图 12-17　复制矩形　　　　　图 12-18　绘制竖直直线　　　　　图 12-19　绘制交叉线

④ 单击"默认"选项卡"绘图"面板中的"矩形"按钮▢，在图形内适当位置绘制一个 10mm×15mm 的矩形，如图 12-20 所示。

⑤ 单击"默认"选项卡"修改"面板中的"复制"按钮❀，选择绘制的矩形为复制对象并向下进行复制，如图 12-21 所示。

⑥ 单击"默认"选项卡"绘图"面板中的"直线"按钮✍，在图 12-22 所示的位置绘制连续直线。单击"默认"选项卡"修改"面板中的"镜像"按钮◢，选择上步绘制的连续直线为镜像对象并对其进行水平镜像，如图 12-23 所示。

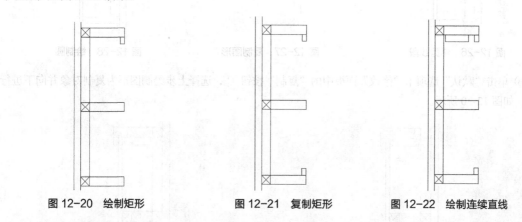

图 12-20　绘制矩形　　　　　图 12-21　复制矩形　　　　　图 12-22　绘制连续直线

⑦ 单击"默认"选项卡"绘图"面板中的"直线"按钮✍，绘制一条竖直直线，连接前面绘制的两个矩形，如图 12-24 所示。单击"默认"选项卡"修改"面板中的"偏移"按钮《，选择上步绘制的竖直直线为偏移对象并向左进行偏移，如图 12-25 所示。

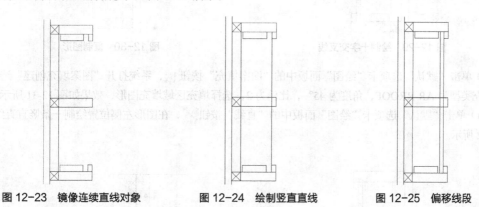

图 12-23　镜像连续直线对象　　　图 12-24　绘制竖直直线　　　图 12-25　偏移线段

⑧ 单击"默认"选项卡"修改"面板中的"修剪"按钮⊶，选择偏移线段间的多余直线为修剪对象并对其进行修剪，如图 12-26 所示。

⑨ 单击"默认"选项卡"修改"面板中的"复制"按钮❀，选择已有图形为复制对象并对其进行复制，如图 12-27 所示。

（8）镁氖灯带。具体操作步骤如下。

① 单击"默认"选项卡"绘图"面板中的"圆"按钮⊙，在图形适当位置任选一点为圆心绘制一个适当半径的圆，如图 12-28 所示。

② 单击"默认"选项卡"绘图"面板中的"直线"按钮✍，在上步绘制圆的圆心处绘制十字交叉线，如图 12-29 所示。

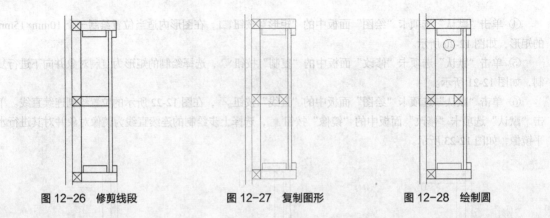

图 12-26　修剪线段　　　　　图 12-27　复制图形　　　　　图 12-28　绘制圆

③ 单击"默认"选项卡"修改"面板中的"复制"按钮，选择上步绘制图形为复制对象并向下进行复制，如图 12-30 所示。

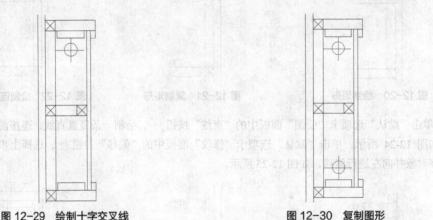

图 12-29　绘制十字交叉线　　　　　　　　图 12-30　复制图形

（9）单击"默认"选项卡"绘图"面板中的"图案填充"按钮，系统打开"图案填充创建"选项卡，设置填充类型为 AR-RROOF，角度为 45°，比例为 2，选择填充区域填充图形，效果如图 12-31 所示。

（10）单击"默认"选项卡"绘图"面板中的"直线"按钮，在图形左侧位置绘制一条竖直直线，如图 12-32 所示。

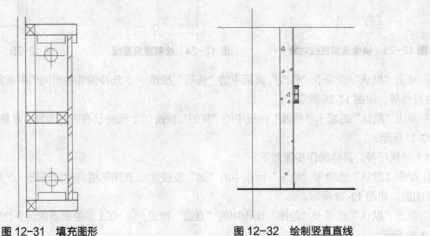

图 12-31　填充图形　　　　　　　　　图 12-32　绘制竖直直线

（11）单击"默认"选项卡"绘图"面板中的"直线"按钮 ✏，在图形适当位置绘制连续直线，如图 12-33 所示。

（12）单击"默认"选项卡"修改"面板中的"修剪"按钮 ⊹，选择上步绘制的连续直线为修剪对象并对其进行修剪处理，如图 12-34 所示。

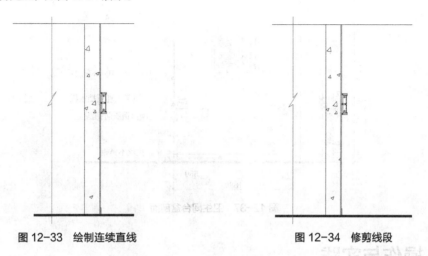

图 12-33 绘制连续直线   图 12-34 修剪线段

① 单击"默认"选项卡"注释"面板中的"线性"按钮 ┡ 和"连续"按钮 ⊞，为立面图添加第一道尺寸标注，如图 12-35 所示。

② 单击"默认"选项卡"注释"面板中的"线性"按钮 ┡，为立面图添加总尺寸标注，如图 12-36 所示。

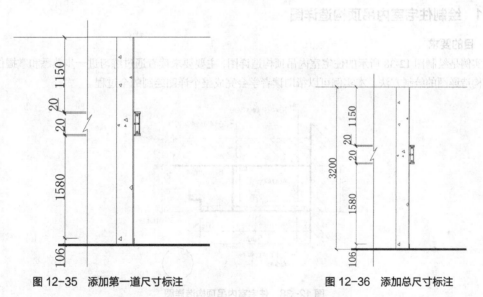

图 12-35 添加第一道尺寸标注   图 12-36 添加总尺寸标注

③ 在命令行中输入"QLEADER"命令，为图形添加文字说明，如图 12-9 所示。

12.3 卫生间台盆剖面图的绘制

卫生间台盆剖面图主要表示卫生间台盆装饰的具体材料以及尺寸。这里具体采用刷防锈漆的 4Ø 角钢做支架，以中国黑大理石做挡水板，贴挂 1700mm×1100mm 车边镜，侧墙壁上再悬挂一张壁画，增加一点艺术的情调，如图 12-37 所示。

利用上述方法完成一层卫生间台盆剖面图的绘制。

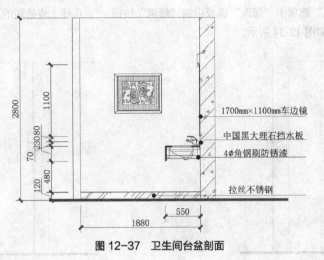

图 12-37　卫生间台盆剖面

12.4　操作与实践

通过前面的学习，读者对本章知识也有了大体的了解。本节通过几个操作练习使读者进一步掌握本章知识要点。

12.4.1　绘制住宅室内吊顶构造详图

1．目的要求

本实例是绘制图 12-38 所示的住宅室内吊顶构造详图，主要要求读者通过练习进一步熟悉和掌握住宅室内吊顶构造详图的绘制方法。本实例可以帮助读者学会完成整个详图绘制的全过程。

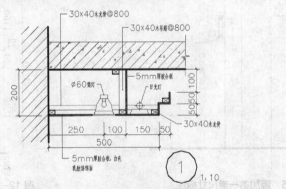

图 12-38　住宅室内吊顶构造详图

2．操作提示

（1）绘制轮廓线。

（2）填充图形。

（3）绘制细节图形。

（4）标注尺寸和文字。

12.4.2　绘制咖啡吧玻璃台面节点详图

1．目的要求

本实例绘制图 12-39 所示的咖啡吧玻璃台面节点详图，主要要求读者通过练习进一步熟悉和掌握节点详图的绘制方法。本实践可以帮助读者学会完成整个节点详图绘制的全过程。

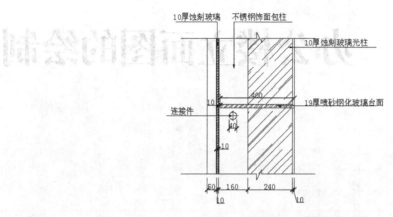

图 12-39　咖啡吧玻璃台面节点详图

2．操作提示

（1）绘制定位辅助线。

（2）绘制折线。

（3）绘制详图。

（4）标注尺寸。

（5）标注文字。

绘制结果如图 12-39 所示。

第13章

办公楼立面图的绘制

■ 办公室中的立面是视觉上看的最多的位置，不但应有好的使用功能，还应新颖大方，并具有独特的形象风格，可以说办公室立面设计的好坏对办公室整体装修有决定性的影响。

■ 办公室立面设计元素主要有玻璃间壁、门与墙、壁柜、装饰壁画及造型。

■ 本章将以某小型企业办公楼立面图室内设计为例，详细讲述立面图的绘制过程。在讲述过程中，将逐步带领读者完成立面图的绘制。通过本章的学习，读者将熟练掌握立面图绘制的相关知识和技巧。

13.1 一层立面图

本节主要讲述一层大厅背景墙、一层过道处隔断、一层卫生间台盆立面的绘制过程。

13.1.1 大厅背景墙立面

在大厅进门左边墙体上，用咖啡色砂岩砖装饰，在中间大片空白处标明公司的中文名称（此处隐去）和英文名称（此处隐去），其中中文名称用内置 T4 灯管的钢化玻璃装裱，英文名称用拉丝不锈钢字嵌写。整个名称醒目大气，第一时间呈现在员工和来访客人眼前，准确及时地传递出公司的最基本的信息。

过道双开门采用钢化玻璃作为门面，拉丝不锈钢作为框架，干净通透。进门、中间隔断以及后墙立柱刷涂米黄色真石漆，透出一种逼真的原色，后厅休息区墙面刷涂白色乳胶漆，踢脚装饰材料为拉丝不锈钢，显得素雅干净，再在墙上点缀两幅山水壁画，透露出一种油然的艺术气息，结合几盆摆放恰到好处的花草盆景，让来此休息等候的客人心旷神怡。

整个大厅背景立面装饰既简洁大气，又在醒目的位置恰到好处地标示出了公司的名称信息，如图 13-1 所示。

本节主要讲述大厅背景墙立面的绘制过程。

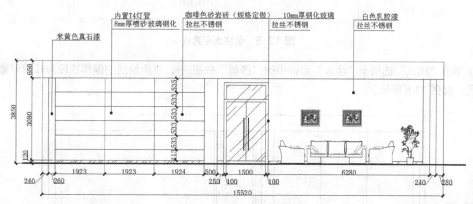

图 13-1　大厅背景墙立面图

操作步骤（光盘\动画演示\第 13 章\大厅背景墙立面图.avi）：

大厅背景墙立面

1. 绘制立面图主体轮廓

（1）单击"默认"选项卡"绘图"面板中的"直线"按钮 ，在图形适当位置绘制一条长度为 15520mm 的水平直线，如图 13-2 所示。

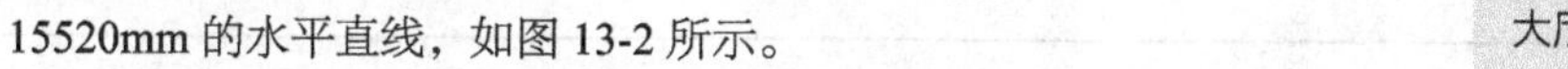

图 13-2　绘制水平直线

（2）单击"默认"选项卡"绘图"面板中的"直线"按钮 ，以上步绘制水平直线的左端点为直线起点向上绘制一条长为 3850mm 的竖直直线，如图 13-3 所示。

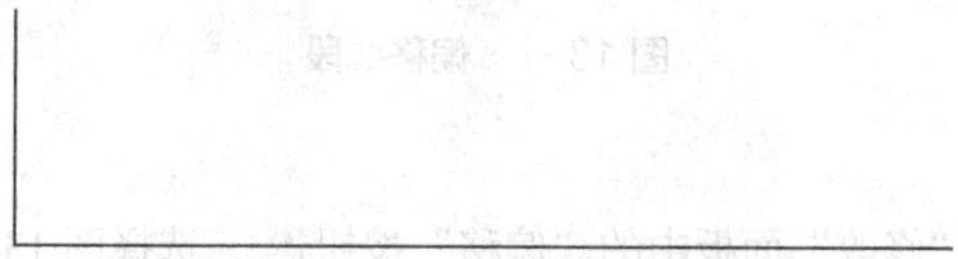

图 13-3　绘制竖直直线

（3）单击"默认"选项卡"修改"面板中的"偏移"按钮 ，选择上步绘制的竖直直线为偏移对象并向右进行偏移，偏移距离为 240mm、260mm、1923mm、1923mm、1924mm、500mm、250mm、100mm、1500mm、100mm、6280mm、240mm 和 280mm，如图 13-4 所示。

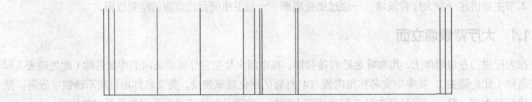

图 13-4　偏移竖直直线

（4）单击"默认"选项卡"修改"面板中的"偏移"按钮 ，选择底部水平直线为偏移对象并向上进行偏移，偏移距离为 120mm、3080mm 和 650mm，如图 13-5 所示。

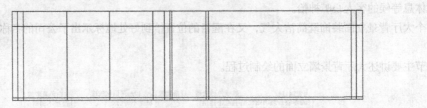

图 13-5　偏移水平直线

（5）单击"默认"选项卡"修改"面板中的"修剪"按钮 ，以所绘制的偏移线段为修剪对象并对其进行修剪，如图 13-6 所示。

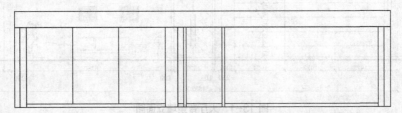

图 13-6　修剪直线线段

（6）单击"默认"选项卡"修改"面板中的"偏移"按钮 ，选择图 13-7 所示的水平直线为偏移对象并向上进行偏移，偏移距离为 413mm、533mm、533mm、533mm 和 533mm，如图 13-7 所示。

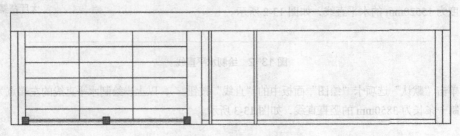

图 13-7　偏移线段

2. 绘制门立面

（1）单击"默认"选项卡"修改"面板中的"偏移"按钮 ，选择图 13-8 所示的水平直线为偏移对象并向上进行偏移，偏移距离为 2200mm、100mm、533mm 和 100mm，如图 13-8 所示。

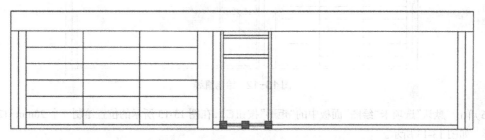

图 13-8　偏移线段

（2）单击"默认"选项卡"修改"面板中的"延伸"按钮 ⊸⁄，选择水平直线向两个竖直直线进行延伸，如图 13-9 所示。

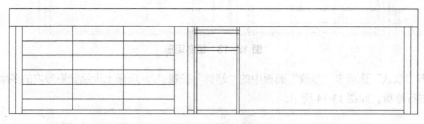

图 13-9　延伸线段

（3）单击"默认"选项卡"修改"面板中的"修剪"按钮 ⊸⁄，选择上步延伸后线段为修剪对象并对其进行修剪，如图 13-10 所示。

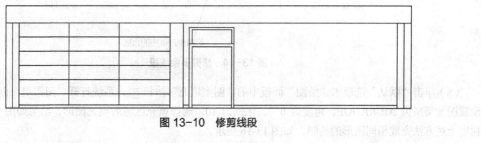

图 13-10　修剪线段

（4）单击"默认"选项卡"绘图"面板中的"直线"按钮 ✏，在图 13-11 所示的位置绘制一条竖直直线，如图 13-11 所示。

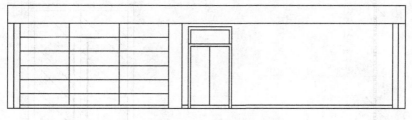

图 13-11　绘制直线

（5）单击"默认"选项卡"绘图"面板中的"直线"按钮 ✏，在上步绘制的图形内绘制多条斜向直线，如图 13-12 所示。

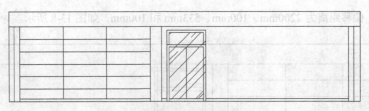

图 13-12　绘制直线

（6）单击"默认"选项卡"绘图"面板中的"矩形"按钮□，在图 13-13 所示的位置绘制一个 20mm×1200mm 的矩形，如图 13-13 所示。

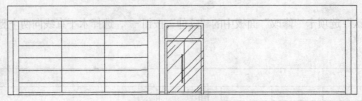

图 13-13　绘制矩形

（7）单击"默认"选项卡"修改"面板中的"修剪"按钮／，选择上步绘制矩形内的多余线段为修剪对象并对其进行修剪，如图 13-14 所示。

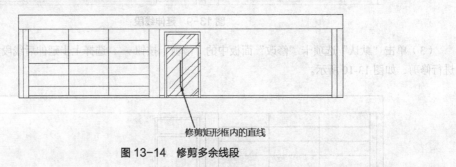

修剪矩形框内的直线

图 13-14　修剪多余线段

（8）单击"默认"选项卡"绘图"面板中的"图案填充"按钮▨，系统打开"图案填充创建"选项卡，设置图案类型为 AR-RROOF，角度为 0°，比例为 10，选择填充区域后填充图形，结果如图 13-15 所示。利用上述方法完成相同图形的绘制，如图 13-16 所示。

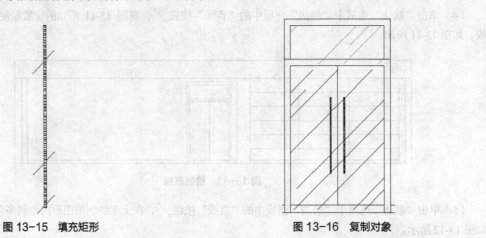

图 13-15　填充矩形　　　　　　　　　　　图 13-16　复制对象

3. 绘制沙发区域立面

（1）单击"默认"选项卡"绘图"面板中的"矩形"按钮□，在图形右侧位置绘制一个 739mm×607mm 的矩形，如图 13-17 所示。

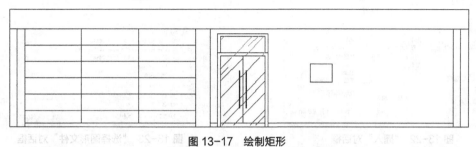

图 13-17　绘制矩形

（2）单击"默认"选项卡"修改"面板中的"偏移"按钮，选择上步绘制的矩形为偏移对象并向内进行偏移，偏移距离为 35mm、8mm 和 68mm，如图 13-18 所示。

（3）单击"默认"选项卡"绘图"面板中的"样条曲线拟合"按钮，在图形内绘制装饰图案，如图 13-19 所示。

（4）单击"默认"选项卡"绘图"面板中的"图案填充"按钮，系统打开"图案填充创建"选项卡，设置图案类型为 DOTS，角度为 0°，比例为 10，选择填充区域填充图形充，效果如图 13-20 所示。

图 13-18　偏移矩形

图 13-19　绘制样条线

图 13-20　填充图案

（5）单击"默认"选项卡"修改"面板中的"复制"按钮，选择上步绘制图形为复制对象并将其向右进行复制，复制距离为 1488mm，如图 13-21 所示。

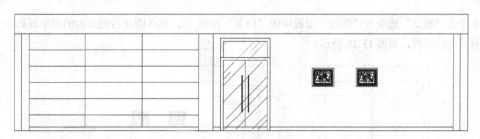

图 13-21　复制图形

（6）单击"默认"选项卡"块"面板中的"插入"按钮，弹出"插入"对话框，如图 13-22 所示。

（7）单击"浏览"按钮，弹出"选择图形文件"对话框，如图 13-23 所示。选择"源文件\第 10 章\图块\立面沙发"图块，单击"打开"按钮，回到"插入"对话框，单击"确定"按钮，完成图块插入，如图 13-24 所示。

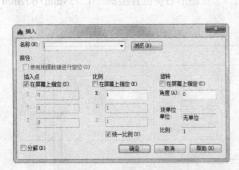

图 13-22 "插入"对话框

图 13-23 "选择图形文件"对话框

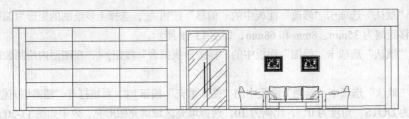

图 13-24 插入沙发

（8）单击"默认"选项卡"块"面板中的"插入"按钮，弹出"插入"对话框。单击"浏览"按钮，弹出"选择图形文件"对话框，选择"源文件\第10章\图块\盆栽"图块，单击"打开"按钮，回到"插入"对话框，单击"确定"按钮，完成图块插入，如图13-25所示。

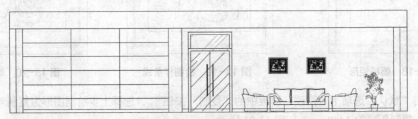

图 13-25 插入盆栽

（9）单击"默认"选项卡"修改"面板中的"修剪"按钮，选择图块后图形内的多余踢脚线为修剪对象并对其进行修剪，如图13-26所示。

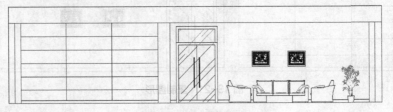

图 13-26 修剪线段

（10）单击"默认"选项卡"绘图"面板中的"直线"按钮，在图13-27所示的位置绘制一条竖直直线，如图13-27所示。

图 13-27　绘制竖直直线

（11）单击"默认"选项卡"修改"面板中的"修剪"按钮 ⊹，选择上步绘制竖直线段内的多余线段为对象进行修剪，如图 13-28 所示。

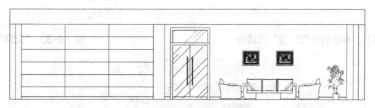

图 13-28　修剪多余线段

（12）单击"默认"选项卡"绘图"面板中的"图案填充"按钮 ▨，系统打开"图案填充创建"选项卡，设置填充类型为 AR-RROOF，角度为 45°，比例为 15，选择填充区域填充图形，效果如图 13-29 所示。

图 13-29　填充图形

（13）单击"默认"选项卡"绘图"面板中的"多段线"按钮 ⌐，以底部水平直线左边一点为起点向右绘制一条水平多段线，指定起点宽度 30mm，端点宽度为 30mm，如图 13-30 所示。

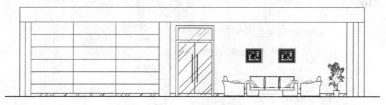

图 13-30　绘制多段线

4．设置标注样式

（1）单击"默认"选项卡"图层"面板中的"图层特性"按钮 ▤，新建"尺寸"图层，并将其置为当前图层，如图 13-31 所示。

（2）单击"默认"选项卡"注释"面板中的"标注样式"按钮 ⧄，弹出"标注样式管理器"对话框，如图 13-32 所示。

（3）单击"新建"按钮，弹出"创建新标注样式"对话框，输入"立面"名称，如图 13-33 所示。单击"继续"按钮，打开"新建标注样式：立面"对话框，选择"线"选项卡，按照如图 13-34 所示的参数修改标注样式。

图 13-31　设置当前图层

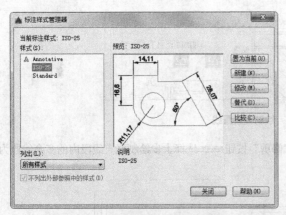

图 13-32 "标注样式管理器"对话框　　　　　　　图 13-33 "立面"标注样式

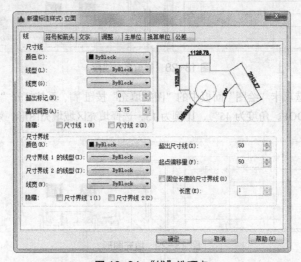

图 13-34 "线"选项卡

（4）选择"符号和箭头"选项卡，按照图 13-35 所示的设置进行修改，箭头样式选择为"建筑标记"，"箭头大小"修改为"100"。

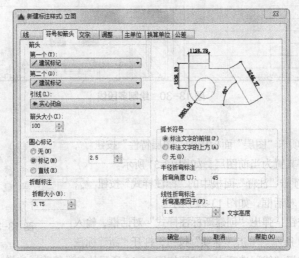

图 13-35 "符号和箭头"选项卡

（5）在"文字"选项卡中设置"文字高度"为"200"，如图13-36所示。

（6）在"主单位"选项卡中按图13-37所示进行设置。

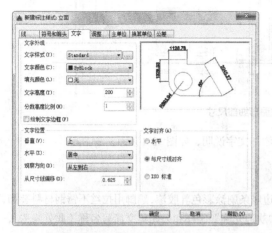

图13-36 "文字"选项卡

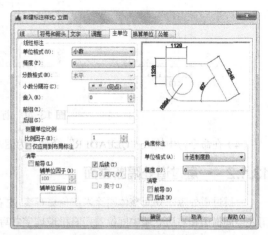

图13-37 "主单位"选项卡

5. 标注尺寸

（1）单击"注释"选项卡"标注"面板中的"线性"按钮和"连续"按钮，添加立面图第一道尺寸标注，如图13-38所示。

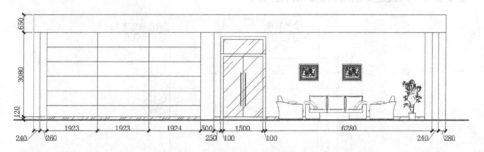

图13-38 添加第一道尺寸标注

（2）单击"注释"选项卡"标注"面板中的"线性"按钮，添加立面图第二道尺寸标注，如图13-39所示。

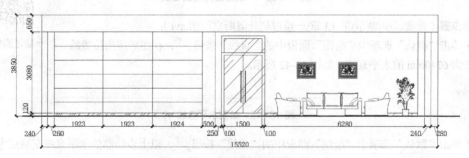

图13-39 添加第二道尺寸标注

（3）单击"默认"选项卡"注释"面板中的"线性"按钮和"连续"按钮，标注剩余图形的细部尺寸，如图13-40所示。

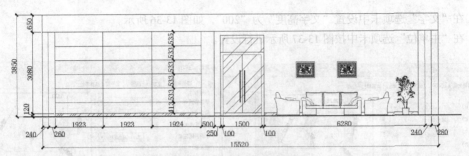

图 13-40　标注图形细部尺寸

（4）在命令行中输入"QLEADER"命令，为图形添加文字说明，如图 13-1 所示。

13.1.2　一层过道处隔断立面

一层过道处隔断立面整体刷涂米黄色真石漆，左右边竖条刷涂彩色乳胶漆，踢脚用拉丝不锈钢材料装饰，再在中间横梁和右边立墙中间位置用有机玻璃字书写"欢迎光临"字样和公司英文简写名称（此处隐去），整体上既漂亮大气又不显得呆板。

中国传统文化讲究含蓄稳健，所以建筑装饰也要注意表达这样的文化气息，过道隔断的存在除了装饰作用外，还具有阻挡客人视线的作用，也就是说，不希望客人一进大厅门就把整个大厅纵深都看个通透，这样会使整个建筑的文化气息显得没有底蕴，如图 13-41 所示。

本节主要讲述一层过道处隔断立面的绘制过程。

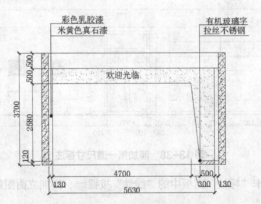

图 13-41　一层过道处隔断立面

一层过道处隔断
立面

操作步骤（光盘\动画演示\第 13 章\一层过道处隔断立面图.avi）：

（1）单击"默认"选项卡"绘图"面板中的"直线"按钮，在图形适当位置绘制一条长为 6240mm 的水平直线，如图 13-42 所示。

图 13-42　绘制水平直线

（2）单击"默认"选项卡"绘图"面板中的"直线"按钮，以上步绘制的水平直线左端点为起点向上绘制一条长为 3700mm 的竖直直线，如图 13-43 所示。

（3）单击"默认"选项卡"修改"面板中的"偏移"按钮，选择底部水平直线为偏移对象并向上进行偏移，偏移距离为 120mm、2580mm、500mm 和 500mm，如图 13-44 所示。

图 13-43　绘制直线　　　　　　　　　　　　　　　图 13-44　偏移水平直线

（4）单击"默认"选项卡"修改"面板中的"偏移"按钮 ，选择左侧竖直直线为偏移对象并向右进行偏移，偏移距离为 240mm、130mm、4700mm、300mm、500mm、130mm 和 240mm，如图 13-45 所示。

（5）单击"默认"选项卡"绘图"面板中的"直线"按钮 ，在图 13-46 所示的位置绘制一条斜向线段，如图 13-46 所示。

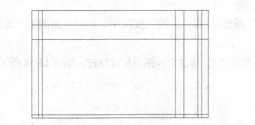

绘制斜向直线

图 13-45　偏移竖直直线　　　　　　　　　　　　　　图 13-46　绘制斜向线段

（6）单击"默认"选项卡"修改"面板中的"修剪"按钮 ，选择上步线段为修剪对象并对其进行修剪，如图 13-47 所示。

（7）单击"默认"选项卡"绘图"面板中的"图案填充"按钮 ，系统打开"图案填充创建"选项卡，设置填充类型为 ANSI31，角度为 0°，比例为 50，选择填充区域填充图形，效果如图 13-48 所示。

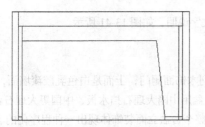
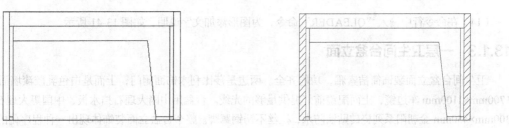

图 13-47　修剪线段　　　　　　　　　　　　　　　图 13-48　填充图案

（8）单击"默认"选项卡"绘图"面板中的"图案填充"按钮 ，系统打开"图案填充创建"选项卡，设置填充类型为 AR-CONC，角度为 0°，比例为 1，选择填充区域填充图形，效果如图 13-49 所示。

（9）单击"默认"选项卡"绘图"面板中的"图案填充"按钮 ，系统打开"图案填充创建"选项卡，设置填充类型为 AR-SAND，角度为 0°，比例为 5，选择填充区域填充图形，效果如图 13-50 所示。

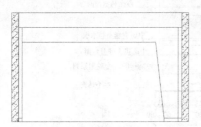
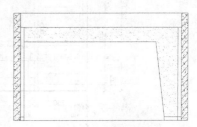

图 13-49　填充图案　　　　　　　　　　　　　　　图 13-50　填充图案

（10）单击"默认"选项卡"绘图"面板中的"直线"按钮 ，在底部图形内绘制斜向直线，如图 13-51 所示。

（11）单击"默认"选项卡"注释"面板中的"多行文字"按钮 A，在图形中标注文字"欢迎光临"，如图 13-52 所示。

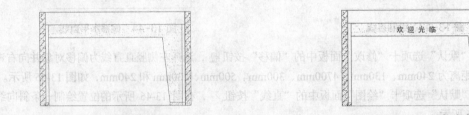

图 13-51　绘制斜向直线

图 13-52　添加文字

（12）单击"默认"选项卡"注释"面板中的"线性"按钮 和"连续"按钮 ，添加立面图第一道尺寸标注，如图 13-53 所示。

（13）单击"默认"选项卡"注释"面板中的"线性"按钮 ，添加立面图总尺寸标注，如图 13-54 所示。

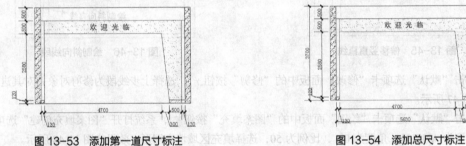

图 13-53　添加第一道尺寸标注

图 13-54　添加总尺寸标注

（14）在命令行中输入"QLEADER"命令，为图形添加文字说明，如图 13-41 所示。

13.1.3　一层卫生间台盆立面

卫生间台盆立面装饰简洁素雅，功能齐全。两边是莎比利木饰面厕门，上面是白色乳胶漆墙面，悬挂 1700mm×1100mm 车边镜，上面配镜前灯提供足够的光线。台盆用中国大理石挡水板，中国黑大理石台面，300mm×450mm 金朝阳系列瓷砖贴墙防水，拉丝不锈钢踢脚。整个台盆立面装饰体现出一种程序化的、和谐的美感，如图 13-55 所示。

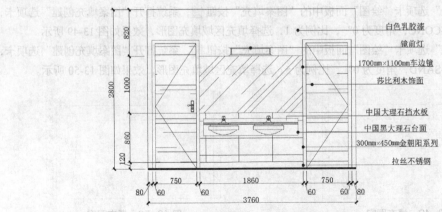

图 13-55　一层卫生间台盆立面

本节主要讲述一层卫生间台盆立面的绘制过程。

操作步骤（光盘\动画演示\第 13 章\一层卫生间台盆立面图.avi）：

1. 绘制厕门

（1）单击"默认"选项卡"绘图"面板中的"直线"按钮 ，在图形空白区域绘制一条长为 3760mm 的水平直线，如图 13-56 所示。

（2）单击"默认"选项卡"绘图"面板中的"直线"按钮 ，以上步绘制的水平直线左边端点为直线起点向上绘制一条长为 2800mm 的竖直直线，如图 13-57 所示。

一层卫生间台盆
立面图

图 13-56　绘制水平直线

（3）单击"默认"选项卡"修改"面板中的"偏移"按钮 ，选择上步绘制的竖直直线为偏移对象并向右进行偏移，偏移距离为 80mm、60mm、750mm、60mm、1860mm、60mm、750mm、60mm 和 80mm，如图 13-58 所示。

图 13-57　绘制竖直直线　　　　　　　　　　**图 13-58　偏移直线**

（4）单击"默认"选项卡"修改"面板中的"偏移"按钮 ，选择绘制的水平直线为偏移对象并向上进行偏移，偏移距离为 120mm、2080mm、60mm 和 540mm，如图 13-59 所示。

（5）单击"默认"选项卡"修改"面板中的"修剪"按钮 ，选择前面偏移线段为修剪对象并对其进行修剪处理，如图 13-60 所示。

图 13-59　偏移直线

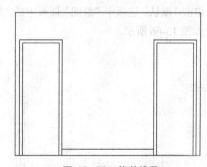

图 13-60　修剪线段

（6）单击"默认"选项卡"绘图"面板中的"直线"按钮 ，在上步修剪线段内绘制角点与中点间的连接线，如图 13-61 所示。

（7）单击"默认"选项卡"绘图"面板中的"图案填充"按钮 ，系统打开"图案填充创建"选项卡，设置填充类型为 AR-RROOF，角度为 0°，比例为 20，选择填充区域填充图形，效果如图 13-62 所示。

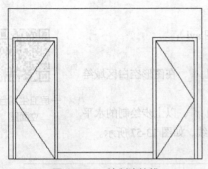

图 13-61　绘制连接线

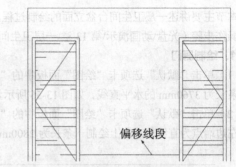

偏移线段

图 13-62　图案填充

2．绘制台盆立面

（1）单击"默认"选项卡"修改"面板中的"偏移"按钮，选择图 13-62 所示的直线为偏移对象并向上进行偏移，偏移距离为 119mm、300mm、300mm、141mm 和 1000mm，如图 13-63 所示。

（2）单击"默认"选项卡"修改"面板中的"偏移"按钮，选择左侧竖直直线为偏移对象并向右进行偏移，偏移距离为 1063mm、600mm 和 600mm，如图 13-64 所示。

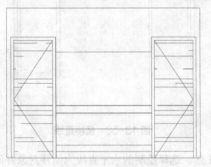

图 13-63　偏移直线

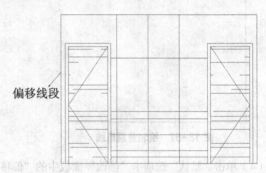

偏移线段

图 13-64　偏移直线

（3）单击"默认"选项卡"修改"面板中的"修剪"按钮，选择上步偏移线段为修剪对象并进行修剪，如图 13-65 所示。

（4）单击"默认"选项卡"绘图"面板中的"矩形"按钮，在图形适当位置绘制一个 1700mm×300mm 的矩形，如图 13-66 所示。

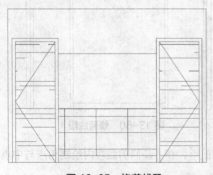

图 13-65　修剪线段

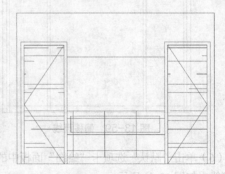

图 13-66　绘制矩形

（5）单击"默认"选项卡"修改"面板中的"修剪"按钮，选择矩形内多余线段为修剪对象将其修剪掉，如图 13-67 所示。

（6）单击"默认"选项卡"修改"面板中的"分解"按钮，选择上步绘制的矩形为分解对象，按"Enter"键确认将其分解。

（7）单击"默认"选项卡"修改"面板中的"偏移"按钮，选择分解后矩形的底部水平直线为偏移对象并向上进行偏移，偏移距离为 195mm、5mm、20mm 和 10mm，如图 13-68 所示。

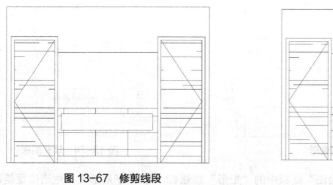

图 13-67　修剪线段

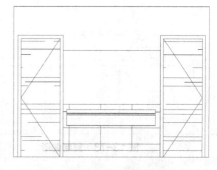

图 13-68　偏移线段

（8）单击"默认"选项卡"绘图"面板中的"矩形"按钮，在图形适当位置绘制一个 490mm×30mm 的矩形，如图 13-69 所示。

（9）单击"默认"选项卡"绘图"面板中的"矩形"按钮，在上步绘制的矩形下方再绘制一个 546mm×67mm 的矩形，如图 13-70 所示。

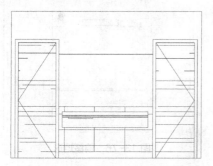

图 13-69　绘制 490mm×30mm 的矩形

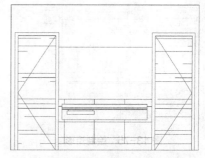

图 13-70　绘制 546mm×67mm 的矩形

（10）单击"默认"选项卡"绘图"面板中的"圆弧"按钮，在上步绘制的矩形下方绘制一段适当半径的圆弧，如图 13-71 所示。

（11）选择图 13-72 所示的线段及圆弧，设置线型为 ACAD_IS002W100，然后单击鼠标右键，在弹出的快捷菜单中选择"特性"命令，弹出"特性"选项板，将其"线型比例"修改为 2，结果如图 13-72 所示。

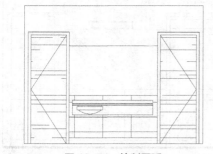

图 13-71　绘制圆弧

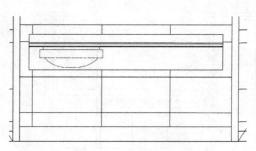

图 13-72　修改线型

（12）单击"默认"选项卡"修改"面板中的"复制"按钮，选择上步绘制的图形为复制对象并向右进行复制，复制间距为 804mm，如图 13-73 所示。

（13）单击"默认"选项卡"绘图"面板中的"图案填充"按钮，系统打开"图案填充创建"选项卡，设置填充类型为 AR-RROOF，角度为 45°，比例为 20，选择填充区域填充图形，效果如图 13-74 所示。

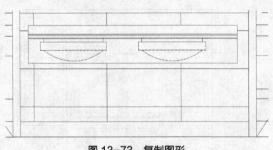

图 13-73　复制图形

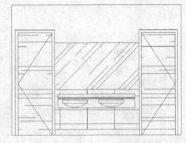

图 13-74　填充图形

（14）单击"默认"选项卡"绘图"面板中的"矩形"按钮，在镜子图形上方适当位置绘制一个 703mm×120mm 的矩形，如图 13-75 所示。

（15）单击"默认"选项卡"修改"面板中的"偏移"按钮，选择上步绘制的矩形为偏移对象并向内进行偏移，偏移距离为 10mm，如图 13-76 所示。

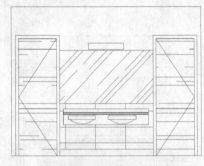

图 13-75　绘制矩形

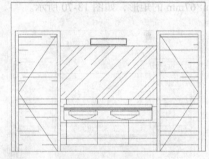

图 13-76　偏移矩形

（16）单击"默认"选项卡"绘图"面板中的"直线"按钮，在上步图形上绘制斜向线段，如图 13-77 所示。

（17）单击"默认"选项卡"绘图"面板中的"多段线"按钮，指定起点宽度为 30mm，端点宽度为 30mm，在图形底部绘制一条水平多段线，如图 13-78 所示。

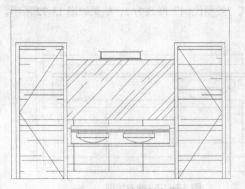

图 13-77　绘制斜向线段

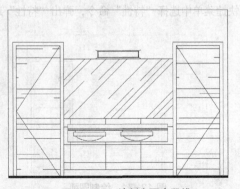

图 13-78　绘制水平多段线

（18）剩余立面图形的绘制方法基本相同，这里不再详细阐述，如图 13-79 所示。

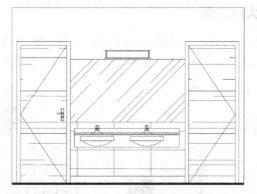

图 13-79　绘制剩余立面图形

3．标注尺寸和文字

（1）单击"默认"选项卡"注释"面板中的"线性"按钮├─┤和"连续"按钮┤┤，为立面图添加第一道尺寸标注，如图 13-80 所示。

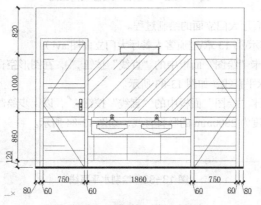

图 13-80　添加第一道尺寸标注

（2）单击"默认"选项卡"注释"面板中的"线性"按钮├─┤和"连续"按钮┤┤，为立面图添加第二道尺寸标注，如图 13-81 所示。

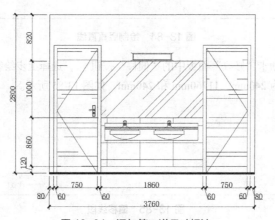

图 13-81　添加第二道尺寸标注

（3）在命令行中输入"QLEADER"命令，为图形添加文字说明，如图 13-55 所示。

13.1.4 过道客人餐厅大门立面

过道客人餐厅大门立面整体刷涂白色乳胶漆，显得干净素雅，再点缀两幅装饰壁画，于平庸中突显灵动。客人餐厅大门整体采用莎比利木饰面，装点压花玻璃饰面和砂银拉手，整个大门显得典雅美观，如图 13-82 所示。

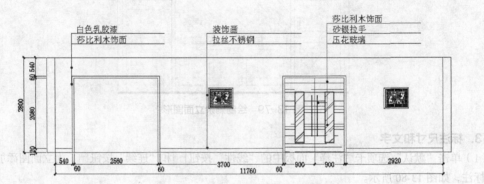

图 13-82 过道客人餐厅大门立面

本节主要讲述过道客人餐厅大门立面的绘制过程。

操作步骤（光盘\动画演示\第 13 章\过道客人餐厅大门立面图.avi）：

（1）单击"默认"选项卡"绘图"面板中的"直线"按钮，在图形空白区域绘制一条长度为 12240mm 的水平直线，如图 13-83 所示。

（2）单击"默认"选项卡"绘图"面板中的"直线"按钮，以上步绘制直线左端点为起点向上绘制一条长度为 2800mm 的竖直直线，如图 13-84 所示。

过道客人餐厅大门
立面图

图 13-83 绘制水平直线

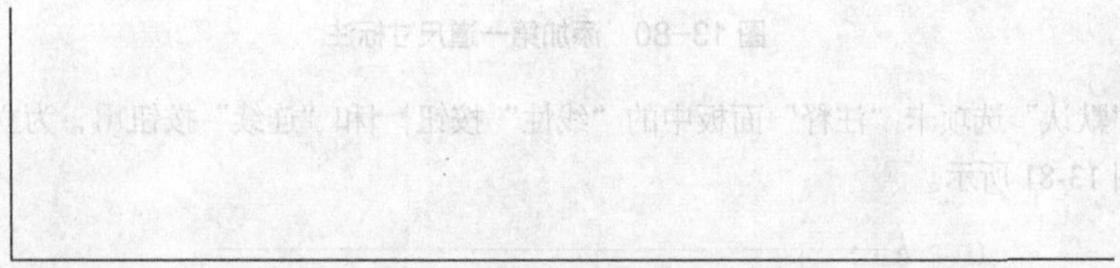

图 13-84 绘制竖直直线

（3）单击"默认"选项卡"修改"面板中的"偏移"按钮，选择上步绘制的竖直直线为偏移对象并向右进行偏移，偏移距离为 240mm、11760mm 和 240mm，如图 13-85 所示。

图 13-85 偏移线段

（4）单击"默认"选项卡"修改"面板中的"偏移"按钮 ，选择前面绘制的水平直线为偏移对象并向上进行偏移，偏移距离为 120mm 和 2680mm，如图 13-86 所示。

图 13-86　偏移线段

（5）单击"默认"选项卡"修改"面板中的"修剪"按钮 ，选择上步偏移线段为修剪对象并对其进行修剪处理，如图 13-87 所示。

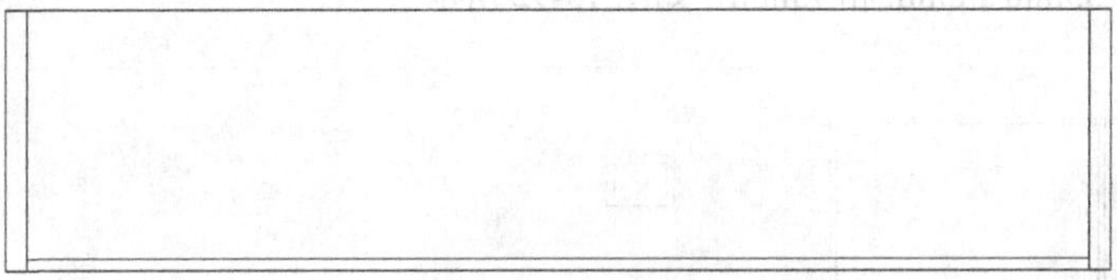

图 13-87　修剪线段

（6）单击"默认"选项卡"绘图"面板中的"多段线"按钮 ，指定起点宽度为 0，端点宽度为 0，在图形适当位置绘制连续多段线，如图 13-88 所示。

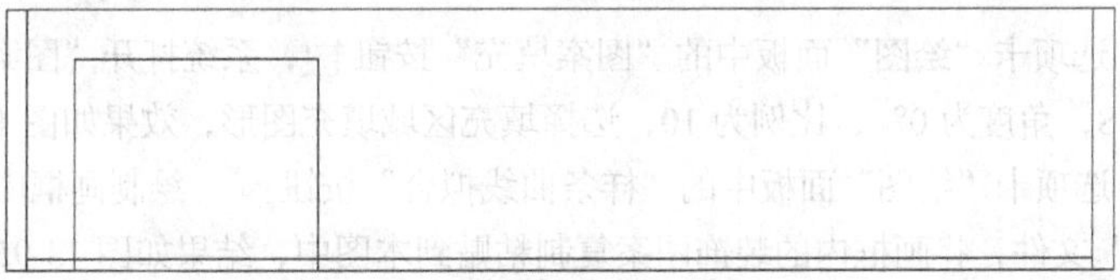

图 13-88　绘制多段线

（7）单击"默认"选项卡"修改"面板中的"偏移"按钮 ，选择上步绘制的连续多段线为偏移对象并向内进行偏移，偏移距离为 60mm，如图 13-89 所示。

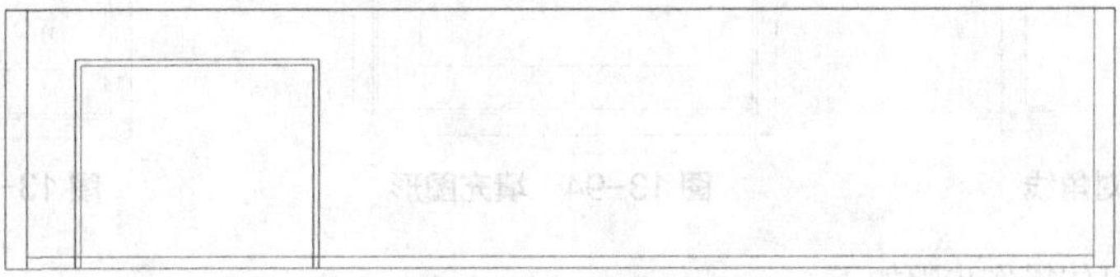

图 13-89　偏移线段

（8）单击"默认"选项卡"修改"面板中的"修剪"按钮 ，选择上步偏移线段为修剪对象并对其进行修剪处理，如图 13-90 所示。

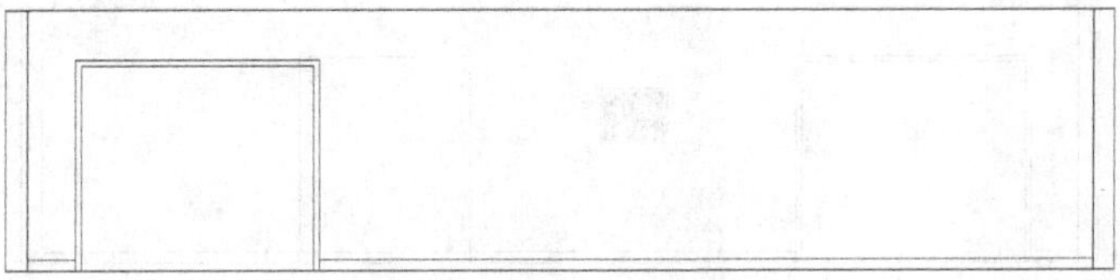

图 13-90　修剪线段

（9）绘制壁画。具体操作步骤如下。

① 单击"默认"选项卡"绘图"面板中的"矩形"按钮□，在上步图形右侧位置绘制一个739mm×607mm的矩形，如图13-91所示。

图13-91 绘制矩形

② 单击"默认"选项卡"修改"面板中的"偏移"按钮⊜，选择上步绘制的矩形为偏移对象并向内进行偏移，偏移距离为35mm、8mm和75mm，如图13-92所示。

图13-92 偏移矩形

③ 单击"默认"选项卡"绘图"面板中的"直线"按钮✎，在上步图形内角点处绘制对角线，如图13-93所示。

④ 单击"默认"选项卡"绘图"面板中的"图案填充"按钮▨，系统打开"图案填充创建"选项卡，设置填充类型为DOTS，角度为0°，比例为10，选择填充区域填充图形，效果如图13-94所示。

⑤ 单击"默认"选项卡"绘图"面板中的"样条曲线拟合"按钮∿，绘制画框内的装饰图案，或者打开"大厅背景墙立面"文件，将画框内的装饰图案复制粘贴到本图中，结果如图13-95所示。

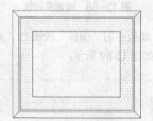

图13-93 绘制对角线　　　　　　图13-94 填充图形　　　　　　图13-95 绘制样条曲线

（10）绘制门。具体操作步骤如下。

① 单击"默认"选项卡"绘图"面板中的"多段线"按钮⤵，在上步绘制画框的右侧绘制连续多段线，如图13-96所示。单击"默认"选项卡"修改"面板中的"偏移"按钮⊜，选择上步绘制的连续多段线并向上进行偏移，偏移距离为60mm，如图13-97所示。

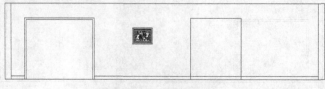

图13-96 绘制多段线

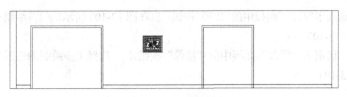

图 13-97 偏移多段线

② 单击"默认"选项卡"修改"面板中的"修剪"按钮 ┼，选择上步偏移线段为修剪对象并对其进行修剪处理，如图 13-98 所示。

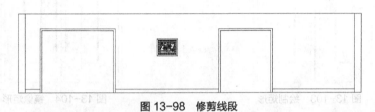

图 13-98 修剪线段

③ 单击"默认"选项卡"绘图"面板中的"直线"按钮 ╱，以步骤①中偏移的内部多段线水平边中点为直线起点向下绘制一条竖直直线，如图 13-99 所示。单击"默认"选项卡"绘图"面板中的"矩形"按钮 ▢，在上步绘制图形内绘制一个 280mm×1500mm 的矩形，如图 13-100 所示。

图 13-99 绘制竖直直线

图 13-100 绘制矩形

④ 单击"默认"选项卡"修改"面板中的"偏移"按钮 ⊜，选择上步绘制的矩形为偏移对象并向内进行偏移，偏移距离为 15mm，如图 13-101 所示。

⑤ 单击"默认"选项卡"修改"面板中的"镜像"按钮 ⚠，选择上步绘制的图形为镜像对象，对其进行竖直镜像，如图 13-102 所示。

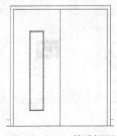

图 13-101 偏移矩形

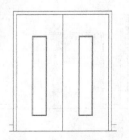

图 13-102 镜像矩形

⑥ 单击"默认"选项卡"绘图"面板中的"矩形"按钮▢，在图 13-103 所示的位置绘制一个 20mm×1200mm 的矩形，其效果如图 13-103 所示。

⑦ 单击"默认"选项卡"修改"面板中的"镜像"按钮⚎，选择上步绘制的矩形为镜像对象，对其进行竖直镜像，如图 13-104 所示。

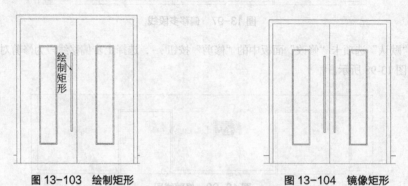

图 13-103 绘制矩形   图 13-104 镜像矩形

⑧ 单击"默认"选项卡"绘图"面板中的"图案填充"按钮▨，系统打开"图案填充创建"选项卡，设置填充类型为 AR-RROOF，角度为 0°，比例为 20，选择填充区域填充图形，效果如图 13-105 所示。重复"图案填充"命令，系统打开"图案填充创建"选项卡，设置填充类型为 AR-RROOF，角度为 45°，比例为 15，选择填充区域填充图形，效果如图 13-106 所示。

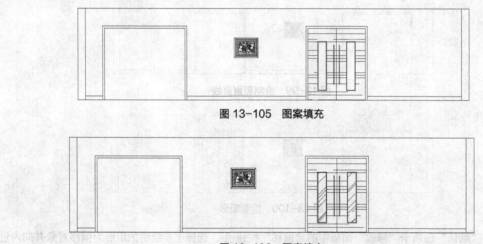

图 13-105 图案填充

图 13-106 图案填充

（11）单击"默认"选项卡"修改"面板中的"复制"按钮❀，选择已有画框图形为复制对象并向右进行复制，如图 13-107 所示。

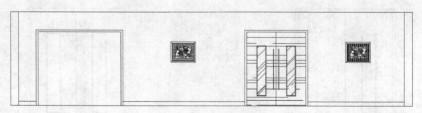

图 13-107 复制图形

（12）单击"默认"选项卡"注释"面板中的"线性"按钮━━和"连续"按钮━━，为立面图添加第一道尺寸标注，如图 13-108 所示。

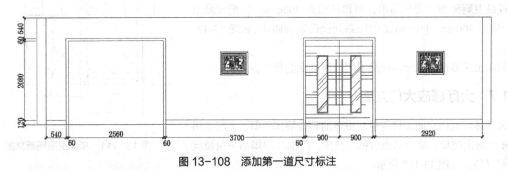

图 13-108　添加第一道尺寸标注

（13）单击"默认"选项卡"注释"面板中的"线性"按钮━━，为立面图添加总尺寸标注，如图 13-109 所示。

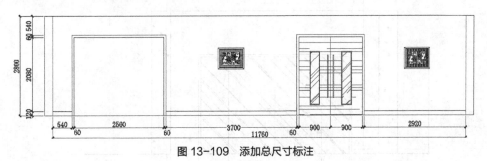

图 13-109　添加总尺寸标注

（14）在命令行中输入"QLEADER"命令，为图形添加文字说明，如图 13-82 所示。

13.1.5　过道办公区玻璃隔断及装饰柱面立面

办公区玻璃隔断立面主体采用米黄色铝塑板包边的 10mm 钢化玻璃材料，玻璃墙体上沿用白色乳胶漆刷涂。装饰柱面主体材料采用莎比利木饰面，中间立柱镶嵌米黄色铝塑板包边的淡蓝色烤漆玻璃，如图 13-110 所示。

利用上述方法完成一层过道办公区玻璃隔断及装饰柱面立面的绘制。

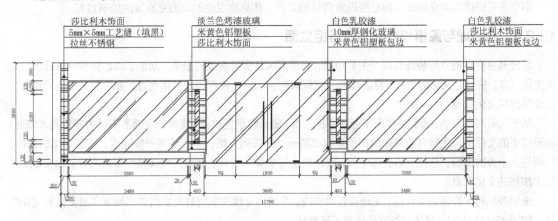

图 13-110　过道办公区玻璃隔断及装饰柱面立面

13.1.6 成品卫厕隔断立面

成品卫厕隔断立面很简单，将蹲位垫高 200mm，装配成品卫厕，后墙用 300mm×450mm 金朝阳系列瓷砖贴面防水，如图 13-111 所示。

利用上述方法完成一层成品卫厕隔断立面的绘制。

13.1.7 大厅感应大门立面

大厅感应大门立面装饰与前面讲述的其他墙体类似，大门采用 10mm 厚钢化玻璃，墙面刷涂白色乳胶漆，门框及踢脚都采用拉丝不锈钢材料，如图 13-112 所示。

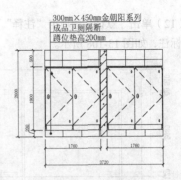

图 13-111　成品卫厕隔断立面

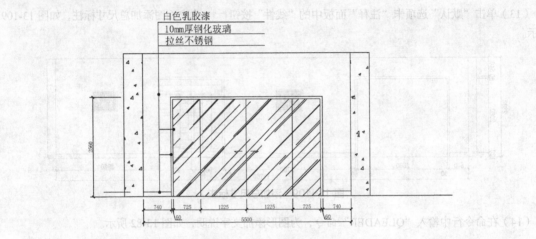

图 13-112　大厅感应大门立面

利用上述方法完成大厅感应大门立面的绘制。

13.2　二层立面图

本节主要讲述二层立面图中的总经理室资料柜立面、休息室卫生间墙面立面等的绘制过程。

13.2.1 总经理与董事长办公室资料柜立面

总经理室资料柜立面装饰有两个主要功能，一是要满足资料盛放的最基本功能，二是要尽量烘托出一定的文化气息。资料是文化的象征，总经理办公室资料柜表达出一种深厚的文化气息，某种意义上也表达出了企业的深厚文化底蕴。

基于上面两个目的，墙面整体用纸面石膏板装饰，刷涂白色乳胶漆。资料柜立面的下层为莎比利木饰面、砂银拉手的文件柜，上层两边用玻璃搁板分割成的一个个陈列方格，里面陈列一些瓷器、古董之类的摆饰，中间是一个大的橱窗，悬挂一幅装饰壁画，资料柜上边安装牛眼灯、橱窗内藏镁氙灯带共同投射出光线，烘托出浓郁的文化气息。

采用莎比利木饰面的双开门、配套符合踢脚线，共同将总经理室资料柜立面装饰得既实用又富有文化气息，如图 13-113 所示。具体绘制方法这里不再赘述。

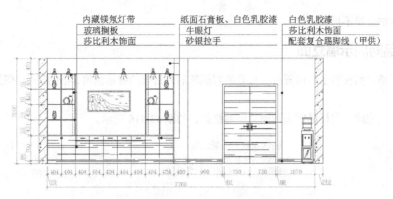

图 13-113　总经理室资料柜立面

　　董事长办公室资料柜立面设计与总经理办公室资料柜立面设计类似，不再赘述。

　　利用上述方法完成二层董事长办公室资料柜立面的绘制，如图 13-114 所示。

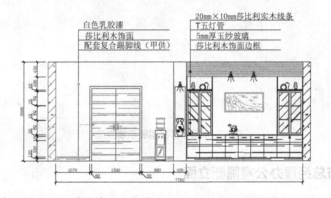

图 13-114　董事长办公室资料柜立面的绘制

13.2.2　休息室卫生间墙面立面

　　休息室卫生间墙面立面的装饰和前面讲述的成品卫厕隔断立面类似，白色人造石台面，安装有照明灯的镜子，后墙用 300mm×450mm 金朝阳系列瓷砖贴面防水，如图 13-115 所示。

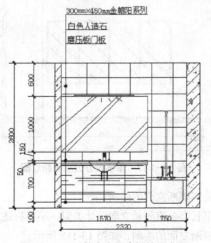

图 13-115　休息室卫生间墙面立面

具体绘制方法这里不再赘述。

13.2.3 样品间展示墙立面

样品间展示墙立面安装了有内置日光灯管的有机玻璃片封闭的展示橱窗，可以陈列一些简单的样品和宣传图片。

利用上述方法完成二层样品间展示墙立面的绘制，如图 13-116 所示。

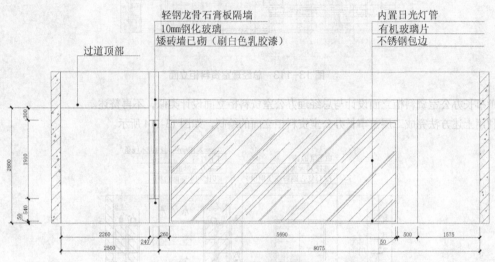

图 13-116　样品间展示墙立面

13.2.4 董事长与总经理办公室隔断立面

董事长办公室隔断立面一边利用 20mm×10mm 莎比利实木线条进行装饰，另一边做成带射灯的古董陈列隔柜，充分利用隔断墙体，既将空间进行了有序的分割，又充分发挥了其装饰和实用的功能，如图 13-117 所示。

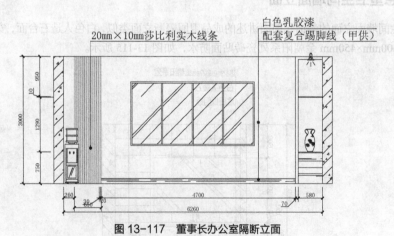

图 13-117　董事长办公室隔断立面

利用上述方法完成董事长办公室隔断立面的绘制。

总经理室隔断立面设计与董事长办公室隔断立面设计类似，不再赘述。

利用上述方法完成总经理室隔断立面的绘制，如图 13-118 所示。

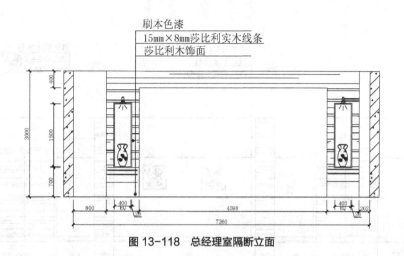

图 13-118 总经理室隔断立面

13.3 三层立面图

本节主要讲述客房包间墙面装饰立面、会议室北墙面装饰立面、会议室投影墙面装饰立面、包间卫生间墙面装饰立面的绘制过程。

13.3.1 客房包间墙面装饰立面

客房包间墙面大体采用白色乳胶漆刷涂,左边坐椅后面墙体敷贴"九龙"艺术壁纸,床头墙体上悬挂两幅艺术壁画,依次摆设落地灯、靠背椅、床头柜、双人床、衣柜。整个客房装饰简洁温馨,如图 13-119 所示。

具体绘制方法这里不再赘述。

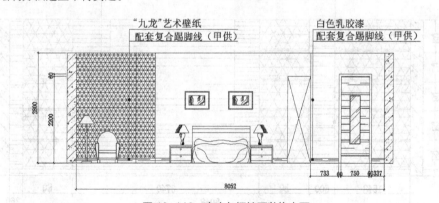

图 13-119 客房包间墙面装饰立面

13.3.2 会议室北墙面装饰立面

会议室北墙面装饰相对简洁,主体材料采用纸面石膏板,白色乳胶漆刷涂,立柱和双开门采用莎比利木饰面装饰,立柱和墙体分别做出 8mm×10mm 工艺缝和 5mm×5mm 填黑工艺缝。在墙体中间位置悬挂艺术壁画。整个墙面装饰尽显干净爽利,落落大方,如图 13-120 所示。

具体绘制方法这里不再赘述。

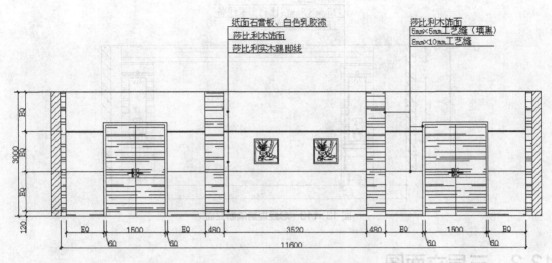

图 13-120　会议室北墙面装饰立面

13.3.3　会议室投影墙面装饰立面

　　会议室投影墙面的核心是投影幕墙，围绕投影幕墙的墙体装饰喷银色漆的波浪板，衬托出一种活泼的动感。立柱采用莎比利木饰面装饰，其他墙体进行浅红色软包装饰，增添一种温暖的平静感，用浅红颜色中和银色对视觉的冲击。整个墙体装饰动静相宜，和谐得体，如图 13-121 所示。

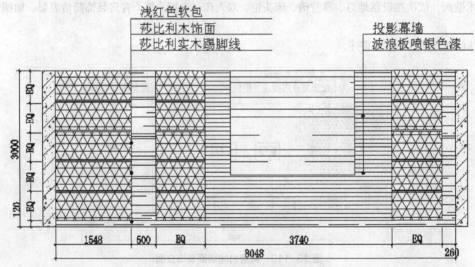

图 13-121　会议室投影墙面装饰立面

　　具体绘制方法这里不再赘述。

13.3.4　包间卫生间墙面装饰立面

　　包间卫生间与休息室卫生间墙面立面的装饰相似，这里不再赘述。利用上述方法完成包间卫生间墙面装饰立面的绘制，如图 13-122 所示。

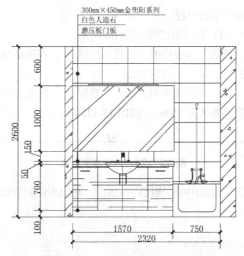

图 13-122　包间卫生间墙面装饰立面

13.4　楼梯立面

本节主要讲述备用楼梯立面和主楼梯立面的绘制过程。

13.4.1　备用楼梯立面

备用楼梯立面主要表达备用楼梯结构和材料。楼梯栏杆采用各种不同规格的不锈钢管，踏步采用进口20mm 厚金线米黄大理石踏步板，如图 13-123 所示。

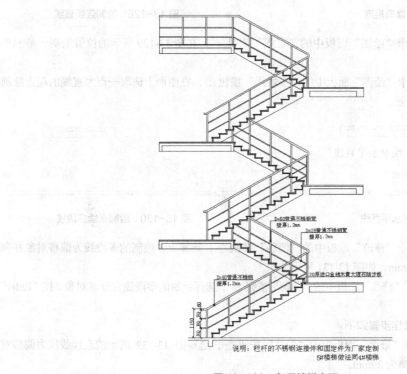

图 13-123　备用楼梯立面

本节主要讲述备用楼梯立面的绘制过程。

操作步骤（光盘\动画演示\第 13 章\备用楼梯立面图.avi）：

（1）单击"默认"选项卡"绘图"面板中的"直线"按钮 ，在图形空白区域绘制一条长度为 8326mm 的水平直线，如图 13-124 所示。

备用楼梯立面图

（2）单击"默认"选项卡"修改"面板中的"偏移"按钮 ，选择上步水平直线为偏移对象并向下进行偏移，偏移距离为 95mm，如图 13-125 所示。

图 13-124　绘制水平直线

（3）单击"默认"选项卡"绘图"面板中的"矩形"按钮 ，在上步绘制的直线上绘制一个 182mm×261mm 的矩形，如图 13-126 所示。

图 13-125　偏移直线　　　　　　　　　　　图 13-126　绘制矩形

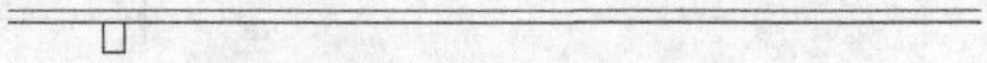

（4）单击"默认"选项卡"修改"面板中的"修剪"按钮 ，选择上步绘制矩形与直线之间的线段为修剪对象并对其进行修剪处理，如图 13-127 所示。

（5）单击"默认"选项卡"绘图"面板中的"直线"按钮 ，在上步图形的外部水平线上方点选一点为直线起点绘制连续直线，如图 13-128 所示。

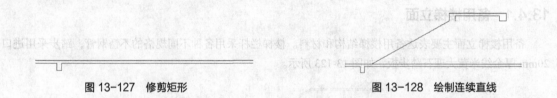

图 13-127　修剪矩形　　　　　　　　　　　图 13-128　绘制连续直线

（6）单击"默认"选项卡"绘图"面板中的"直线"按钮 ，在图 13-129 所示的位置绘制一条水平直线。

（7）单击"默认"选项卡"绘图"面板中的"多段线"按钮 ，在图形上选取一点为直线的起点绘制连续多段线，如图 13-130 所示。

绘制水平直线

图 13-129　绘制水平直线　　　　　　　　　图 13-130　绘制连续多段线

（8）单击"默认"选项卡"修改"面板中的"偏移"按钮 ，选择上步绘制的多段线为偏移对象并向外进行偏移，偏移距离为 20mm，如图 13-131 所示。

（9）单击"默认"选项卡"修改"面板中的"分解"按钮 ，选择绘制的多段线为分解对象，按"Enter"键确认将其分解。

（10）绘制台阶。具体操作步骤如下。

① 单击"默认"选项卡"修改"面板中的"偏移"按钮 ，选择图 13-132 所示的连续线段为偏移对象并向外进行偏移，偏移距离为 20mm。

图 13-131　偏移多段线　　　　　　　　　　　　图 13-132　偏移线段

② 单击"默认"选项卡"绘图"面板中的"矩形"按钮□，在图形适当位置绘制一个 40mm×20mm 的矩形，如图 13-133 所示。

③ 单击"默认"选项卡"修改"面板中的"修剪"按钮 ╱--，选择上步绘制矩形内的多余线段为修剪对象并对其进行修剪处理，如图 13-134 所示。

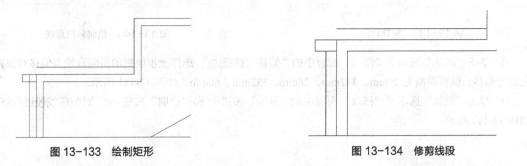

图 13-133　绘制矩形　　　　　　　　　　　　图 13-134　修剪线段

④ 单击"默认"选项卡"绘图"面板中的"多段线"按钮 ⊃，在图形适当位置绘制连续多段线，如图 13-135 所示。利用上述方法完成剩余相同图形的绘制，如图 13-136 所示。

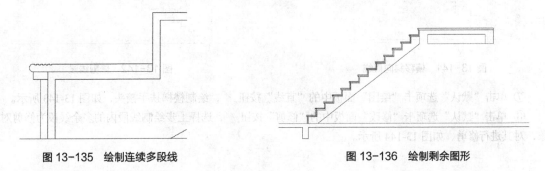

图 13-135　绘制连续多段线　　　　　　　　　　图 13-136　绘制剩余图形

（11）绘制扶手。具体操作步骤如下。

① 单击"默认"选项卡"绘图"面板中的"直线"按钮 ╱，在上步绘制图形左侧位置绘制一条竖直直线，如图 13-137 所示。

② 单击"默认"选项卡"修改"面板中的"偏移"按钮 ⿻，选择上步绘制的竖直直线为偏移对象并向右进行偏移，偏移距离为 50mm，如图 13-138 所示。

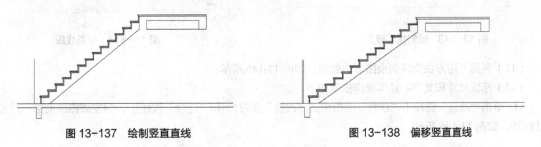

图 13-137　绘制竖直直线　　　　　　　　　　图 13-138　偏移竖直直线

③ 单击"默认"选项卡"修改"面板中的"复制"按钮 ❄️，选择上步偏移线段为复制对象对其进行复制，如图 13-139 所示。

④ 单击"默认"选项卡"绘图"面板中的"直线"按钮 ✏️，在绘制的楼梯扶手上绘制一条斜向直线，如图 13-140 所示。

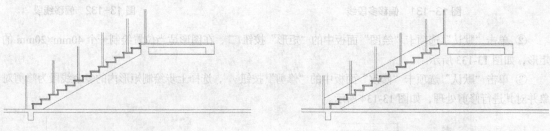

图 13-139 复制对象   图 13-140 绘制斜向直线

⑤ 单击"默认"选项卡"修改"面板中的"偏移"按钮 ⬚，选择上步绘制的斜向直线为偏移对象并向上进行偏移，偏移距离为 29mm、347mm、28mm、332mm、60mm，如图 13-141 所示。

⑥ 单击"默认"选项卡"修改"面板中的"延伸"按钮 --/ 和"修剪"按钮 -/--，对偏移线段进行修剪，如图 13-142 所示。

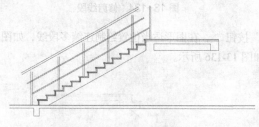
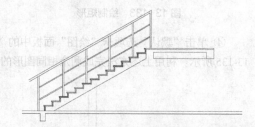

图 13-141 偏移斜向直线   图 13-142 修剪线段

⑦ 单击"默认"选项卡"绘图"面板中的"直线"按钮 ✏️，绘制楼梯扶手接头，如图 13-143 所示。

⑧ 单击"默认"选项卡"修改"面板中的"修剪"按钮 -/--，选择上步绘制线段内的多余线段为修剪对象，对其进行修剪，如图 13-144 所示。

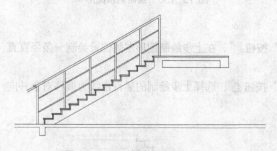
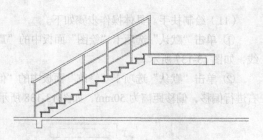

图 13-143 绘制扶手接头   图 13-144 修剪线段

（12）利用上述方法完成剩余图形的绘制，如图 13-145 所示。

（13）标注尺寸和文字。具体操作步骤如下。

① 单击"默认"选项卡"注释"面板中的"线性"按钮 ├─┤ 和"连续"按钮 ├┼┤，为立面图添加第一道尺寸标注，如图 13-146 所示。

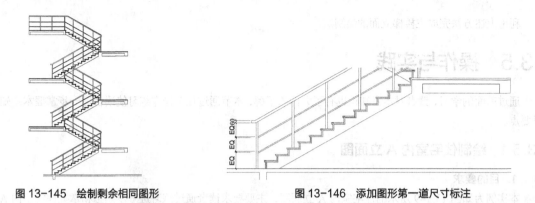

图 13-145　绘制剩余相同图形　　　　　　　　　图 13-146　添加图形第一道尺寸标注

② 单击"默认"选项卡"注释"面板中的"线性"按钮┝┥，为图形添加总尺寸标注，如图 13-147 所示。

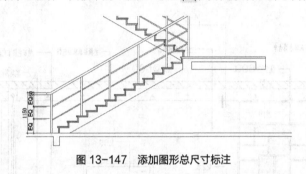

图 13-147　添加图形总尺寸标注

③ 在命令行中输入"QLEADER"命令，为图形添加文字说明，如图 13-123 所示。

13.4.2　主楼梯立面

主楼梯立面主要表达主楼梯结构和材料。楼梯扶手采用各种直径为 60mm 的拉丝不锈钢管，栏杆采用 1.5mm 厚不锈钢立杆连接 12mm 厚钢化玻璃，踏步采用进口 20mm 厚金线米黄大理石踏步板，如图 13-148 所示。

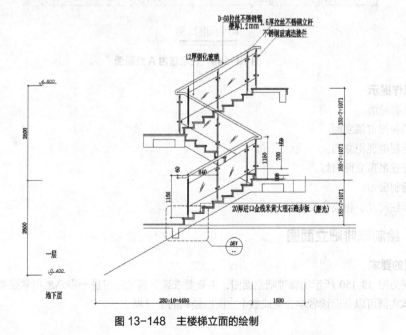

图 13-148　主楼梯立面的绘制

利用上述方法完成主楼梯立面的绘制。

13.5 操作与实践

通过前面的学习，读者对本章知识也有了大体的了解，本节通过几个操作练习使读者进一步掌握本章知识要点。

13.5.1 绘制住宅室内 A 立面图

1. 目的要求

本实例为如图 13-149 所示的住宅室内 A 立面图，主要要求读者通过练习进一步熟悉和掌握住宅室内 A 立面图的绘制方法。通过本实例，可以帮助读者学会完成整个立面图绘制的全过程。

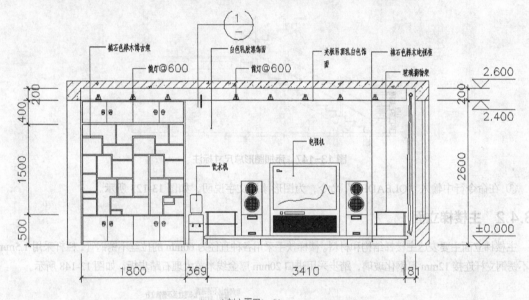

A剖立面图1：50

图 13-149 住宅室内 A 立面图

2．操作提示

（1）绘制轮廓。

（2）绘制博古架立面。

（3）绘制电视柜立面。

（4）布置吊顶立面筒灯。

（5）绘制窗帘。

（6）标注尺寸、标高和文字。

13.5.2 绘制咖啡吧立面图

1. 目的要求

本实例为图 13-150 所示的咖啡吧立面图，主要要求读者通过练习进一步熟悉和掌握咖啡吧立面图的绘制方法。本实例可以帮助读者学会完成整个立面图绘制的全过程。

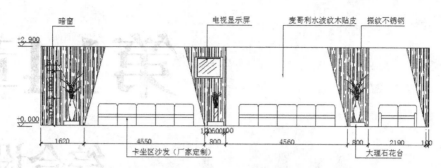

图 13-150　咖啡吧立面图

2. 操作提示

（1）绘图前准备。

（2）绘制立面图。

（3）标注尺寸。

（4）标注文字。

第14章

综合设计

■ 本章精选综合设计选题——别墅底层室内装潢设计，帮助读者掌握本书所需内容。

■ 由于别墅具有独特的建筑特点，它的设计跟普通的家装设计有着明显的区别。其不但要进行室内设计，而且要进行室外的景观设计，这是和普通户型设计的最大区别。由于设计的空间范围大大增加，所以在别墅的设计中，需要侧重的是一个整体效果。别墅风格不仅取决于业主的喜好，还取决于生活的性质。有的近郊别墅是具有日常居住的使用功能，有的则是度假的性质。作为业主日常居住的别墅，考虑到日常生活的功能，不能太乡村化。而具有度假性质的别墅，则可以相对放松和休闲，营造出一种与日常居家不同的感觉。

14.1 别墅底层装饰平面图

1. 基本要求

基本绘图命令、编辑命令和标注命令的使用。

2. 目标

别墅底层装饰平面图，如图 14-1 所示。

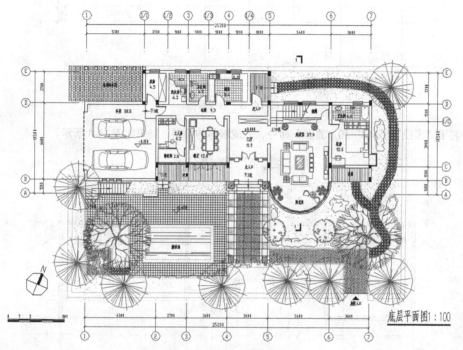

图 14-1 绘制底层装饰平面图

3. 操作提示

（1）利用"图层特性"命令，打开"图层特性管理器"对话框，新建几个图层，如图 14-2 所示。

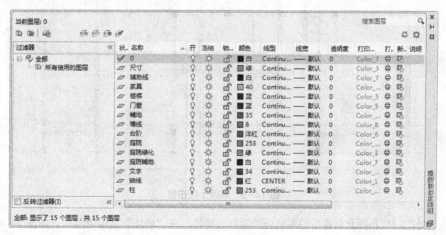

图 14-2 新建图层

（2）利用"直线"和"偏移"命令，绘制出纵横定位轴线网格，如图 14-3 所示。

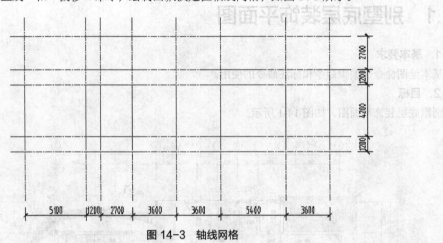

图 14-3 轴线网格

（3）利用"多线""分解"和"直线"命令，完成墙体的绘制，结果如图 14-4 所示。

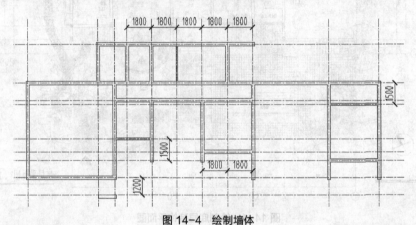

图 14-4 绘制墙体

（4）利用"矩形"和"图案填充"命令，绘制混凝土柱并按如图 14-5 所示布置混凝土柱。

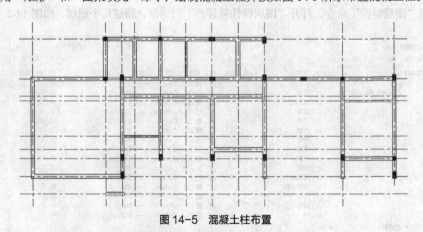

图 14-5 混凝土柱布置

（5）入口处的门柱和西北角备用停车位处的廊柱为砖柱，在"墙线"图层中绘制，如图 14-6 和图 14-7 所示。

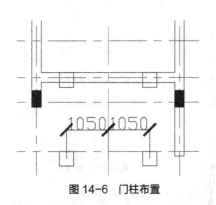

图 14-6　门柱布置

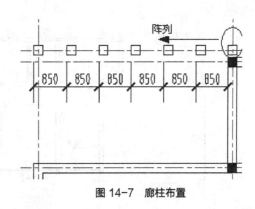

图 14-7　廊柱布置

（6）门窗洞定位。在"墙线"图层为当前层的状态下，参照图 14-8 所示绘制出门窗洞口边界线。

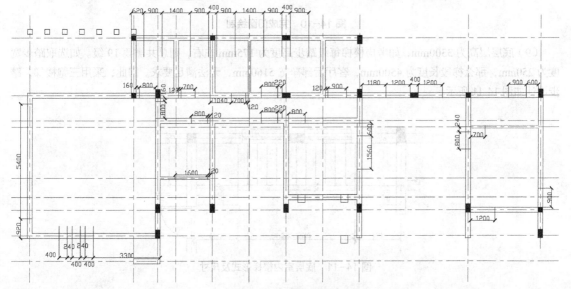

图 14-8　门窗洞口定位

（7）门窗洞整理。逐个修剪、整理门窗洞口，结果如图 14-9 所示。

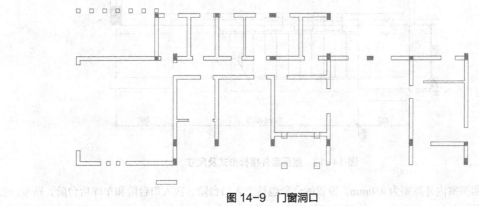

图 14-9　门窗洞口

（8）将"门窗"图层设置为当前层，完成门窗绘制，结果如图 14-10 所示。

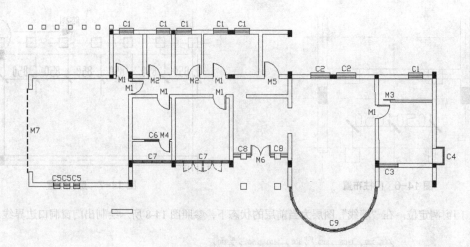

图 14-10　完成门窗绘制

（9）底层层高为 3300mm，如考虑楼梯每级踏步高度为 175mm 左右，则总共需要 19 级。如选取踏步宽度为 250mm，那么梯段长度为 4500mm，客厅后部净宽 5160mm，无法满足要求。因此，采用三跑楼梯，踏步设计如图 14-11 所示。

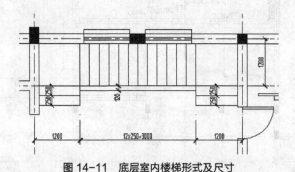

图 14-11　底层室内楼梯形式及尺寸

（10）室外楼梯的绘制，如图 14-12 所示。

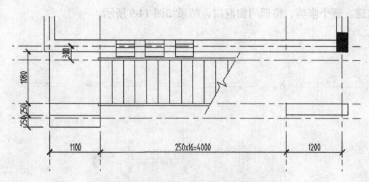

图 14-12　底层室外楼梯形式及尺寸

（11）本实例室内外高差为 450mm，设置的台阶包括主入口台阶、次入口台阶和车库后台阶，踏步高度为 150mm，宽度为 300mm。主入口台阶依门柱设置，两侧为花台。可以先绘制一侧，然后镜像得到另一侧，最后作修整。结果如图 14-13 所示。

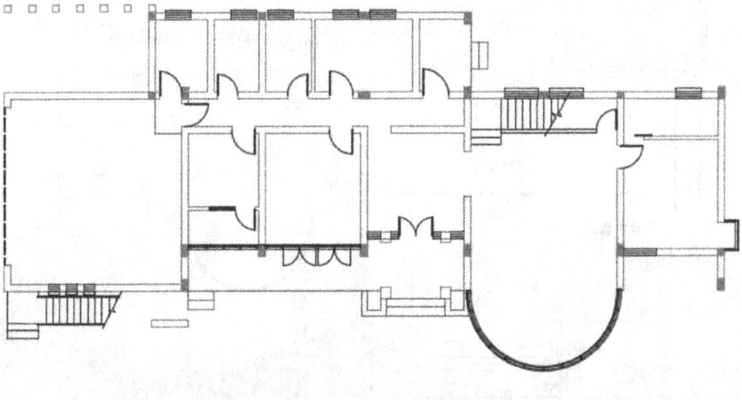

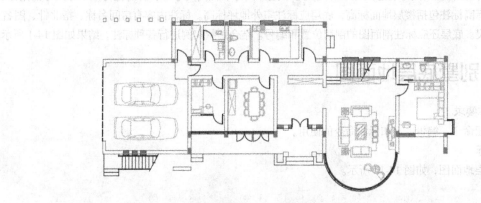

图 14-13　整理图形

（12）室内布置内容包括客厅、卧室、厨房、卫生间、车库。本实例所需的相关家具陈设大部分图块位于"光盘\图库"文件夹中，可以通过设计中心或命令按钮选项板调用，但是需要根据具体情况作适当修改。布置时注意将"家具"图层设置为当前层。结果如图 14-14 所示。

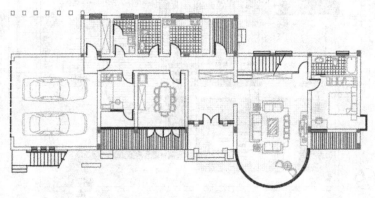

图 14-14　室内布置

（13）将走廊、卫生间、厨房填充铺地图案，如图 14-15 所示。

图 14-15　室内铺地

（14）室外景观布置内容包括游泳池、围墙、庭院绿化、庭院入口设置等。结果如图 14-16 所示。

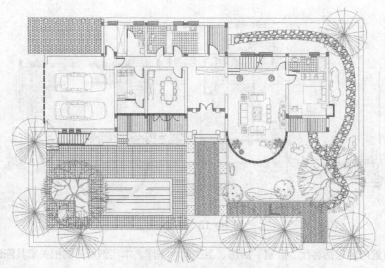

图 14-16　室外景观布置

（15）平面图标注的尺寸有总尺寸、开间尺寸、进深尺寸、柱网尺寸等。有时也可以不标尺寸而用比例
尺来表示。标高标注包括楼层地面标高，底层应标注室外地坪标高。标注内容有房间名称、指北针、图名、
比例或比例尺。底层还应标注剖面图的剖切位置和编号。结合别墅实例进行各种标注，结果如图 14-1 所示。

14.2　别墅底层地面图

1. 基本要求
基本绘图命令、编辑命令和标注命令的使用。

2. 目标
别墅底层地面图，如图 14-17 所示。

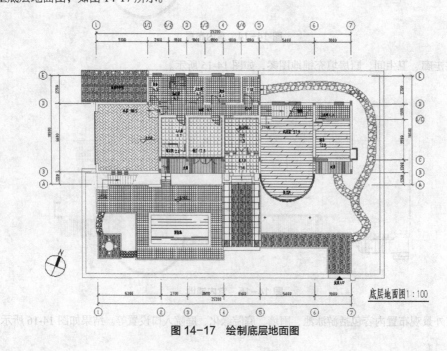

图 14-17　绘制底层地面图

3. 操作提示

（1）打开别墅底层平面图，整理图形，如图 14-18 所示。

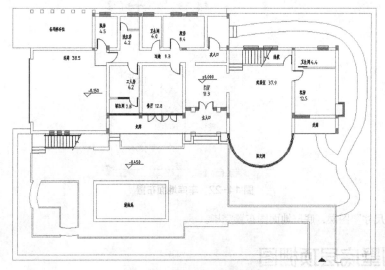

图 14-18　整理后的底层地面图

（2）绘制主入口及门厅的地面布置图。填充结果如图 14-19 所示。

（3）对厨房、卫生间、过道、洗衣房等填充地砖，如图 14-20 所示。

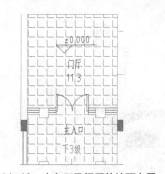

图 14-19　主入口及门厅的地面布置

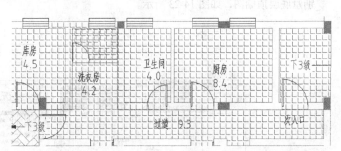

图 14-20　厨房、卫生间、过道、洗衣房的地面布置

（4）绘制客房及起居室的地面布置图。填充结果如图 14-21 所示。

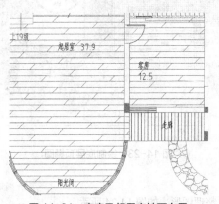

图 14-21　客房及起居室地面布置

（5）绘制车库的地面布置图。填充结果如图 14-22 所示。

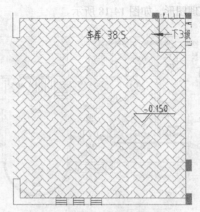

图 14-22　车库地面布置

（6）打开"尺寸"图层，底层地面图布置完毕。

14.3　别墅底层顶棚图

1. 基本要求
基本绘图命令、编辑命令和标注命令的使用。
2. 目标
别墅底层顶棚图，如图 14-23 所示。

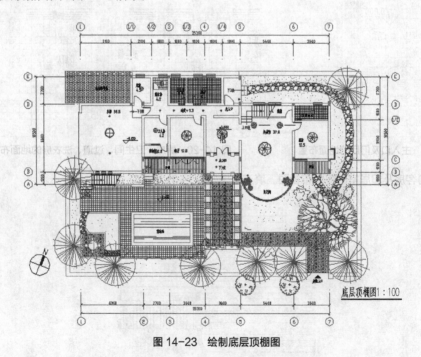

图 14-23　绘制底层顶棚图

3. 操作提示
（1）打开别墅底层平面图，整理图形，如图 14-24 所示。

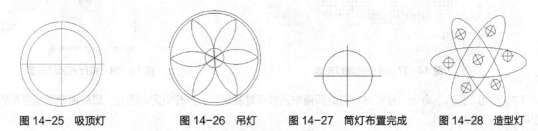

图 14-24　底层平面图

（2）分别绘制图 14-25～14-28 所示的灯具，并分别将其创建成块。

图 14-25　吸顶灯　　　　图 14-26　吊灯　　　图 14-27　筒灯布置完成　　　图 14-28　造型灯

（3）利用"插入"命令，布置灯具，如图 14-29～14-35 所示。

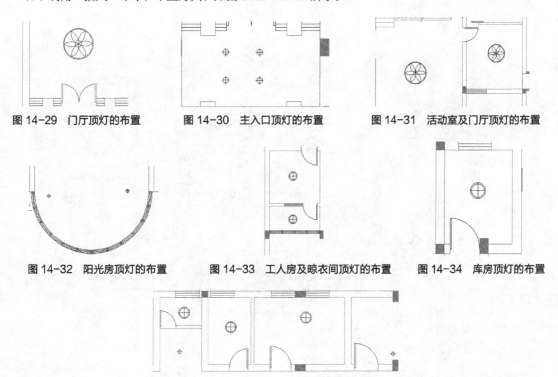

图 14-29　门厅顶灯的布置　　　　图 14-30　主入口顶灯的布置　　　　图 14-31　活动室及门厅顶灯的布置

图 14-32　阳光房顶灯的布置　　　图 14-33　工人房及晾衣间顶灯的布置　　　图 14-34　库房顶灯的布置

图 14-35　绘制厨房、卫生间等处的分隔线

（4）利用"图案填充"和"插入"命令对厨房及卫生间的顶棚布置，如图14-36所示。

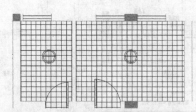

图14-36　厨房及卫生间的顶灯布置

（5）利用"插入"命令，在过道顶棚插入吸顶灯。布置完毕后如图14-37所示。

（6）利用"插入"命令，在餐厅顶棚插入吊灯。布置完毕后如图14-38所示。

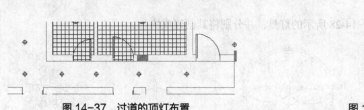

图14-37　过道的顶灯布置

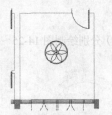

图14-38　餐厅的顶灯布置

（7）利用"插入"命令，分别对车库的顶棚布置吸顶灯及筒灯，打开关闭的图层，底层顶棚图基本布置完毕，如图14-23所示。